U0260291

国家出版基金项目
NATIONAL PUBLICATION FOUNDATION

现代农业科技专著大系

动物寄生虫病 第二版

彩色图谱

李祥瑞　主编

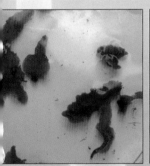
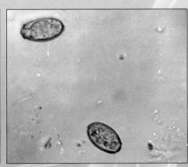

中国农业出版社

第二版编写人员

主　编　李祥瑞

编　者（按姓名笔画排序）

白　启　宁长申　刘　群　孙延鸣　严若峰

李祥瑞　宋小凯　张西臣　胡俊杰　格日勒图

徐立新　陶建平　薄新文

第一版编写人员

主　编　李祥瑞

编　者 (按姓名笔画排序)

　　　　白　启　孙延鸣　严若峰　李祥瑞　何国声

　　　　胡俊杰　格日勒图　徐立新　薄新文

审　稿　汪志楷　沈永林

第二版前言

　　《动物寄生虫病彩色图谱》自 2004 年出版以来，已经 6 年有余。在这 6 年当中，动物寄生虫病的危害更加被人们所重视。作为一本有用的参考书，有必要进一步更新，为读者提供更多的信息。

　　第二版延续了第一版的选图原则，以常见畜、禽寄生虫和寄生虫病为主，实物和染色标本相结合，病原和典型病变相结合，图片和文字相结合，力求反映病原和疾病的全貌。其中，第七章原虫病部分做了较大修改，增加了不少图片。同时，修订了第一版中存在的错误。

　　在修订过程中，中国农业科学院上海兽医研究所林矫矫研究员和湖北省参事室胡述光研究员提供了日本分体吸虫的部分照片。谨此深表谢意。

　　虽然编者进行了很大的努力，但难免有谬误之处，请读者指正。

李祥瑞

2011 年 9 月

第 一 版 序

　　根据《现代汉语词典》的解释，"序"有作者自己写的，也有别人写的，多介绍或评论本书内容。我不想按照约定俗成的做法介绍本书的内容，因为《动物寄生虫病彩色图谱》一名已经最清楚地说明本书的内容了。但我还想做一点议论。

　　寄生虫学领域是由于出现过许多科学奇迹而形成独立学科的。18 世纪林奈（Linnaeus）创建了动、植物的系统学和双名制，寄生虫学家才得以把众多的寄生虫纳入以进化为依托的分类体系。

　　以后又接着出现了一批重大发现，这里只列举一二：19 世纪中叶德国人 Leuckart 发现了肝片吸虫的生活史；1893 年美国人 Smith 和 Kilborne 发现牛双芽巴贝斯虫病的媒介为蜱，第一次揭示了所谓"虫媒病"；还有 1894 年英国人 Manson 发现了斑氏丝虫的传播媒介为蚊，等等。

　　人们不难想象，从寄生虫系统学的建立到寄生生物学之重大发现，无一不是极其艰辛的工作、艰难的历程；无不来之于寄生虫学家的执著追求和探索与他们的缜密观察和思考。

　　现在回到正题。我以为，立志把"执著追求和探索"与"缜密观察和思考"献给寄生虫学的学子们必先有一引路人引领他们进门，即所谓"师傅领进门"；"修行在个人"那是他们的追求、探索、观察和思考。

　　祥瑞同志和他的同事们编著此书，正是起师傅的引领作用，其于动物寄生虫学教育是功劳匪浅的；当然对于动物寄生虫学工作者——教师、研究人员，开卷也都大有裨益，我只是想强调我所认为的一个重点功能就是了。

　　还有一点，据我的印象，国内此前还不曾有过这样一本系统、完整、图文并茂的书，所以我更乐于在此向读者推荐。

2004 年 5 月

第 一 版 前 言

《动物寄生虫病彩色图谱》经过全体编者的共同努力，终于完稿。兽医寄生虫病是严重危害动物的重要疾病，其中一些是重要的人畜共患病。在我国，兽医寄生虫学和医学寄生虫学研究历经几代人的努力，成就斐然。资料如海，学者如林。作为后来者，编著这样一本前人很少涉足的彩色图谱，深恐自己学识有限，造成谬误。让人欣慰的是，南京农业大学动物医学院汪志楷教授审阅了本书的全部图片，汪志楷教授和沈永林教授审阅了全部文字，中国农业大学动物医学院孔繁瑶教授对本书的编写提出宝贵指导意见，并为本书作序。

本书在选图中，以常见畜、禽寄生虫为主，实物和染色标本相结合，病原和典型病变相结合，图片和文字相结合，力求反映病原和疾病的全貌。个别没有图片的疾病也在文字中加以介绍，以求系统和完整。

本书中的寄生虫实物标本和大多数染色标本来自于南京农业大学动物医学院寄生虫学学科组。

巴贝斯虫和泰勒虫部分的文字和图片由中国农业科学院兰州兽医研究所白启研究员撰写和提供，其中吸收了我国在该领域的最新研究进展。

中国人民解放军军需大学的张西臣教授提供了贾第虫和隐孢子虫照片。

限于作者的学识水平，错误之处在所难免，请读者不吝指正。

编　者

2004 年 3 月

目　录

第一章

吸　虫　(Trematoda)

1

第一节　吸虫的形态特征与发育

一、一般形态

吸虫属于扁形动物门（Platyhelminthes）吸虫纲（Trematoda）。分单殖目（Monogenea）、盾腹目（Aspidogastrea）和复殖目（Digenea）3 个目。其中以复殖目吸虫最为重要。复殖吸虫虫体多背腹扁平，呈叶状、舌状，有的似圆形或圆柱状，分体吸虫为线状。虫体大小在 0.3～75mm。体表常有小棘。一般为淡红色、棕色或乳白色。通常具有两个肌质杯状吸盘：一个为口吸盘，环绕口孔；另一个为腹吸盘，位于虫体腹部。腹吸盘的位置前后不定或缺失。生殖孔通常位于腹吸盘的前缘或后缘处。排泄孔位于虫体的末端。无肛门。虫体背面常有劳氏管的开口。除分体吸虫外，皆雌雄同体。雄性生殖系统包括睾丸、输出管、输精管、贮精囊、射精管、雄茎、雄茎囊、前列腺和生殖孔等。雌性生殖系统包括卵巢、输卵管、受精囊、卵模、梅氏腺、卵黄腺、子宫及生殖孔等。消化系统包括口、前咽、咽、食道和肠管几部分。生殖系统和消化系统的特征常是分类的依据。

二、发　　育

复殖吸虫生活史复杂，需宿主交替。中间宿主的数目和种类因虫而异。第一中间宿主为淡水螺或陆地螺，第二中间宿主多为鱼、蛙、螺或昆虫等。发育过程经虫卵、毛蚴、胞蚴、雷蚴、尾蚴、囊蚴和成虫各期。

虫卵由成虫产出，多呈椭圆形或卵圆形，淡黄色、棕色或灰白色，除分体吸虫外，都有卵盖。卵排出体外时，多数仅含胚细胞和卵黄细胞，并在宿主体外孵化。有的已有毛蚴。

毛蚴体形近似等边三角形，周身被纤毛，运动活泼。前部宽，有头腺，1 对眼点。后端狭小。有简单的消化道和胚细胞及神经与排泄系统。卵在水中完成发育，成熟毛蚴释出，游于水中。在 1～2 天内遇到中间宿主时，利用头腺，钻入中间宿主体内，发育为胞蚴。

胞蚴呈包囊状，内含胚细胞、胚团及简单的排泄器。经无性繁殖，体内逐渐发育成雷蚴。

雷蚴呈包囊状，有咽和一袋状盲肠，有胚细胞和排泄器，有些还有产孔。有些虫体有一代雷蚴，有些存在母雷蚴和子雷蚴两期。经无性繁殖体内形成尾蚴，由产孔排出或由母体破裂而出，成熟后逸出螺体，游于水中。

尾蚴由体部和尾部构成。有吸盘、口、咽、食道和肠管，有排泄器、神经元、分泌腺和未分化的生殖器官，体表有棘。能在水中活跃地运动。尾蚴可在某些物体上形成囊蚴而感染终末宿主，或直接经皮肤钻入终末宿主体内发育为成虫。有些吸虫尾蚴进入第二中间宿主体内发育为囊蚴。

囊蚴系尾蚴脱去尾部，形成包囊后发育而成。呈圆形或卵圆形。囊蚴被终末宿主食入发育为成虫。

第二节 片形科（Fasciolidae）

虫体大型，扁平叶状，皮棘有或无。口、腹吸盘位于虫体前端，距离很近。肠管简单或具有树枝状侧支。睾丸前后排列，分叶或分支。卵巢分支，位于睾丸之前。生殖孔位于虫体中线上，开口于腹吸盘前。卵黄腺位于虫体两侧。缺受精囊。子宫位于睾丸前方。虫卵较大。寄生于哺乳动物胆管或肠腔。终末宿主吞食囊蚴而感染。在兽医学上具有重要意义的为片形属（Fasciola）和姜片属（Fasciolopsis）。

片 形 吸 虫 病

片形吸虫病由片形属的肝片形吸虫（*Fasciola hepatica*）和大片形吸虫（*Fasciola gigantica*）引起。主要感染黄牛、水牛、绵羊、山羊、骆驼、鹿等反刍动物，猪、马、兔及人也可以感染。虫体寄生于动物肝脏的胆管内。

肝片形吸虫虫体背腹扁平，外观呈树叶状，长 25～35mm，宽 5～13mm，新鲜时棕红色，固定后变为灰白色（图 1-1，图 1-2）。虫体前端呈锥状突，锥底形成肩部，向后逐渐变窄。体表有小棘。口吸盘呈圆形，位于锥突的前端。腹吸盘较口吸盘大，位于腹面肩部水平线的中央。

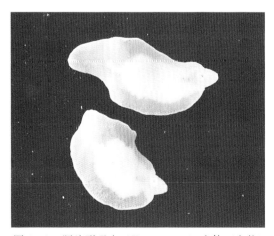

图 1-1　肝片形吸虫（*F. hepatica*）虫体（实物）

图 1-2　肝片形吸虫（*F. hepatica*）幼虫

消化系统由口孔、咽、食道和肠管组成。口孔位于口吸盘底部。肠管两条，末端为盲端，高度分支，外侧支多，内侧支少而短（图1-3，图1-4）。

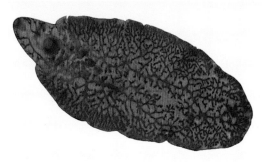

图1-3　肝片形吸虫（*F. hepatica*）肠管分支

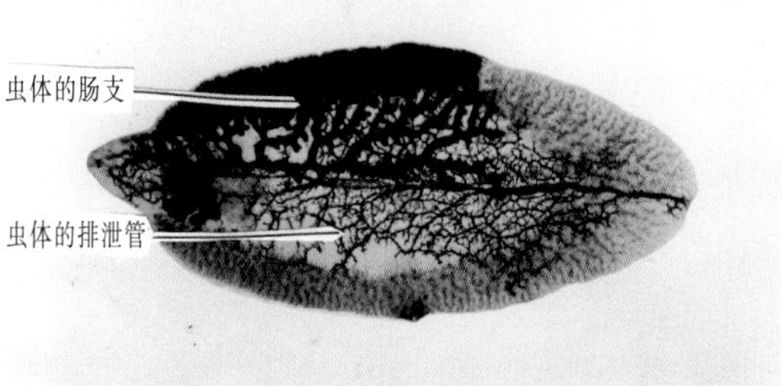

图1-4　肝片形吸虫（*F. hepatica*）肠管和排泄系统

生殖孔位于口、腹吸盘之间。两个分支的睾丸，前后排列于虫体的中部。每个睾丸各有一条输出管，汇合成一条输精管，进入雄茎囊，膨大形成贮精囊，下接射精管，末端为雄茎，经生殖孔伸出体外。在贮精囊和雄茎之间有前列腺。卵巢一个，鹿角状，位于腹吸盘的右侧。卵模位于睾丸之前的虫体中央，周围有梅氏腺。子宫曲折重叠位于卵模和腹吸盘之间，充满虫卵，一端通向生殖孔。卵黄腺呈褐色颗粒状，分布于虫体两侧。无受精囊。体后端中央处有纵行的排泄管。虫卵金黄色，长卵圆形，前端较窄，后端较钝，卵盖不太明显，内充满卵黄细胞和一个未分裂的胚细胞，大小133～157μm×74～91μm（图1-5，图1-6）。

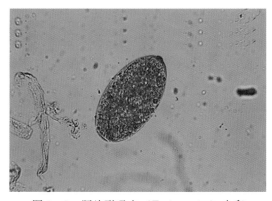

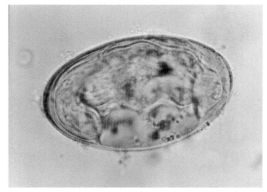

图1-5　肝片形吸虫（*F. hepatica*）虫卵

图1-6　含毛蚴的肝片形吸虫（*F. hepatica*）虫卵

肝片形吸虫的生活史包括毛蚴（图1-7）、胞蚴、雷蚴、尾蚴、囊蚴和成虫阶段。发育过程需中间宿主参与。其中间宿主为椎实螺科的淡水螺，我国已经证实的有5种，即小土蜗螺（*Galba pervia*）（图1-8）、斯氏萝卜螺（*Radix swinhoei*）、截口土蜗（*Galba truncatula*）、耳萝卜螺（*Radix auricularia*）（图1-9）和青海萝卜螺（*Radix cucunorica*）。成虫产出虫卵随胆汁入肠腔后排出体外，在适宜的条件下发育，孵出毛蚴。毛蚴游动于水中，遇中间宿主后即钻入其体内，经胞蚴、雷蚴、子雷蚴和尾蚴阶段，尾蚴逸出螺体，在水中附着于水生植物上形成囊蚴。牛、羊等吞食含囊蚴的水草而感染。囊蚴在动物的十二指肠脱囊，穿过肠壁进入腹腔，经肝包膜钻入肝脏，移行到达胆管。

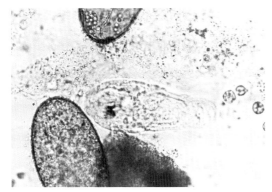

图1-7　肝片形吸虫（*F. hepatica*）毛蚴

图1-8　肝片形吸虫（*F. hepatica*）中间宿主小土蜗螺（*Galba pervia*）

肝片形吸虫系世界性分布，是我国分布最广、危害最严重的寄生虫之一。遍及我国各地，但多呈地方性流行。肝片形吸虫病多发生于夏、秋季节，在多雨年份，特别是久旱逢雨的温暖季节可促使本病暴发和流行。温度、水和淡水螺是肝片形吸虫病流行的重要因素。虫卵的发育、毛蚴和尾蚴的释出和游动以及淡水螺的存活与繁殖都与温度和水有直接的关系，因此肝片形吸虫病的发生和流行及其季节动态是某地区具体地理气候条件相互作用的结果。绵羊对本病最敏感，最常发生，死亡率也高。

图1-9　肝片形吸虫（*F. hepatica*）中间宿主耳萝卜螺（*Radix auricularia*）

图1-10　寄生于肝脏中的肝片形吸虫（*F. hepatica*）

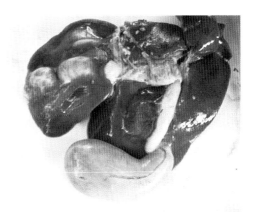

图1-11　肝片形吸虫（*F. hepatica*）感染羊胆囊肿大

　　肝片形吸虫的致病机理包括机械性损伤、毒素作用和夺取营养等方面。童虫在向肝脏移行中机械性损伤并破坏肠管、肝包膜和肝实质及微血管，引起炎症和出血，导致肝脏肿大，肝包膜有纤维素沉积、出血，肝实质有暗红色虫道，虫道内有凝血块和幼小的虫体（图1-10，图1-11，图1-12，图1-13）。寄生于体内的虫体分泌毒素具有溶血作用，严重感染的患畜由于毒素侵害中枢神经系统而发生神经症状。肝片形吸虫以宿主血液、胆汁和细胞为营养，是患病动物营养不良、贫血、消瘦、衰弱的重要原因。

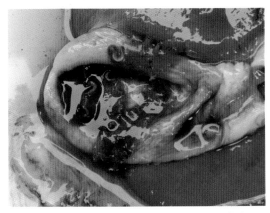

图1-12　肝片形吸虫（*F. hepatica*）感染
羊胆囊壁增厚，内有多量虫体

图1-13　肝片形吸虫（*F. hepatica*）感染
羊胆囊内剖出的新鲜虫体

　　肝片形吸虫病临床症状因虫体的发育阶段和感染数量而表现不同，有急性型和慢性型之分。急性型由童虫移行引起，以突然死亡为特征，多见于羊；慢性型由成虫寄生于胆管而引起，较多见。特点是消瘦、贫血和水肿。牛多呈慢性经过。犊牛症状明显，成年牛一般不明显。若感染严重，也可引起死亡。典型症状为消化紊乱、便秘、消瘦。

　　生前诊断靠粪便中检出虫卵，并结合流行病学和临床症状综合分析。死后确诊靠检出虫体和特征病变。治疗药物有硝氯酚、丙硫咪唑、三氯苯唑等。预防原则为定期驱虫、加强粪便管理、消灭中间宿主、不到低洼潮湿的地方放牧等。

　　大片形吸虫和肝片形吸虫形态基本相似（图1-14，图1-15，图1-16）。虫体长36～76mm，宽5～10mm，长叶状。虫卵深黄色，长155～190μm，宽70～90μm。大片形吸虫与肝片形吸虫的主要区别在于，前端无显著的锥状突出，肩部不明显，虫体的两边几成平行，后端不缩小，长度超过宽度的2倍以上。腹吸盘较大。肠管的内侧分支很多，并有明显的小枝。其内部构造和肝片形吸虫相似。

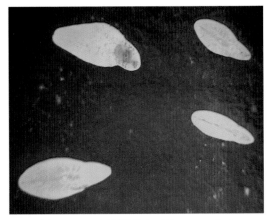

图1-14　大片形吸虫（*F. gigantica*）
实物压片标本

虫体的肠支

图 1-15　大片形吸虫（*F. gigantica*）（浸制）　　图 1-16　广西大片形吸虫（*F. gigantica*）肠分支

姜 片 吸 虫 病

姜片吸虫病的病原为姜片属的布氏姜片吸虫（*Fasciolopsis buski*），主要感染猪和人。虫体寄生于小肠，是一种人畜共患病。

虫体肥厚、宽大、似姜片，呈肉红色，大小相差甚大，长 20～75mm，宽 8～20mm，厚 2～3mm。体表有小棘。口吸盘位于虫体前端，腹吸盘强大，是口吸盘的 4～5 倍，位于距口吸盘很近的腹面。两条肠管弯曲，但不分支，分布于虫体两侧，伸达虫体后端。睾丸 2 个，呈分支状，前后排列，位于虫体后半部。卵巢呈树枝状，位于睾丸前方偏右侧（图 1-17，图 1-18，图 1-19）。

图 1-17　布氏姜片吸虫（*Fasciolopsis buski*）虫体（实物）

图 1-18　布氏姜片吸虫（*F. buski*）压片

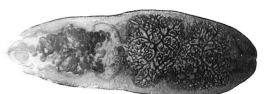

图 1-19　布氏姜片吸虫（*F. buski*）染片

卵淡黄色，卵圆形或椭圆形，大小 130～150μm×85～97μm，有卵盖，内含一个胚细胞和 30～50 个卵黄细胞（图 1-20）。

中间宿主为扁卷螺。我国主要有 4 种：半球多脉扁螺（*Polypylis hemisphaerula*）、大脐圆扁螺（*Hppeutis umbilicalis*）、尖口圆扁螺（*H. cantori*）和凸旋螺（*Gyraulus convexiusculus*）。虫卵随终末宿主粪便排至体外，落入水中，在适宜条件下经 2～7 周孵出毛蚴，钻入扁卷螺，发育为胞蚴、母雷蚴、子雷蚴及尾蚴（图 1 - 21）。尾蚴成熟后逸出螺体，在水生植物（水浮莲、水葫芦、浮萍、茭白、荸荠等）茎叶上形成囊蚴。宿主吞食囊蚴后，脱囊，童虫即吸着在小肠黏膜上，发育为成虫。尾蚴亦可在水中结囊，经饮水感染。从囊蚴感染到发育为成虫，一般需要 100 天。成虫的寿命为 12～13 个月。

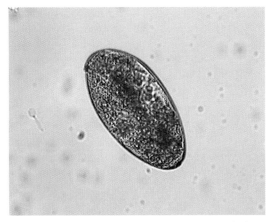

图 1 - 20　姜片吸虫（*Fasciolopsis* sp.）虫卵

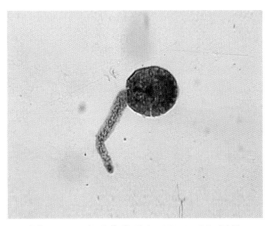

图 1 - 21　布氏姜片吸虫（*F. buski*）尾蚴

　　姜片吸虫病是地方流行病，主要发生于以水生饲料喂猪的地区。患猪的粪便内含大量虫卵，是主要的传染源。扁卷螺多孳生在枝叶茂盛、阳光隐蔽和肥料充足的池塘内。猪下塘自由采食或捞取水草直接喂猪，可以造成本病流行。28～32℃最适宜于虫卵发育，因此本病有明显的季节性。我国南方 5～10 月是姜片吸虫病的流行季节，6～9 月是感染的最高峰。

　　虫体以强大吸盘吸附在宿主的肠黏膜上，机械性损伤吸着部位，引起肠黏膜炎。虫体大、感染强度高时可阻塞肠道，影响宿主消化和吸收机能，严重时可引起肠破裂或肠套叠，导致死亡。虫体吸取大量营养成分，导致病畜生长发育迟缓、贫血、消瘦、营养不良。虫体代谢产物具有毒素作用，可以引起贫血、水肿、白细胞减少、免疫力下降等。

　　感染幼猪发育不良，被毛稀疏、无光泽，精神沉郁，低头，流口水，眼结膜苍白，呆滞。食欲减退，消化不良。有下痢症状，粪便稀薄、混有黏液。初期体温不高，后期体温微高，最后虚脱而死。

　　依据流行情况、症状、粪检虫卵和剖检虫体等进行综合诊断。治疗可用硫双二氯酚、硝硫氰胺、吡喹酮等。预防主要是杀灭中间宿主扁卷螺、定期驱虫、粪便管理等。在以水生植物喂猪的地区，应对水生植物进行无害化处理，避免发生感染。

第三节　后睾科（Opisthorchiidae）

　　虫体中、小型，扁平，纺锤状或卵圆形，半透明，前部较窄。口、腹吸盘不甚发达，相距较近。具咽和食道。肠支几乎抵达体后端。生殖孔开口于腹吸盘前，缺雄茎囊。睾丸呈球形或分支、分叶，斜列或纵列于体后部。卵巢通常在睾丸之前。卵黄腺位于体两侧。子宫弯曲于卵巢与生殖孔之间，很少延伸至卵巢之后。寄生于哺乳动物、鸟类和爬行动物胆管或胰管。终末宿主通过吞食鱼虾等中间宿主而感染。在兽医学上具有重要意义的为支睾属（Clonorchis）、微口属（Microtrema）、对体属（Amphimerus）（图1-22）、次睾属（Metorchis）和后睾属（Opisthorchis）。

图1-22　鸭对体吸虫（*Amphimerus anatis*）染片

华支睾吸虫病

病原为支睾属的华支睾吸虫（*Clonorchis sinensis*）。感染人、犬、猫、猪及其他一些野生动物，常用的试验动物亦可成为华支睾吸虫的终宿主，寄生于肝脏胆管和胆囊内，是一种人畜共患寄生虫病。

华支睾吸虫是小型虫体，体薄，半透明，长10～25mm，宽3～5mm，口吸盘位于虫体前端，腹吸盘在虫体前1/5处，较口吸盘小，有咽，食道短，肠管分两支，达虫体后端。睾丸呈分支状，前后排列于虫体后部。卵巢在睾丸前，有发达的受精囊（图1-23，图1-24）。

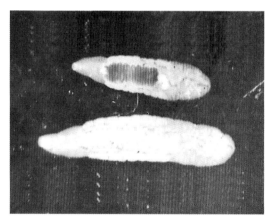

图1-23　华支睾吸虫（*Clonorchis sinensis*）虫体（实物）

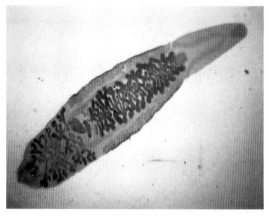

图1-24　华支睾吸虫（*C. sinensis*）染片

虫卵黄褐色，大小为27～35μm×12～20μm。前端狭小，有盖，盖两旁有肩峰状突起。后端圆大，有一小突起。从宿主体内随粪便排出时卵内已含成熟毛蚴（图1-25）。

需两个中间宿主，第一中间宿主是淡水螺，我国有3种，即纹沼螺（*Parafossalurus striatulus*）、长角涵螺（*Alocinma longicornis*）及赤豆螺（*Bithynia fuchsianus*）。第二中间宿主是多种淡水鱼和虾，我国有草鱼（*Ctenopharyngodon idellus*）、青鱼（*Mylopharynogodon pieceus*）、土鲮鱼（*Labeo collaris*）和麦穗鱼（*Pseudoarsbora parva*）以及细足米虾（*caridina nilotica gracilipes*）、巨掌沼虾（*Macrobrachium superbum*）等。

淡水螺吞食虫卵后，毛蚴很快孵出，进一步发育为胞蚴、雷蚴和尾蚴。尾蚴自螺体逸出，钻入第二中间宿主体内发育为囊蚴。动物和人吃了生的或未煮熟的含囊蚴的鱼、虾而感染。童虫逆胆汁流向经总胆管到达胆管发育为成虫。

华支睾吸虫病主要分布于东亚诸国，在我国的分布极其广泛，除青海、西藏、甘肃和宁夏外，其余 27 省（直辖市、自治区）均有报道。本病的流行与地理环境、自然条件、生活习惯有密切关系。流行区内在鱼塘上建厕所、生食鱼等是造成本病流行的重要原因。

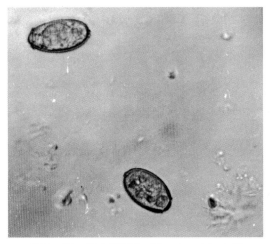

图 1-25　华支睾吸虫（C. sinensis）虫卵

虫体寄生于胆管和胆囊内，机械性刺激胆管和胆囊发炎，管壁增厚，消化机能受到影响。虫体分泌毒素，引起贫血、消瘦和水肿。大量寄生时，虫体阻塞胆管，胆汁分泌障碍，出现黄疸现象。肝细胞变性、萎缩，毛细胆管栓塞，结缔组织增生，引起肝硬化。

多数动物为隐性感染，临床症状不明显。严重感染时，主要表现为消化不良、下痢、贫血、水肿、消瘦，甚至腹水。

诊断主要为粪检虫卵，也可用间接血凝试验和酶联免疫吸附试验进行辅助诊断。治疗药物可用吡喹酮、丙硫咪唑和六氯对二甲苯等。预防须在流行区禁用生鱼、虾做动物饲料，停用人畜粪喂鱼，并定期驱虫，搞好粪便管理。

微 口 吸 虫 病

微口吸虫病由微口属的截形微口吸虫（Microgram truncatum）寄生于猪胆管内引起。偶尔寄生于猫和狗。我国台湾、四川、江西、湖南和上海等地有报道。

虫体背腹扁平，似舌状，前端稍尖，后端平截，虫体中部略向背面隆起。长 4.5～14mm，宽 2.5～6.5mm，厚 1.5～3.0mm。体表被细棘。口吸盘位于虫体前端，腹吸盘位于虫体中央略后处。食道短，两肠管与体缘平行，到达虫体的后端略向内弯。生殖孔开口在腹吸盘前近处。两睾丸大小相似，略分叶，左右对称排列在虫体后 1/4 处肠管内侧。卵巢位于虫体中轴上，与睾丸在同一水平，呈三角形，由十余叶组成，梅氏腺在其前，卵圆形受精囊位其后。卵黄腺分布在两肠管外侧，簇状。子宫弯曲于睾丸和卵巢之前、肠管分叉处之后。

虫卵小，深金黄色，前端狭，后端略宽，平均为 3.35～18.1μm，有卵盖，一端有一小刺，壳厚，表面有龟裂纹，内含毛蚴。

虫体的慢性机械性刺激和毒素作用造成肝脏损害，主要表现为，肝脏肿大、硬化、表面粗糙不平，并附有纤维素性渗出物。胆管显著扩张，突出肝表面，尤其以虫体寄生的胆管更为显著。胆管分支处有膨大的小结节，切开后，内有黄色黏液和大量虫体。胆囊肿大，胆汁浓稠，呈绿色胶状，取胆汁镜检，可发现大量虫卵。

对可疑病猪可用各种粪便检查法查找虫卵。死后剖检时应注意肝和胆管的病变并寻找虫体。可用吡喹酮、丙硫咪唑治疗。

次 睾 吸 虫 病

病原为次睾属的东方次睾吸虫（*Metorchis orientalis*）。主要寄生于鸭、鸡和野鸭的肝脏胆管或胆囊内，偶见于猫、犬及人体内。主要分布于日本、俄罗斯的西伯利亚。我国黑龙江、吉林、北京、天津、上海、安徽、江苏、浙江、福建、台湾、江西、广东、广西等地均有报道。

虫体呈叶状，大小为 2.4～4.7mm×0.5～1.2mm。体表有小棘。口吸盘位于虫体前端，腹吸盘位于虫体前 1/4 中央。睾丸大，稍分叶，前后排列于虫体后端。生殖孔位于腹吸盘前方。卵巢椭圆形，位于睾丸前方。受精囊位于卵巢右侧。卵黄腺分布于虫体两侧，始于肠分叉稍后方，终止于前睾丸前缘。子宫弯曲于卵巢前方，伸达腹吸盘上方，后端止于前睾丸前缘，充满虫卵（图 1-26，图 1-27）。

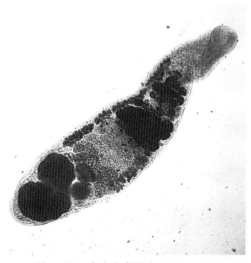

图 1-26 东方次睾吸虫（*Metorchis orientalis*）虫体

图 1-27 台湾次睾吸虫（*M. taiwanensis*）染片

虫卵呈浅黄色，椭圆形，大小为 28～31μm×12～15μm，有卵盖，内含毛蚴（图 1-28）。

需两个中间宿主：第一中间宿主为纹沼螺，第二中间宿主为麦穗鱼及爬虎鱼等。囊蚴主要寄生在鱼的肌肉和皮层。终末宿主吞食含囊蚴的鱼类而感染。感染后 16～21 天粪便中出现虫卵。

患病动物肝脏肿大，或有坏死结节。胆管增生变粗。胆囊肿大，囊壁增厚，胆

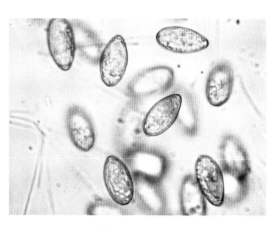

图 1-28 次睾属（*Metorchis sp.*）虫卵

汁变质。轻度感染不表现临床症状，严重感染时不仅影响产蛋，而且死亡率也较高。患禽精神萎靡，食欲不振，羽毛粗乱，两腿无力，消瘦，贫血，下痢，粪便呈水样，多因衰竭而死亡。

用各种粪便检查法查找虫卵或剖检进行诊断。剖检应注意肝和胆管的病变并寻找虫体。治疗可用吡喹酮、丙硫咪唑。通过堆积发酵禽粪、避免家禽水边放牧可有效预防本病的发生。

猫后睾吸虫病

由后睾属猫后睾吸虫（*Opisthorchis felineus*）引起。寄生于猫、犬、猪及狐狸胆管内，一些地方人的感染也较普遍。主要分布于东欧、西伯利亚及中国。

虫体大小为 7～12mm×2～3mm，体表光滑，睾丸呈裂状分叶，前后斜列于虫体后 1/4 处（图 1-29）。虫卵呈浅棕黄色，长椭圆形，大小为 26～30μm×10～15μm，内含毛蚴。虫卵随宿主粪便排至体外，被第一中间宿主淡水螺吞食后，毛蚴孵出，发育为胞蚴、雷蚴和尾蚴。尾蚴从螺体逸出，钻入第二中间宿主淡水鱼体内形成囊蚴。猫吞食含囊蚴的鱼类而感染。虫体可引起胆管上皮组织增生、纤维化及门脉周围肝硬化等。粪便中查出虫卵即可确诊。可用吡喹酮或六氯对二甲苯治疗。禁用生鱼饲喂猫、犬可预防本病的发生。

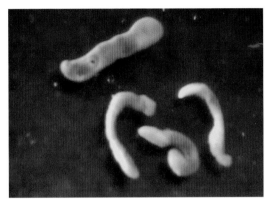

图 1-29　后睾吸虫（*Opisthorchis* sp.）虫体（实物）

第四节　歧腔科（Dicrocoeliidae）

虫体中、小型。体细长，扁平，透明，内部器官易于看到。体表光滑。口、腹吸盘相距不远。肠支简单，通常不抵达体末端。排泄囊简单，呈管状。睾丸呈圆形或椭圆形，并列、斜列或前后排列，位于腹吸盘后。卵巢位于睾丸之后。生殖孔位于虫体中线上，开口于腹吸盘前。卵黄腺发达，位于虫体两侧。子宫有许多上、下行折叠，充满生殖器官后的大部分空间，内含大量虫卵。寄生于哺乳动物、鸟类和爬行动物胆囊、胆管或胰管。终末宿主通过吞食节肢动物等中间宿主而感染。在兽医学上有重要意义的为歧腔属（*Dicrocoelium*）和阔盘属（*Eurytrema*）。

歧腔吸虫病

病原为歧腔属的矛形歧腔吸虫（*Dicrocoelium lanceatum*），（也称枝歧腔吸虫 *D. dendriticum*）和中华歧腔吸虫（*D. chinensis*）。主要感染黄牛、水牛、绵羊、骆驼、鹿等反刍动物，也感染猪、兔、马、驴等动物，人也有病例报道。寄生部位为胆管和胆囊。

矛形歧腔吸虫扁平而透明，呈矛状，棕红色，大小为 5～15mm×1.5～2.5mm。口吸盘比腹吸盘稍小。睾丸 2 个，近圆形，稍有分叶，纵列或斜列于腹吸盘之后。子宫弯曲，充满虫体的后半部，内含大量虫卵（图 1-30）。

中华歧腔吸虫与矛形歧腔吸虫形态相似，主要不同在于两个睾丸左右并列。

虫卵呈卵圆形，褐色，卵壳厚，两边稍不对称，有卵盖，大小为 34～44μm×29～33μm，内含毛蚴（图 1-31）。

图 1-30　矛形歧腔吸虫（*Dicrocoelium lanceatum*）（实物）

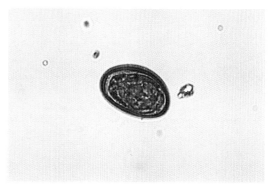

图 1-31　矛形歧腔吸虫（*D. lanceatum*）虫卵

需两个中间宿主：第一中间宿主为陆地螺，第二中间宿主为蚂蚁。虫卵被第一中间宿主吞食后经母胞蚴、子胞蚴发育为尾蚴。尾蚴经螺的气孔排出，黏附于植物或其他物体上被蚂蚁吞食，形成囊蚴。牛、羊等在吃草时将含有囊蚴的蚂蚁一起吞食而感染。童虫由十二指肠经总胆管入胆管，2～3 个月发育为成虫。

本病几乎遍布世界各地，多呈地方流行。我国主要分布于东北、华北、西北和西南等地。尤其以西北和内蒙古严重。南方地区由于温暖潮湿，中间宿主可全年活动，动物几乎全年都可感染。北方寒冷干燥，中间宿主冬眠，感染具有明显季节性，即春、秋季节感染，冬、春季节发病居多。动物随年龄增加，感染率和感染强度也逐渐增加。

歧腔吸虫在动物胆管内寄生，可引起胆管炎症，胆管壁增生，肥厚。肝肿大，肝被膜肥厚。轻微感染时，一般不显症状，严重感染则出现黏膜发黄、消化紊乱、腹泻与便秘交替、消瘦等症状。

诊断主要靠粪检虫卵和剖检虫体。治疗可用吡喹酮、丙硫咪唑、六氯对二甲苯（血防"846"）等。

阔 盘 吸 虫 病

病原为阔盘属的胰阔盘吸虫（*Eurytrema pancreaticum*）、腔阔盘吸虫（*E. coelomaticum*）和支睾阔盘吸虫（*E. cladorchis*）。主要感染牛、羊、骆驼等反刍动物，猪和人也可感染。主要寄生于胰脏的胰管中，有时也可寄生于胆管和十二指肠。

胰阔盘吸虫为棕红色，虫体扁平，较厚，呈长卵圆形。大小为 8～16mm×5～

5.8mm。口吸盘较腹吸盘大。睾丸 2 个，边缘有深缺刻，左右横列于腹吸盘稍后方。卵巢 3～6 叶，位于睾丸之后。子宫盘曲于虫体后半部。卵黄腺呈颗粒状，位于虫体中部两侧（图 1-32，图 1-33）。

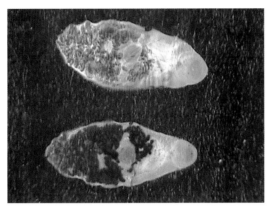

图 1-32　胰阔盘吸虫（Eurytrema pancreaticum）
　　　　　虫体压片

图 1-33　胰阔盘吸虫（E. pancreaticum）染片

　　腔阔盘吸虫和支睾阔盘吸虫（图 1-34）与胰阔盘吸虫大同小异。

　　虫卵为黄棕色或深褐色，椭圆形，两侧稍不对称，具卵盖，大小为 42～50μm×26～33μm，内含一个椭圆形的毛蚴（图 1-35）。

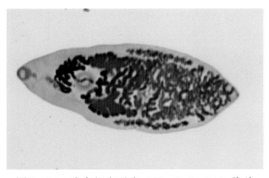

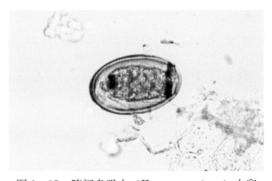

图 1-34　支睾阔盘吸虫（E. cladorchis）染片

图 1-35　胰阔盘吸虫（E. pancreaticum）虫卵

　　需两个中间宿主：第一中间宿主同为陆地螺（图 1-36），第二中间宿主胰阔盘吸虫和腔阔盘吸虫为红脊草螽（Conocephalus maculatus）（图 1-37），支睾阔盘吸虫为针蟋（Nemobius sp.）。虫卵随牛、羊等的粪便排出体外，被第一中间宿主吞吃后，毛蚴孵出，进而发育成母胞蚴、子胞蚴和尾蚴。子胞蚴（含尾蚴）经气孔排出，附在草上，被第二中间宿主吞吃后发育为囊蚴。牛、羊等吞吃了含有囊蚴的草螽或针蟋而感染。童虫经 3～4 个月发育为成虫。

　　我国发病较多的有福建、江西、江苏、河北、贵州、陕西、内蒙古和吉林等地。蜗牛孳生于低洼草甸和草丛中，北方草原一般于 4～5 月出现，10～11 月开始冬眠。南方气温较高，其出没时间相应延长。草原上红脊草螽一般 5～6 月出现，10～11 月消失。北方地区阔盘吸虫病高发季节为 8～9 月份，而温暖地区感染和发病季节相应提前。

图 1-36　巴蜗牛（*Bradybaena sp.*）　　图 1-37　红脊草螽（*Conocephalus maculatus*）

由于虫体的机械刺激和毒素作用，胰管发生慢性增生性炎症，致使胰管增厚，管腔狭小，严重感染时甚至管腔完全阻塞，导致胰脏功能异常，引起消化不良。病畜表现为消瘦、贫血、水肿、大便稀带有黏液，可因恶病质死亡。

诊断可用沉淀法检查虫卵并结合剖检发现虫体。治疗可用吡喹酮、六氯对二甲苯等药。

第五节　分体科（Schistosomatidae）

雌雄异体，雌虫较雄虫细。雌虫多位于雄虫的抱雌沟内。两个吸盘发达或不发达，或紧靠一起或付缺。缺咽。肠支在体后部联合成单管，抵达体后端。生殖孔开口于腹吸盘后。睾丸 4 个或 4 个以上，位于肠联合之前端或后。卵巢较长、致密，位于肠联合处之前。卵黄腺位于卵巢后。虫卵壳薄，无卵盖，有的有侧棘或端棘，内含毛蚴。寄生于哺乳动物和鸟类的门静脉系统血管中。尾蚴主动钻进终末宿主皮肤而感染。在兽医学上有重要意义的为分体属（*Schistosoma*）、东毕属（*Orientobilharzia*）和毛毕属（*Trichobilharzia*）。

日本分体吸虫病

也称日本血吸虫病。病原为分体属的日本分体吸虫（*Schistosoma japonicum*）。主要感染人和牛、羊、猪、犬、啮齿类及一些野生动物，寄生于门静脉和肠系膜静脉内，是一种危害严重的人兽共患寄生虫病。本病广泛分布于我国长江流域 13 个省（直辖市和自治区），严重影响人类健康和畜牧业生产。

日本分体吸虫雌雄异体。寄生时呈雌雄合抱状态（图 1-38）。虫体呈长圆柱状，外观线状。体表有细棘。口、腹吸盘各一个。口吸盘在体前端，腹吸盘较大，

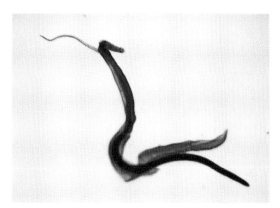

图 1-38　日本分体吸虫（*Schistosoma japonicum*）雌雄合抱

具有粗而短的柄，距口吸盘近，缺咽，食道长，两旁有食道腺。肠管分支，至虫体后 1/3 处联合为单盲管。

雄虫呈乳白色，粗短，体长 9.5～22mm。自腹吸盘后方至虫体后端，体两侧向腹面卷起形成抱雌沟。睾丸为 6～8 个，多为 7 个，呈线状排列。生殖孔位于腹吸盘的后方。

雌虫呈暗褐色，体形细长，长 12～26mm。卵巢呈椭圆形，位于虫体中部偏后两肠管之间。卵模位于卵巢前方。子宫前行达于腹吸盘后方，内含虫卵。卵黄腺呈分支状，位于虫体后 1/4 部。

虫卵呈椭圆形，大小为 70～100μm ×50～65μm，淡黄色，卵壳较薄，无盖，侧方有一小刺，内含毛蚴（图 1-39）。

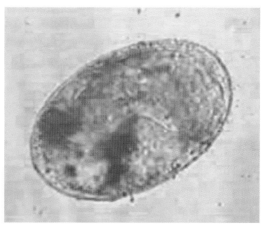

图 1-39　日本分体吸虫（S. japonicum）虫卵

生活史需要中间宿主，在我国为湖北钉螺（Oncomelania hupensis，图 1-40）。虫卵产于小静脉中，一部分随血流进入其他脏器，不能排出体外，沉积在局部组织中，特别是肝脏中；另一部分沉积在肠壁小静脉中。肠黏膜坏死、破溃，虫卵随破溃组织进入肠腔，随粪便排至外界。在水中毛蚴孵出，进入钉螺体内，经母胞蚴、子胞蚴发育为尾蚴（图 1-41，图 1-42，图 1-43），尾蚴逸出螺体，游于水中，遇到终末宿主即经皮肤进入体内。终末宿主在饮水或吃草时吞食尾蚴可经口腔黏膜感染，也可经胎盘感染。尾蚴侵入终末宿主皮肤，变为童虫，经小血管或淋巴管随血流经右心、肺、体循环到达肠系膜小静脉寄生，发育为成虫（图 1-44，图 1-45）。

图 1-40　湖北钉螺（Oncomelania hupensis）

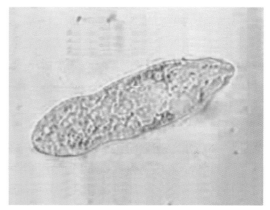

图 1-41　日本分体吸虫（S. japonicum）毛蚴

本病流行需三个主要条件，即虫卵能落入水中并孵出毛蚴，有适宜的钉螺供毛蚴寄生发育，尾蚴能遇上并钻入终宿主（人、畜）的体内发育。

日本分体吸虫的成虫在宿主体内一般能活 3～5 年，在黄牛体内能活 10 年以上。每条雌虫每天排出 370～3 500 个虫卵。

图 1-42　日本分体吸虫（S. japonicum）尾蚴

图 1-43　日本分体吸虫（S. japonicum）尾蚴
　　　　　正在侵入小鼠耳部皮肤

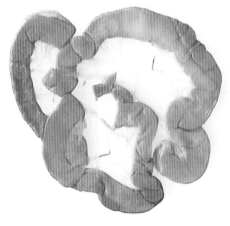

图 1-44　日本分体吸虫（S. japonicum）
　　　　　寄生于肠系膜小血管内

图 1-45　日本分体吸虫（S. japonicum）
　　　　　寄生于肠系膜小血管内放大

　　湖北钉螺是一种小型螺，螺壳呈褐色或淡黄色，螺壳有 6～8 个螺旋（右旋），一般以 7 个螺旋为最多。壳口呈卵圆形，周缘完整，略向外翻。钉螺能适应水、陆两种环境。气候温和、土壤肥沃、阴暗潮湿、杂草丛生的地方是其良好的孳生地，以腐败的植物为食物。

　　日本分体吸虫病的易感动物有 41 种之多。感染率的高低与钉螺的分布、密度及感染螺的多少有关。感染率依山丘地区、水网地区、湖区逐渐增高。黄牛比水牛感染率高，水牛有自愈现象。成年牛一般不表现症状。家畜的感染与放牧和下田生产有关。

　　日本分体吸虫尾蚴侵入终宿主皮肤时引起皮炎，童虫在体内移行时可引起多种脏器特别是肺脏的病变，严重感染时肺表现为弥漫性出血性肺炎。虫卵在肝脏沉积可以引起免疫病理反应，这是日本血吸虫的主要致病因素。成虫代谢产物、排泄物具有毒素作用，可以引起多种病理反应。

　　日本分体吸虫病是一种免疫性疾病。虫卵沉积于肝脏，引起肉芽肿，在肝脏表面形成许多结节（图 1-46），进一步导致肝硬变，继发门脉高压、脾肿大、食道及胃底静脉曲张等一系列病变。尾蚴侵入皮肤时可引起皮炎，感染过的动物因产生变态反应皮炎更为严重。急性感染的动物表现体温升高，呈不规则间歇热，继而消化不良，腹泻或便血，消瘦，发育迟缓，贫血，严重时全身衰竭而死。若有较好的饲养管理条件，病畜可成为带虫者。

诊断主要靠虫卵检查和毛蚴孵化。而免疫学诊断方法，如环卵沉淀试验、间接血细胞凝集试验和酶联免疫吸附试验等也可应用。治疗药物主要有吡喹酮、硝硫氰胺、硝硫氰醚、六氯对二甲苯等。预防应因地制宜，根据疫情的不同采取不同的对

图1-46　日本分体吸虫（S. japonicum）感染肝脏形成的虫卵性结节

策，或以杀灭中间宿主钉螺为主，或以控制传染源为主，对家畜应安全放牧。

土耳其斯坦东毕吸虫病

由东毕属的土耳其斯坦东毕吸虫（Orienlobilharzia turkestanicum）引起。可感染黄牛、水牛、绵羊、山羊、骆驼、马、驴、骡等家畜和一些野生动物。寄生于动物的肠系膜静脉内。

土耳其斯坦东毕吸虫虫体远比日本血吸虫小。虫体呈线形。雄虫乳白色，雌虫暗褐色，体表光滑、无结节。雄虫体长4.39～4.56mm。体两侧向腹面卷起形成抱雌沟。睾丸78～80个，颗粒状，在腹吸盘后方不远处呈不规则双列排列，偶见单列，缺雄茎囊。雌虫较雄虫纤细，体长3.95～5.73mm。卵巢呈螺旋状扭曲，位于两肠管合并处前。卵黄腺从卵巢后方开始沿体两侧分布直至肠管末端。子宫短，在卵巢前方，通常只有一个虫卵（图1-47，图1-48）。

图1-47　土耳其斯坦东毕吸虫（Orienlobilharzia turkestanicum）

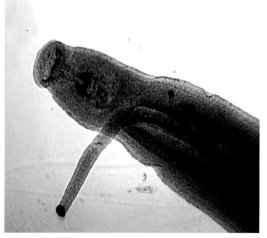

图1-48　土耳其斯坦东毕吸虫（Orienlobilharzia turkestanicum）头端

虫卵长 72～74μm，宽 22～26μm，呈短椭圆形，淡黄色，卵壳薄，无盖，两端各有一个附属物。

生活史与日本分体吸虫相似。中间宿主为折叠萝卜螺（*Radix plicatula*）、耳萝卜螺（*Radix auricularia*）和卵萝卜螺（*Radix ovata*）。尾蚴侵入牛、羊后发育至成虫需 1.5～2 个月。但尾蚴钻入人体皮肤不能继续发育，可以引起皮炎。

流行病学特点、发病机理、病理变化与症状、诊断及治疗与日本分体吸虫相似或相同。

第六节　前后盘科（Paramphistomatidae）

虫体肥厚，呈圆锥形，腹吸盘发达，位于虫体末端。缺咽，有食道。肠管简单。生殖孔开口于腹侧虫体前 1/3 处。睾丸 2 个，通常分叶，前后或斜列于虫体后部。卵黄腺发达。可以感染鱼类、两栖类、爬行类、鸟类和哺乳动物。终末宿主吞食了附着于植物上的囊蚴而感染。在兽医学上有意义的为前后盘属（*Param-phistomum*）、殖盘属（*Cotylophoron*）

图 1-49　殖盘属吸虫（*Cotylophoron* sp.）染片

（图 1-49）、腹袋属（*Gastrothylax*）、菲策属（*Fischoederius*）、平腹属（*Homalogaster*）和拟腹盘属（*Gastrodiscoides*）等。

鹿前后盘吸虫病

病原为前后盘属的鹿前后盘吸虫（*Paramphistomum cervi*）。主要感染牛、羊等反刍动物。成虫寄生于瘤胃壁上，童虫在移行过程中寄生于真胃、小肠、胆管和胆囊。

鹿前后盘吸虫呈圆锥形或纺锤形，乳白色，大小为 8.8～9.6mm×4.0～4.4mm。口吸盘位于虫体前端，腹吸盘位于虫体末端，腹吸盘大于口吸盘。缺咽，肠支长，弯曲，伸达腹吸盘边缘。睾丸 2 个，横椭圆形，前后排列，位于虫体中部。生殖孔开口于肠管分叉处后方。卵巢呈圆形，位于睾丸后侧缘。子宫在睾丸后缘弯曲后，沿睾丸背面弯曲上行，开口于生殖孔。卵黄腺发达，呈滤泡状，分布于肠支两侧，前自口吸盘后缘，后至腹吸盘中部水平（图 1-50，图 1-51）。

虫卵呈椭圆形，淡灰色，卵黄细胞不充满整个虫卵，大小为 125～132μm×70～80μm。

成虫在牛、羊等反刍动物瘤胃内产卵，后随粪便排出体外。虫卵在适宜的条件下孵出毛蚴，毛蚴遇到适宜的中间宿主扁卷螺即钻进其体内，发育为胞蚴、雷蚴和尾蚴。尾蚴离开螺体，附着在水草上形成囊蚴。牛、羊等吞食囊蚴而感染。囊蚴在肠道逸出，成为童虫，童虫在附着于瘤胃黏膜之前先在小肠、胆管、胆囊和真胃内移行，最后至瘤胃发育为成虫。

图 1-50　鹿前后盘吸虫（*Paramphistomum cervi*）虫体（实物）

图 1-51　鹿前后盘吸虫（*P. cervi*）染片

　　本病在我国各地广泛流行，不仅感染率高，而且感染强度大。南方可长年感染，北方主要发生于5～10月份。

　　幼虫在移行时严重损伤肠黏膜和其他脏器。剖检可见十二指肠和小肠其他部分的黏膜有卡他性出血性炎，炎性渗出物中有童虫。胆汁稀薄、淡黄色，往往含有童虫。真胃幽门部黏膜有出血点、黏液和童虫。成虫以强大的吸盘吸着于瘤胃黏膜上造成黏膜损伤（图 1-52）。

　　病畜初期精神萎靡，数天后发生腹泻和消瘦。后期病畜出现顽固性腹泻、粪便呈水样、食欲减退或废绝、贫血、水肿等，最后可因恶病质而死亡。

图 1-52　鹿前后盘吸虫（*P. cervi*）感染的羊胃

　　根据粪便中检获虫卵或死后剖检出大量虫体或童虫可确诊。治疗药物可用氯硝柳胺和硫双二氯酚。

菲 策 吸 虫 病

　　病原为菲策属的长菲策吸虫（*Fischoederius elongatus*）。主要感染反刍动物，成虫寄生于瘤胃壁上。虫体圆柱形，深红色，腹面弯曲，有腹袋，大小为 15.4～16.9mm×4.8～5.2mm（图 1-53，图 1-54）。口吸盘梨形，与腹吸盘之比为 1∶2.5。肠管短，终于体部中央稍后，两肠支间距近。睾丸斜列于腹袋之后，分3～4个瓣。卵巢近圆形，位于两睾丸之间。卵黄腺小滤泡状。子宫位于体中央，呈直线前行。排泄囊长囊状，横于后吸盘前缘。其生活史、流行病学、发病机理、病理变化、症状、诊断和治疗参照鹿前后盘吸虫。

图1-53 长菲策吸虫（*Fischoederius elongatus*）实物

图1-54 长菲策吸虫（*F. elongatus*）染片

平 腹 吸 虫 病

病原为平腹属的野牛平腹吸虫（*Homalogaster paloniae*）。主要感染反刍动物，成虫寄生于瘤胃壁上。虫体淡红色，大小为9.5～12.5mm×5.3～6.8mm，背隆腹平，腹面布满排列整齐的小乳突，体后1/4部缩小，末端钝圆（图1-55，图1-56）。口吸盘与腹吸盘比为1∶3.9。肠管呈弧形，伸达后吸盘前缘。睾丸位于体中央，边缘有深刻。卵巢椭圆形。卵黄腺自肠分支处至后吸盘前。子宫在睾丸后方经数个弯曲沿体中线上升。其生活史、流行病学、发病机理、病理变化、症状、诊断和治疗参照鹿前后盘吸虫。

图1-55 野牛平腹吸虫（*Homalogaster paloniae*）虫体背腹（实物）

图1-56 野牛平腹吸虫（*H. paloniae*）染片

人拟腹盘吸虫病

病原为拟腹盘属的人拟腹盘吸虫（*Gastrodiscoides hominis*）。寄生于人、猪、野猪、猴、鼠等动物的肠道中。

虫体淡红色，前部狭小呈圆锥形，后部宽大呈盘状。体腹面凹陷呈碟状，无乳突。虫体长9.6～12.0mm，最大体宽6.4～7.0mm，体宽与体长比为1∶1.6（图1-57，图

1-58）。食道有食道球，两肠支弯曲伸达腹吸盘的前缘。睾丸位于虫体中央，前后间隔排列，边缘有刻，前睾丸稍小，后睾丸粗大。卵巢近圆形，位于后睾丸与腹吸盘之间。子宫沿体中线弯曲上升，内含大量虫卵。卵黄腺呈颗粒状，分布于两肠支周围，前自后睾丸外缘开始，后至腹吸盘的前缘。

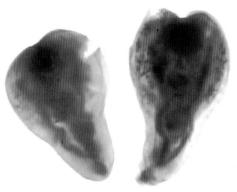

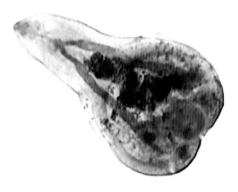

图1-57　人拟腹盘吸虫（*Gastrodiscoides hominis*）虫体（实物）

图1-58　人拟腹盘吸虫（*Gastrodiscoides hominis*）染片

其生活史、流行病学、发病机理、病理变化、症状、诊断和治疗参照鹿前后盘吸虫。

第七节　棘口科（Echinostomatidae）

虫体细长。体前端具头冠，上有1～2列头棘。体表被有鳞或棘。腹吸盘发达，口吸盘较小，两者相距较近。具咽、食道和肠支。食道几乎到达腹吸盘处，肠支抵达体末端。生殖孔开口于腹吸盘近前处。睾丸完整或分叶，纵列或斜列于虫体后半部。具雄茎囊。卵巢在睾丸之前，居中或偏于右侧，缺受精囊。卵黄腺粗颗粒状，位于体两侧并常延伸至睾丸之后。子宫在卵巢的前方，含有较大、壳薄的虫卵。感染爬行类、鸟类和哺乳动物，特别是水禽，寄生于肠道或胆管。第一中间宿主为淡水螺，第二中间宿主为蜗牛、两栖类或鱼类。终末宿主因吞食第二中间宿主而感染。在兽医学上有重要意义的为棘口

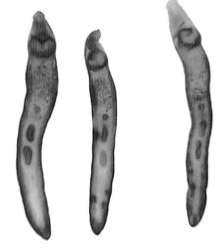

图1-59　棘缘属（*Echinoparyphium* sp.）虫体染片

属（*Echinostoma*）、棘缘属（*Echinoparyphium*）（图1-59，图1-60）、棘隙属（*Echinochasmus*）和低颈属（*Hypoderaeum*）（图1-61）。

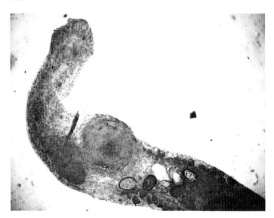

图1-60 曲颈棘缘吸虫（*Echinoparyphium recurvatum*）（鸭）头端染片

图1-61 似锥低颈吸虫（*Hypoderaeum conoideum*）（鸭）染片

棘口吸虫病

病原为棘口属的卷棘口吸虫（*Echinostoma revolutum*）、宫川棘口吸虫（*E. miyagawai*）等。感染鸡、鸭、鹅及其他野生禽类，主要寄生于直肠、盲肠，偶见于小肠。

卷棘口吸虫呈长叶状，新鲜时呈淡红色。大小为 7.6～12.6mm × 1.26～1.60mm。突出特点是虫体前端有头冠，上有37个小棘。口、腹吸盘比约为1：3.7。两睾丸呈椭圆形，边缘完整，前后排列于虫体后半部。卵巢近圆形，位于虫体的中部。子宫弯曲，在卵巢的前方卷曲。卵黄腺呈颗粒状，分布于两肠管的外侧，前缘自腹吸盘后方开始，伸至体末端（图1-62，图1-63，图1-64）。

图1-62 卷棘口吸虫（*Echinostoma revolutum*）虫体（实物）

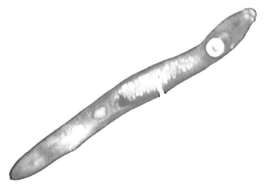

图1-63 卷棘口吸虫（*E. revolutum*）染片

图1-64 卷棘口吸虫（*E. revolutum*）头端

虫卵椭圆形，淡黄色，有卵盖，大小为 $114\sim126\mu m\times68\sim72\mu m$。

宫川棘口吸虫与卷棘口吸虫形态结构极其相似，其主要区别在于睾丸分叶，卵黄腺于后睾丸后方向体中央扩展汇合（图1-65）。幼虫对扁卷螺更易感染，成虫不仅寄生于禽类，而且还寄生于哺乳动物体内。

重要的棘口属吸虫还有其他一些种（图1-66，图1-67）。

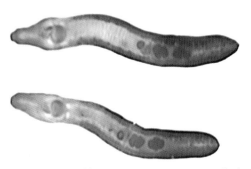

图1-65　宫川棘口吸虫（*E.miyagawai*）染片

图1-66　接睾棘口吸虫（*E. paraulum*）染片

图1-67　接睾棘口吸虫（*E. paraulum*）头端

需要两个中间宿主：第一中间宿主为淡水螺，第二中间宿主为淡水螺或蝌蚪。虫卵随家禽粪便排出体外，在外界条件适宜的情况下，经一周或更长时间孵出毛蚴。毛蚴侵入第一中间宿主，经胞蚴、母雷蚴、子雷蚴和尾蚴阶段。尾蚴离开第一中间宿主，在水中游动，进入第二中间宿主体内，形成囊蚴。家禽因啄食第二中间宿主而感染。螺体和囊蚴外膜被消化，童虫附着在肠内，经16～22天发育为成虫并产卵。

棘口吸虫病在我国各地普遍流行，尤其南方各地更为多见。据报道，福州鸭棘口吸虫感染率为26.41%，感染强度为1～40。昆明鸭卷棘口吸虫感染率为57.4%，感染强度为1～20。广东鸡、鸭、鹅的感染率分别为39.13%、62%和46.6%，感染强度分别为1～37、1～48、1～56。造成家禽广泛感染棘口吸虫的主要原因是禽类常采食螺蛳、浮萍、水草等。螺蛳常与水生植物共生，有些地区还有用螺蛳喂禽的习惯，从而造成家禽感染棘口吸虫的机会增多。

狗、猫、人感染棘口吸虫病主要是由于食入含囊蚴的生螺肉、贝类等所致。

由于虫体吸盘、头棘和体棘的刺激，肠黏膜被破坏，引起肠炎、肠道出血和下痢。虫体吸收大量营养物质并分泌毒素，使病禽消化机能发生障碍，营养吸收受阻。病禽食欲减退、下痢、消瘦、贫血、发育受阻，严重感染可致死亡。

采用直接涂片或离心沉淀法检查粪便虫卵，并结合尸体剖检发现虫体即可确诊。治疗药物可用吡喹酮、丙硫咪唑、硫双二氯酚、氯硝柳胺等。消灭中间宿主淡水螺、定期驱虫、加强饲养管理等措施可以有效预防本病的发生。

第八节 前殖科（Prosthogonimidae）

小型虫体，前端尖，后端钝圆。具皮棘。口吸盘和咽发育良好，有食道，肠支简单。腹吸盘位于体前半部。睾丸对称，在腹吸盘之后。卵巢位于睾丸与腹吸盘之间或位于腹吸盘背部。生殖孔在口吸盘附近。卵黄腺呈葡萄串状，位于体两侧。本科中有前殖属（*Prosthogonimus*）（图1-68）。感染鸟类，很少感染哺乳动物。

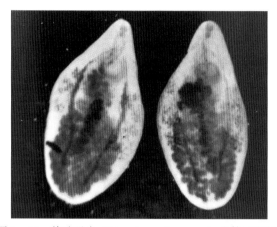

图1-68 前殖吸虫（*Prosthogonimus sp.*）虫体（实物）

前 殖 吸 虫 病

病原为前殖属的吸虫。常见的有卵圆前殖吸虫（*Prosthogonimus ovatus*）、透明前殖吸虫（*P. pellucidus*）、楔形前殖吸虫（*P. cuneatus*）、鲁氏前殖吸虫（*P. rudophii*）及鸭前殖吸虫（*P. anatinus*）等。寄生于鸡、鸭、鹅等多种禽类输卵管、法氏囊、泄殖腔、直肠等部位，偶见于蛋内。

卵圆前殖吸虫（图1-69）虫体扁平，呈梨形。体表有小棘。虫体长3～6mm，宽1～2mm。口吸盘呈椭圆形，腹吸盘位于虫体前1/3处，大于口吸盘。咽小。盲肠末端止于虫体后1/4处。睾丸2个，呈不规则椭圆形，位于虫体后半部。卵巢位于腹吸盘背面，分叶。卵黄腺位于虫体两侧，前缘起于肠管分叉处稍后方，后几达睾丸后缘。子宫环越出肠管，上行支分布于腹吸盘与肠叉之间，形成腹吸盘环。雌雄性生殖孔开口于口吸盘的左侧。

透明前殖吸虫（图1-70）虫体呈长梨形，体表小棘仅分布在虫体前半部。体长5.85～8.67mm，宽2.96～3.86mm。口吸盘与腹吸盘近圆形，大小相近。盲肠末端伸达虫体后部。睾丸呈卵圆形。卵巢分叶，位于腹吸盘与睾丸之间。卵黄腺起自腹吸盘后缘，终止于睾丸之后。子宫盘曲于虫体后部并越出肠管外侧。

图1-69　卵圆前殖吸虫（*Prosthogonimus ovatus*）染片

图1-70　透明前殖吸虫（*P. pellucidus*）（鸡）染片

楔形前殖吸虫（图1-71）虫体呈梨形，体长2.89～7.14mm，宽1.7～3.71mm。体表被小棘。口吸盘小于腹吸盘。咽呈球状。盲肠末端伸达虫体后部1/5处。睾丸呈卵圆形。贮精囊越过肠叉。卵巢分3叶以上。卵黄腺自肠管分叉处起，伸达睾丸之后，每侧7～8簇。子宫越出盲肠之外。

图1-71　楔形前殖吸虫（*P. cuneatus*）染片

图1-72　鲁氏前殖吸虫（*P. rudophii*）染片

鲁氏前殖吸虫（图1-72）虫体呈椭圆形，长1.35～5.75mm，宽1.2～3.0mm。口吸盘小于腹吸盘。睾丸位于虫体中部的两侧。贮精囊伸过肠叉。卵巢分为5叶，位于腹吸盘后。卵黄腺前缘起自腹吸盘，后缘越过睾丸，伸达肠管末端。子宫分布于两盲肠之间。

家鸭前殖吸虫（图1-73）虫体呈梨形，大小为3.8mm×2.3mm。口吸盘与腹吸盘的比例为1∶1.5。盲肠伸达虫体后1/4处。睾丸大小为0.27 mm×0.21mm。贮精囊呈窦状，伸达肠叉与腹吸盘之间。卵巢分5叶，位于腹吸盘下方。卵黄腺每侧有6～7簇。子宫环不越出肠管。

虫卵较小，椭圆形，棕褐色，前端有卵盖，后端有一小突起，大小为26～32μm×10～15μm，内含卵细胞。各种之间不易区分。

需要两个中间宿主：第一中间宿主为淡水螺，卵圆前殖吸虫的第一中间宿主有豆螺（图1-74）和古旋螺

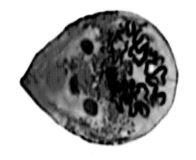

图1-73　鸭前殖吸虫（*P. anatinus*）染片

等；第二中间宿主为各种蜻蜓及其稚虫。成虫产卵，随粪便及泄殖腔排泄物排出体外。虫卵被螺蛳吞食或虫卵遇水孵出毛蚴，毛蚴钻入螺体。在螺体内发育为胞蚴和尾蚴。成熟尾蚴离开螺体游于水中，遇到蜻蜓稚虫时，即由稚虫肛孔进入，在肌肉中形成囊蚴。当蜻蜓稚虫越冬或变为成虫时，囊蚴仍保持活力。家禽由于啄食含囊蚴的蜻蜓稚虫或成虫而感染。囊壁被消化溶解，童虫脱出，经肠进入泄殖腔，再转入输卵管或法氏囊，经1～2周发育为成虫。

图1-74 豆螺（*Bithynia leachi*）

前殖吸虫病流行广泛。流行季节与蜻蜓出现季节相一致。每年4～5月份蜻蜓稚虫聚集在水塘岸旁或爬到水草上变为成虫。此时放养家禽，极易捕到感染的蜻蜓稚虫或成虫而受到感染。夏秋季天气变化时或台风之后，蜻蜓群飞，家禽也易捕食蜻蜓而受感染。感染鸡在水边放养或水禽下水时，虫卵随粪便排入水中，造成本病的自然流行。

前殖吸虫寄生于家禽输卵管内时，以吸盘和体表小棘刺激输卵管黏膜，并破坏壳腺和蛋白腺的正常机能，导致石灰质产生加强或停止及蛋白质分泌过多，输卵管收缩功能紊乱，从而产生畸形蛋、软壳蛋、无壳蛋或排出石灰质等。严重时可造成输卵管破裂或逆蠕动，炎性渗出物或石灰质等落入腹腔，引起腹膜炎而致死亡。鸡、鸭可产生免疫力，导致二次感染的虫体与蛋白一起包入蛋内。

前殖吸虫病的主要病变是输卵管炎。可见输卵管黏膜充血，极度增厚，管壁上可发现虫体。有时引起腹膜炎，在腹腔内有大量黄色浑浊渗出液，有时出现干性腹膜炎。鸡感染前殖吸虫时可表现临床症状，而鸭一般症状不甚明显。鸡感染后一个月左右，产蛋率开始下降，逐渐产出畸形蛋、软壳蛋或无壳蛋。随着病情发展，患鸡食欲减低，消瘦，羽毛脱落，产蛋停止，有时从泄殖腔排出卵壳碎片或流出石灰水样液体。并见腹部膨大，泄殖腔与腹部羽毛脱落。后期患鸡体温升高，食欲降低，渴欲增强，泄殖腔常突出，肛门边缘高度潮红。重者可能死亡。

根据临床症状，用沉淀法检查粪便虫卵或病理剖检发现虫体即可作出诊断。可试用丙硫苯咪唑或氯氰碘柳胺治疗。预防本病除灭螺外，应避免家禽啄食蜻蜓。

第九节 并殖科（Paragonimidae）（隐孔科 Troglotrematidae）

虫体卵圆形，肥厚。具体棘。口吸盘在亚前端腹面，腹吸盘位于体中部。生殖孔在腹吸盘直后。肠管弯曲，抵达体后端。睾丸分支，位于体中部。卵巢分叶，在睾丸前。卵黄腺分布广泛。成虫寄生于肺部。本科中有并殖属（*Paragonimus*）。

卫氏并殖吸虫病

病原为并殖属的卫氏并殖吸虫（*Paragonimus westermani*）。主要感染犬、猫、人及多种野生动物，寄生部位为肺脏。我国已有 23 个省（直辖市、自治区）有报道，是一种重要的人畜共患寄生虫病。

　　虫体腹面扁平，背面隆起，呈深红色，肥厚，卵圆形，体表有小棘，大小为 7.5～16mm×4～8mm，厚 3.5～5.0mm。睾丸 2 个，分支，并列于虫体后部。卵巢位于睾丸之前。卵黄腺发达（图 1-75）。虫卵呈金黄色，椭圆形，大多有卵盖，不对称，大小为 75～118μm×48～67μm（图 1-76）。

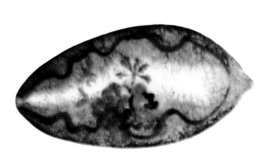

图 1-75　卫氏并殖吸虫（*Paragonimus westermani*）

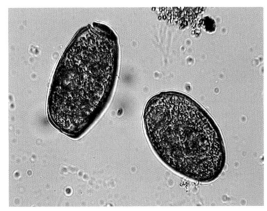

图 1-76　并殖吸虫（*Paragonimus* sp.）虫卵

　　需两个中间宿主：第一中间宿主为淡水螺（图 1-77），第二中间宿主为甲壳类（图 1-78，图 1-79）。成虫在肺部的包囊内产卵，沿气管系统入口腔，咽下后随粪便排出体外，孵出毛蚴。毛蚴钻入第一中间宿主体内发育至尾蚴阶段。尾蚴离开螺体进入第二中间宿主体内变为囊蚴。犬、猫及人吃到含囊蚴的第二中间宿主，如溪蟹和蝲蛄后，囊蚴在肠内破囊而出，进入腹腔，在脏器间移行窜扰后穿过膈肌进入胸腔，经肺膜入肺脏。虫体寿命 5～6 年。因有到处窜扰的习性，还常侵入肌肉、脑及脊髓等处。

图 1-77　短沟螺（*Semisulcospira* sp.）

　　并殖吸虫在我国分布很广，现已查明有黑龙江、吉林、辽宁、河南、湖南、湖北、江西、安徽、福建、浙江、江苏、广东、广西、四川、云南、贵州、甘肃、山西、陕西、河北、山东、上海和台湾等地。人体与兽类均有感染者达 20 个省。由于生态环境的不同，并殖吸虫对中间宿主，包括第一中间宿主螺类和第二中间宿主甚至终末宿主的要求也不相同，构成不同区系。卫氏并殖吸虫的第一中间宿主为黑螺科螺类，分布甚广；第二中间宿主有纬度 40°以南的蟹型，又有纬度 40°以北的蝲蛄型。人体感染的主要方式是由于生食或半生食含有囊蚴的蟹类或蝲蛄造成。捕捉蟹类游玩和折螯肢生吃是儿童感染的重要方式。

图1-78 蝲蛄 (*Cambaroides* sp.)

图1-79 溪蟹 (*Sinopotamon*, *Potamon*, *Isolapotamon*)

肺部虫体包囊呈暗红色或灰白色，小指头大小，突出于肺表面（图1-80）。囊内有脓样液，混有血液和虫卵。肺组织中的虫卵可形成结核样结节。胸膜发生纤维蛋白沉着而引起纤维素性胸膜肺炎。常见的症状是咳嗽、呼吸困难，并可伴有咯血、发热、腹痛、腹泻、黑便等。寄生于脑部及脊髓时可引起神经症状。

检查唾液、痰液及粪便发现虫卵即可确诊。还可用皮内反应、补体结合反应、间接血凝试验、ELISA及X线等进行辅助诊断。治疗药物有硫双二氯酚、苯硫咪唑、硝氯酚、丙硫咪唑、吡喹酮等。预防应严禁生吃虾、蟹，灭螺。

图1-80 并殖吸虫感染肺脏病变

第十节 短咽科 （Brachylaemidae）

虫体较长，有或无体棘。口吸盘和咽发达。食道短或无。盲肠长，可达体后端。生殖器官位于腹吸盘后，接近体末端。睾丸前后排列或斜列。卵巢位于睾丸之间。生殖孔开口于体腹面中部或亚中部的睾丸前方或睾丸之间。卵黄腺位于体两侧。子宫弯曲在生殖器官前，超越或不超越腹吸盘。需要两个中间宿主，感染鸟类，其中后口属（*Posthar-mostomum*）较为重要。

鸡后口吸虫病

病原为后口属鸡后口吸虫（*Postharmostomum gallinum*）。寄生于鸡、火鸡和鸽的盲肠。分布于我国河北、台湾、福建、广东、湖北、江苏，以及日本、前苏联和非洲一些国家。

虫体长舌状，体表光滑，体长 7.23～9.75mm，宽 1.84～2.94mm。咽和腹吸盘发达，口吸盘位于虫体前端。口吸盘下接球形的咽。腹吸盘与口吸盘几乎相等，位于体前 1/3 处。两条肠管粗大，有10～12 个波浪状弯曲，伸达虫体后端。睾丸 2 个，圆形或稍分叶，前后排列于体后部。生殖孔位于前睾丸前中央。卵巢呈圆形或椭圆形，位于两睾丸之间偏左。卵黄腺分布于虫体两侧，范围从睾丸前缘至

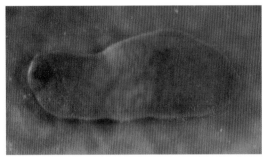

图 1-81 鸡后口吸虫（*Postharmostomum gallinum*）虫体背面（实物）

腹吸盘。子宫向前盘曲至腹吸盘前方肠叉处（图 1-81，图 1-82，图 1-83）。虫卵呈卵圆形，具卵盖，内含毛蚴，大小 29～32μm×18μm。

第一中间宿主为陆地螺。含毛蚴的卵被陆地螺吞吃后，毛蚴孵出，发育为胞蚴、尾蚴。尾蚴离开螺体进入另一螺或同一螺体内形成包囊，禽类吞食含有尾蚴的螺而感染。

图 1-82 鸡后口吸虫（*P. gallinum*）虫体（实物）

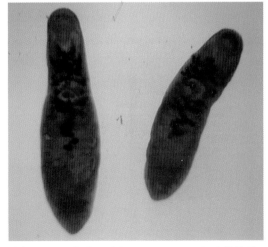

图 1-83 鸡后口吸虫（*P. gallinum*）虫体染片

流行病学、发病机理、病理变化、症状、诊断和治疗参照卷棘口吸虫。

第十一节 双士科（Hasstilesiidae）

虫体卵圆形，口、腹吸盘均很小，具咽和食道。睾丸斜列于虫体后部。雄茎囊大。

卵巢在睾丸侧方。生殖孔开口于两睾丸之间或睾丸前。卵黄腺仅分布于虫体前端两侧。与兽医有关的有斯克里亚平属（*Skrjabinotrema*）。

绵羊斯克里亚平吸虫病

病原为斯克里亚平属的绵羊斯克里亚平吸虫（*Skrjabinotrema ovis*），又称绵羊双士吸虫（*Hasstilesia ovis*）。寄生于绵羊、山羊、黄牛和牦牛及野生反刍动物小肠内。主要分布于中亚各国和我国西北地区新疆、青海、甘肃、陕西、四川与西藏等地。

虫体甚小，大小为 0.79～1.15mm×0.32～0.70mm。体表有小棘。口、腹吸盘均较小。盲肠抵达虫体末端。睾丸 2个，卵圆形，相互紧靠，斜列于虫体后端。卵巢圆形，位于右睾丸的前侧方与雄茎相对排列。生殖孔开口于睾丸前方的侧面。卵黄腺在虫体前部的两侧。子宫发达，内充满大量虫卵（图 1–84）。虫卵甚小，大小为 24～32μm×16～20μm，卵圆形，深褐色，有卵盖，内含毛蚴。绵羊斯克里亚平吸虫的发育需要陆地螺（*Papilla muscoru*）和 *Vallunia costala* 作为中间宿主。虫卵随终末宿主的粪便排至体外，被中间宿主吞食后，在肠内孵化出毛蚴，移行至螺的消化腺内发育为胞蚴、尾蚴。后者脱掉尾部形成囊蚴。牛、羊等放

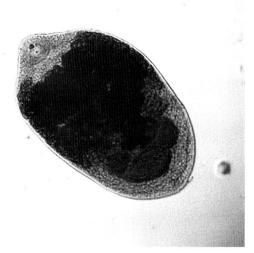

图 1–84 斯克里亚平吸虫（*Skrjabinotrema ovis*）染片

牧时吞食含囊蚴的陆地螺而感染。虫体脱囊而出，固着在肠绒毛间，经 3.5～4 周发育为成虫。在我国西北一带绵羊不分年龄普遍感染，感染强度较大，以秋季为最多。主要引起小肠发炎。临床上呈现腹泻、贫血和消瘦等症状。通过粪便检查发现特征性虫卵或剖检发现虫体即可确诊。治疗可口服内硫咪唑。

第十二节 盲腔科（Typhlocoelidae）

虫体中型到大型，矛状或舌状，但两端较钝。背面突起，腹面凹。无体棘。吸盘无或极不发达。盲肠后端形成环，简单或有支囊。睾丸 2 个或更多，和卵巢一起位于虫体后半部。子宫在盲肠间盘绕或覆盖盲肠。卵黄腺分布于体两侧，直达虫体后端。本科盲腔属（*Typhlocoelum*）在兽医学上有意义。

盲 腔 吸 虫 病

由盲腔属胡瓜形盲腔吸虫（*Typhlocoelum cucumerinum*）引起。主要寄生于鸭、潜鸭、雁、天鹅、番鸭、秋沙鸭等的气管和支气管。分布于我国台湾和前苏联、瑞士、

巴西。

虫体呈卵圆形，体长 6～11mm，宽 2.3～3.6mm（图 1‑85）。口孔呈漏斗状，位于亚前端。前咽短。咽椭圆形。食道短。两肠支沿体侧伸至体后端左右联合。肠支内侧具有 7～12 个盲突。睾丸具有深刻，位于体后部，前睾丸在卵巢对侧，后睾丸位于肠支联合处，呈分支状。生殖孔位于咽腹面。卵巢类圆形，与

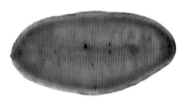

图 1‑85　盲腔属（*Typhlocoelum sp.*）虫体（实物）

前睾丸并列。卵黄腺分布在肠支外侧。子宫回旋弯曲在两肠支内，内含大量虫卵。虫卵大小为 100～120μm×63～70μm，内含毛蚴。

虫体寄生可引起呼吸道阻塞，患禽咳嗽、气喘、伸颈张口呼吸，少数鸭躯体两侧和颈部及皮下发生气肿。剖检可见咽喉及支气管黏膜充血，分泌物增多，气管内可见红色的虫体。严重病例见有不同程度的肺炎。虫体大量寄生时，可引起窒息而死亡。根据临床症状、粪检虫卵和尸体剖检发现虫体而确诊。

第十三节　背孔科（Notocotylidae）

小型虫体，腹吸盘付缺。虫体腹面有 3 或 5 行纵列的腹腺。体表前侧方和腹部有细刺。缺咽，食道短。肠支延伸至体末端。生殖孔开口于口吸盘的直后。雄茎囊发达。睾丸并列，位于体末端肠支的外侧。卵巢位于两睾丸之间。卵黄腺位于体后部的侧方、睾丸之前。子宫形成许多有规律的弯曲，从卵巢延伸至雄茎囊后方。虫卵两端各具有一细长的极丝。寄生于水禽和哺乳动物肠道。本科在兽医学上有意义的为背孔属（*Notocotylus*）和裂叶属（*Ogmocotyle*）。

背 孔 吸 虫 病

病原为背孔属的纤细背孔吸虫（*Notocotylus attenuatus*）。主要寄生于家禽及其他野禽的盲肠和直肠，分布于欧洲、俄罗斯、日本及中国各地。

虫体呈长椭圆形，前端稍尖，后端钝圆，大小为 2.2～5.7mm×0.82～1.85mm（图 1‑86，图 1‑87）。口吸盘圆形。腹吸盘和咽付缺。腹腺呈圆形或椭圆形，分 3 行纵列于虫体腹面，中行有 14～15 个，两侧行各有 14～17 个。睾丸分叶，左右排列在虫体后端、肠管外侧。雄茎囊呈长管形，长度相当于体长的 1/3，位于体前 1/3 处。卵巢分叶，在两睾丸之间。梅氏腺位于卵巢前方。子宫左右回旋弯曲，位于虫体中后部、两肠支的内侧。子宫颈细长与雄茎囊并列，长度为雄茎囊的一半。生殖孔开口在肠分支的下方。卵黄腺位于虫体后半部的两侧。虫卵小，呈长椭圆形，淡黄到深褐色，大小为 18～21μm×1.0～1.2μm。卵的两端各有卵丝一条，长约 277μm（图 1‑88）。

虫卵随粪便排出体外，在外界适宜的条件下，4 天内孵出毛蚴。毛蚴侵入淡水螺（萝卜螺、扁卷螺及椎实螺等），经 11 天发育为胞蚴，后发育为雷蚴和尾蚴。尾蚴自螺体逸出，附在水草或其他物体上形成囊蚴。禽类吞食含囊蚴的水草等而受感染，经 23 天在肠内成熟。

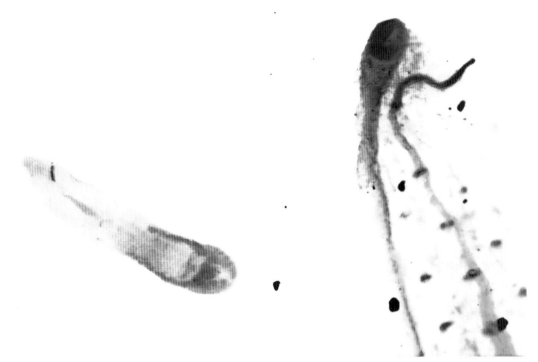

图1-86 背孔吸虫（*Notocotylus* sp.）虫体染片   图1-87 背孔吸虫（*Notocotylus* sp.）（前端）

图1-88 背孔吸虫（*Notocotylus* sp.）虫卵

大量感染时可引起雏鸭及雏鹅盲肠黏膜糜烂、卡他性肠炎。患禽表现消瘦、下痢及运动失调。尸体剖检发现虫体或粪便中检出特征性虫卵可确诊。硫双二氯酚、五氯柳酰苯胺疗效良好。

裂 叶 吸 虫 病

病原为裂叶属的印度裂叶吸虫（*Ogmocotyle indica*），亦称印度槽盘吸虫，寄生于牛、绵羊、山羊、鹿、狍及熊猫的小肠中，我国的四川、云南、贵州及甘肃等地均有报道。

　　虫体前端尖细，后端钝圆，大小为 1.94～2.80mm×0.75～0.85mm。虫体两侧角皮向腹面卷曲，形成一条深凹的槽沟。咽和腹吸盘缺。睾丸呈椭圆形，不分叶，位于虫体后部两侧、两盲肠的后端。雄茎囊发达，几乎呈半圆形，位于虫体中部。雄茎经常伸出生殖孔外。卵巢位于虫体的最后端，呈圆形或椭圆形，分 4 或 5 叶。卵巢前有梅氏腺。卵黄腺呈圆形或椭圆形，13～14 个，分布在虫体后部的两侧，几乎与睾丸处在同一水平线上，并在梅氏腺前方汇合。子宫发达，占虫体后部的 1/2～2/3，一般有 8～9 个弯曲，排列整齐。虫卵金黄色，不对称，卵圆形，大小为 15～22μm×10～17μm，卵的两端各具一根卵丝，丝长 919～1 364μm。生活史尚不清楚。

　　大量感染时可以引起肠炎和下痢等症状。粪便中检查出特征性虫卵或剖检发现虫体可确诊。治疗可口服丙硫咪唑、硫双二氯酚等。

第十四节 嗜眼科（Philophthalmidae）

　　虫体长叶形、纺锤形或梨形。腹吸盘发达，位于体前半部或中部。咽大，食道短，两肠支伸达虫体后端。睾丸位于体近末端，前后排列、斜列或对称排列。生殖孔位于肠支分支处。卵巢位于睾丸前的体中央。卵黄腺分布于睾丸前的体两侧。子宫弯曲于卵巢和腹吸盘间的两肠支内。寄生于禽类的眼结膜。本科嗜眼属（Philophthalmus）较为重要。

嗜 眼 吸 虫 病

　　由嗜眼属虫体引起。常见的虫体有涉禽嗜眼吸虫（Philophthalmus gralli）等 8 种。

　　嗜眼属吸虫虫体为长纺锤形或梨形，体表光滑或具有小棘，口吸盘位于体前端，腹吸盘在体前部 1/3 处。咽大，食道短，两肠支伸至体末端。睾丸接近体末端，前后斜列。雄茎囊长，伸到腹吸盘后。生殖孔位于肠分支处的体中央。卵巢位于睾丸前，卵黄腺分布于睾丸前虫体两侧（图 1-89，图 1-90）。

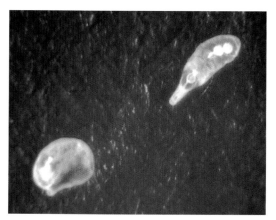

图 1-89　嗜眼吸虫（Philophthalmus sp.）
　　　　　虫体（实物）

图 1-90　嗜眼吸虫（Philophthalmus sp.）染片

　　虫体寄生在家禽的结膜囊或瞬膜，由于虫体的机械性刺激和分泌毒素的影响，使眼结膜充血，严重者化脓溃疡，眼睑肿大或紧闭。雏鸡失明，不能寻食而致消瘦，羽毛松乱，有时两腿瘫痪，严重感染可致死亡。轻度感染的家禽，仅表现消瘦、生长发育不良。虫体寄生在家禽眼中可生存 9 个月。

　　检查家禽的眼部有无黏膜充血、眼睑肿大、化脓溃疡等病变，并从结膜囊中检出虫体可确诊。

　　预防应在流行季节防止禽类在水边放牧，并消灭螺蛳，切断感染途径。经常检查家禽，发现病禽，即进行驱虫。可用 75% 酒精滴眼，驱出虫体。

第二章

绦 虫（Cestoda）

第一节 | 绦虫的形态特征与发育

一、绦虫基本形态特征

寄生于畜禽的绦虫隶属于扁形动物门（Platyhelminthes），绦虫纲（Cestoidea），其中只有圆叶目（Cyclophyllidea）和假叶目（Pseudophyllidea）绦虫对畜禽和人具有感染性。绦虫成虫和中绦期（Metacestode）都能对人、畜造成严重的危害。

绦虫背腹扁平、带状、白色或淡黄色。虫体大小因种类而易，小的数毫米，大的可达 10m 以上，最长可达 25m 以上。绦虫由头节（scolex）、颈节（neck）和体节或称链体（strobila）三部分组成。

头节位于虫体的最前端，为吸附和固着器官。圆叶目绦虫的头节呈球形，上有 4 个圆形或椭圆形吸盘。有的种类在头节顶端有一个顶突，上有一圈或数圈角质化小钩，有的无顶突。假叶目绦虫的头节一般为指形，背腹面各有一沟样吸槽。

颈节是头节后的纤细部位，为生长部位。

体节由片数不等的节片组成。节片之间有明显的界限。按生殖器官发育的程度，可分为未成熟节片、成熟节片和孕卵节片。

未成熟节片又称"幼节"，紧接在颈节之后，生殖器官尚未发育成熟。成熟节片简称"成节"，在幼节之后，两性生殖器官已经发育成熟。孕卵节片简称"孕节"，子宫极度发达，充满虫卵，其他生殖器官逐渐退化、消失。

绦虫除个别虫种外，均为雌雄同体。每个节片均具有一组或两组雄性和雌性生殖器官。雄性生殖器官由睾丸、输出管、输精管、贮精囊、雄茎囊、射精管、前列腺、雄茎等部分组成。雄茎与阴道经生殖孔开口，生殖孔开口于节片边缘。除睾丸呈圆形或椭圆形外，其他各部分均为连通的管状系统。

雌性生殖器官由卵巢、卵模、子宫、阴道、卵黄腺等部分组成。卵巢位于节片后半部，一般分两瓣，经输卵管与卵模相通。圆叶目卵黄腺分为两叶或一叶，在卵巢附近，假叶目的呈泡状散布在髓质中，由卵黄管通往卵模。子宫为单管状，在孕节中子宫高度发达，可以有许多分支。阴道末端开口于生殖腔。

由于圆叶目绦虫的子宫为盲囊，不向外开口，虫卵不能自动排出，故必须等到孕节脱落破裂时，才散出虫卵。

二、发育过程

绦虫的发育比较复杂，除个别虫体不需要中间宿主外，绝大多数都需要一个或两个中间宿主。寄生于家畜体内的绦虫都需要中间宿主。

1. 圆叶目绦虫的发育

圆叶目绦虫虫卵从母体释出时，内含一个发育成熟的六钩蚴。虫卵被适宜的中间宿主吞食后，六钩蚴逸出，到达寄生部位，发育为中绦期（metacestode）绦虫蚴，圆叶目绦虫的中绦期虫体有似囊尾蚴（cysticercoid）和囊尾蚴（cysticercus）两种类型。

似囊尾蚴为双层囊状体，有一个凹入的头节，一端具有尾巴样构造。

囊尾蚴为半透明囊体，囊内含有液体，并有头节凹入。囊尾蚴的形态随绦虫的种类有所不同。有的囊壁上产生一个以上似头节样的原头蚴，称为共囊尾蚴或多头蚴（coenurus）。有的囊体产生无数生发囊，每个生发囊又产生许多原头蚴，称棘球蚴（echinococcus, hydatid cyst）。此外，还有链状囊尾蚴（strobilocercus），头节在前端，末端为一个小囊泡，头节与囊泡之间有较长的链体。链体分节，但无性器官。

当终末宿主吞食了含有似囊尾蚴或含有囊尾蚴的中间宿主组织后，蚴体逸出，头节外翻，吸附在肠壁上，逐渐发育为成虫。

2. 假叶目绦虫的发育

假叶目绦虫子宫向外开口。虫卵从子宫排出，随终末宿主粪便排至外界。经过在水中发育后，形成成熟的六钩蚴（oncosphere）。六钩蚴外密布纤毛，又称为钩毛蚴或钩球蚴。六钩蚴被第一中间宿主吞食后，发育为原尾蚴（procercoid）。原尾蚴为实心结构，前端有一凹陷处，末端有一个小尾球，有 3 对小钩。含有原尾蚴的第一中间宿主被第二中间宿主吞食后，逐渐发育为实尾蚴（plerocercoid）。实尾蚴为实心结构，具有成虫样的头节，但链体及生殖器官尚未发育。实尾蚴也称为裂头蚴。含有实尾蚴的第二中间宿主组织被终末宿主吞食后，蚴体逸出，吸着在肠壁上，逐渐发育为成虫。

第二节 带　科（Taeniidae）

大多数为大型虫体，个别为小型虫体。多数头节上有顶突，上有两圈小钩。吸盘上无小钩。每个节片有一组生殖器官，生殖孔不规则地交替排列在节片一侧边缘。睾丸数目众多。卵巢双叶，位于节片后缘。子宫管状，孕节子宫有主干和许多分支。虫卵圆形，无梨形器，胚膜辐射状，卵内含六钩蚴。幼虫为囊尾蚴型。哺乳动物为中间宿主。幼虫致病力大于成虫。在兽医学上重要的有带属（*Taenia*）、棘球属（*Echinococcus*）、带吻属（*Taeniarhynchus*）、多头属（*Multiceps*）和泡尾带属（*Hydatigera*）。

猪 囊 尾 蚴 病

病原为猪囊尾蚴（*Cysticercus cellulosae*），是猪带绦虫（链状带绦虫）（*Taenia solium*）的中绦期。可以感染猪、野猪和人。寄生部位以肌肉为主，也可寄生于肝、肺、肾、心、脑及脂肪等处。对人危害巨大，是非常重要的人畜共患病。呈全球性分布，我国主要分布于 26 个省、直辖市、自治区，除东北、华北和西北地区及云南与广西部分地区常发外，其余省、区均为散发，长江以南地区较少，东北地区感染率较高。

猪囊尾蚴外观呈椭圆形、囊泡状，大小 6～10mm×5mm，囊内充满液体，囊壁为一层膜，壁上有一个圆形粟粒大的乳白色小结节，其内是一内陷的头节，头节上有 4 个吸盘，最前端的顶突上有 25～50 个小钩，分两圈排列（图 2-1，图 2-2，图 2-3，图 2-4）。成虫猪带绦虫寄生于人小肠，长 2～5m，由 700～1 000 个节片组成。头节圆球形，有 4 个吸盘和顶突。顶突有两圈小钩。幼节宽度大于长度，成节近正方形，每节一组生殖器官。卵巢分两叶，有一个副叶（图 2-5）。孕节几乎全为子宫占据，子宫向两侧分出7～12 对侧支，内充满虫卵（图 2-6）。

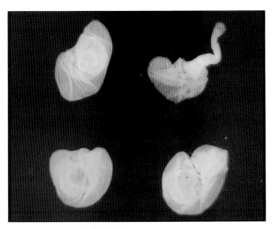

图 2-1　猪囊尾蚴（*Cysticercus cellulosae*）囊泡（分离实物）

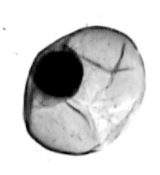

图 2-2　猪囊尾蚴（*C. cellulosae*）囊泡（染色）

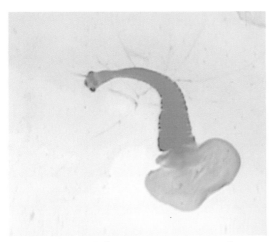

图 2-3　猪囊尾蚴（*C. cellulosae*）的头节伸出（染色）

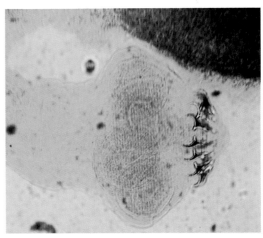

图 2-4　猪囊尾蚴（*C. cellulosae*）头节（实物）

卵呈卵圆形或椭圆形，直径 31～43μm，卵壳有两层，内层较厚，浅褐色，有辐射状条纹，外壳薄，易脱落。卵内有一个具 3 对小钩的胚胎，称六钩蚴。

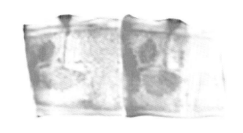

图 2-5 猪带绦虫（*Taenia solium*）成熟节片　　图 2-6 猪带绦虫（*T. solium*）孕卵节片

孕节随人粪排出，虫卵被猪吞食后，六钩蚴在肠道逸出，经血液循环到达肌肉及其他脏器发育为猪囊尾蚴。人误食生的或未煮熟的含囊尾蚴的猪肉后，囊尾蚴在人的小肠发育为成虫。

人感染猪囊尾蚴的途径有二：一是虫卵污染人的手、蔬菜和食物，被误食后感染。囊尾蚴移行途径与在猪体内过程相同；二是猪带绦虫患者自身感染。患者发生肠逆蠕动，孕节进入胃，六钩蚴脱出，进入肠黏膜，经血液循环到达人体的各脏器发育为囊尾蚴，常见的寄生部位是肌肉、脑、眼、心肌及皮下组织等（图 2-7，图 2-8，图 2-9，图 2-10）。猪囊尾蚴的唯一感染来源是猪带绦虫患者。人感染猪带绦虫或感染猪囊尾蚴与人们不良的生活习惯密切相关。

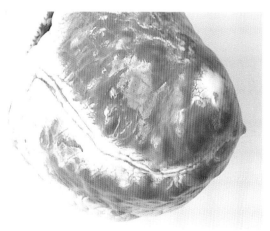

图 2-7 肌肉中的猪囊尾蚴（*C. cellulosae*）　　图 2-8 心脏中的猪囊尾蚴（*C. cellulosae*）

猪囊尾蚴对猪的危害一般不明显，重度感染时，可导致营养不良、贫血、水肿、衰竭等，并因寄生部位不同而出现呼吸困难、吞咽困难、失明、癫痫等症状。生前诊断较为困难，近年来发展起来的间接血凝试验、ELISA 等，检出率可达 90% 以上，但仍难排除与细颈囊尾蚴和棘球蚴的交叉反应。对猪囊尾蚴患猪的治疗意义不大，应以预防为主。

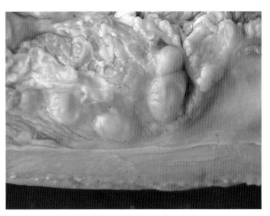

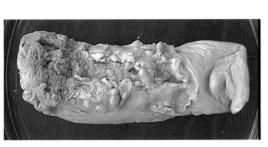

图2-9　猪舌中的猪囊尾蚴（*C. cellulosae*）　　　图2-10　猪舌中的猪囊尾蚴（*C. cellulosae*）
　　　　　　　　　　　　　　　　　　　　　　　　　　　　　放大

牛 囊 尾 蚴 病

　　牛囊尾蚴病的病原是带吻属（*Taeniarhynchus*）的牛带绦虫的中绦期（牛囊尾蚴）（*Cysticercus bovis*），寄生于牛肌肉中。对牛危害轻微，但对人危害巨大。成虫也称牛带吻绦虫（*Taeniarhynchus saginatus*）、肥胖带绦虫、牛肉绦虫和无钩绦虫，寄生于人的小肠中。本病呈世界性分布，非洲、中东、东欧、墨西哥和南美的热带和亚热带养牛的地区尤为多见。我国主要流行区是西藏、内蒙古、四川、贵州、广西等地。

　　囊尾蚴寄生于牛的肌肉和心脏等部位，形态与猪囊尾蚴相似（图2-11，图2-12）。成虫牛带绦虫头节上无吻突和钩，故名无钩绦虫。长4～8m，偶有长达15m，是人体最大的寄生虫（图2-13，图2-14，图2-15）。成虫寄居于人的肠道内，含卵的节片随粪排出并被牛摄入。虫卵在牛肠内孵化释出六钩蚴，后者侵入肠壁并随血流到达横纹肌，2个月后发育为囊尾蚴。人因吃生的或不熟的牛肉而受到囊尾蚴感染。囊尾蚴附着于肠黏膜，2个月后发育成熟为成虫。成虫

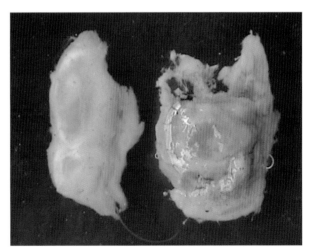

图2-11　牛囊尾蚴（*Cysticercus bovis*）
囊泡（分离实物）

（通常只有1～2条）可存活数年。牛感染本病后初期症状显著，表现体温升高及消化道症状；后期症状消失。牛生前诊断较困难，可用血清学方法。对人询问排节片史。粪便查虫卵或孕节，可用肛门拭子法或透明胶纸法，靠孕节子宫分支数和头节有无顶突和小钩与猪带绦虫鉴别。治疗同猪肉绦虫，可用吡喹酮或用氯硝柳胺。

图 2 - 12 肌肉中的牛囊尾蚴（*C. bovis*）

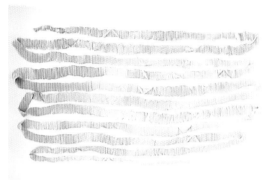

图 2 - 13 牛带绦虫（*Taeniarhynchus saginatus*）虫体（实物）

图 2 - 14 牛带绦虫（*T. saginatus*）节片染色

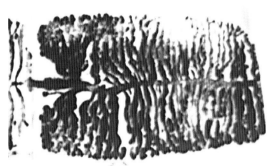

图 2 - 15 牛带绦虫（*T. saginatus*）孕卵节片

细颈囊尾蚴病

细颈囊尾蚴（*Cysticercus tenuicollis*）是泡状带绦虫（*Taenia hydatigena*）的中绦期虫体，俗称水铃铛。寄生于绵羊、山羊、猪的肝脏浆膜、大网膜、肠系膜及其他器官中，

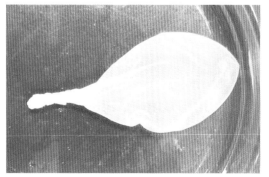

图 2 - 16 细颈囊尾蚴（*Cysticercus tenuicollis*）（分离实物）

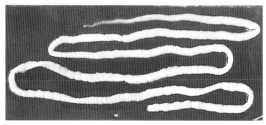

图 2 - 17 泡状带绦虫（*Taenia hydatigena*）虫体（实物）

偶尔见于牛和其他野生反刍动物，对幼年动物有一定危害。成虫主要寄生于犬和狐、狼等野生食肉动物的小肠内。

细颈囊尾蚴是一个大小不一的囊泡，小的如豌豆，大的如鸡蛋或更大（图2-16）。囊内充满透明液，有一个不透明的乳白色头节。头节和囊体之间有细而长的颈。成虫为较大的虫体，白色或稍带黄色，体长75～500cm，链体由250～300个节片组成（图2-17）。头节上有顶突和小钩。

成虫寄生在犬、狼、狐狸的小肠内。孕节随终末宿主的粪便排出体外，虫卵被中间宿主吞食，在消化道内逸出六钩蚴，经肠壁血管，随血流到肝实质，以后逐渐移行到肝脏表面（图2-18，图2-19，图2-20），并进入腹腔发育。当终末宿主吞食了含有细颈囊尾蚴的脏器后，即在小肠内发育为成虫。本虫世界性分布，我国也遍及全国。动物感染后幼年动物表现瘦弱、黄疸，成年动物则不明显。诊断与治疗尚无有效方法。

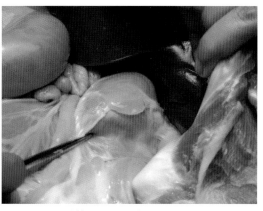

图2-18　羊体内的细颈囊尾蚴（C. tenuicollis）

图2-19　羊腹腔内的细颈囊尾蚴
（C. tenuicollis）

图2-20　羊肝脏表面的细颈囊尾蚴
（C. tenuicollis）

羊 囊 尾 蚴 病

绵羊囊尾蚴（Cysticercus ovis）是羊带绦虫（Taenia ovis）的中绦期。寄生于绵羊、山羊和骆驼的心肌、膈肌、咬肌和舌肌等处，偶尔也见于肺、肝、肾、脑及胃肠壁等处，对羔羊有一定的危害。成虫寄生于犬、狼等食肉动物小肠内。

羊囊尾蚴的形态和猪囊尾蚴相仿。生活史类似猪带绦虫，只是中间宿主与终末宿主不同。羊囊尾蚴被终末宿主吞食后，在小肠内约经7周发育为成虫。孕节或虫卵随粪便排出，被羊吞食后，六钩蚴钻入小肠，随血流到肌肉，囊尾蚴发育成熟约需3个月。

本病的分布不很普遍，我国仅新疆有分布。对囊尾蚴羊只的治疗意义不大，应以预防为主。国外有疫苗上市。

豆状囊尾蚴病

豆状囊尾蚴（*Cysticercus pisiformis*）是豆状带绦虫（*Taenia pisiformis*）的中绦期，寄生于兔的肝脏、肠系膜和腹腔内，也可在啮齿类动物体内寄生。成虫寄生于犬、狐狸等的小肠内，偶尔在猫体内发现。

囊尾蚴包囊较小，如豌豆大小（图2-21）。成虫链体长60～200cm，边缘锯齿状，故又称锯齿状绦虫（*T. serrata*）。孕节的子宫每侧有8～14个分支，每支又有小支（图2-22至图2-29）。虫卵大小为37μm×32μm（图2-30）。

图2-21 豆状囊尾蚴（*Cysticercus pisiformis*）（分离实物）

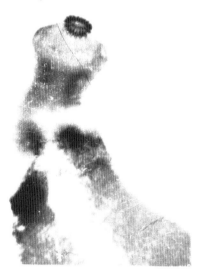

图2-22 豆状带绦虫（*Taenia pisiformis*）的头节

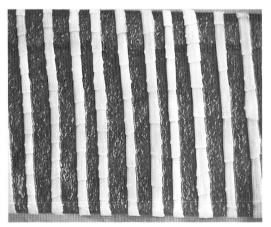

图2-23 豆状带绦虫（*T. pisiformis*）的中段（实物）

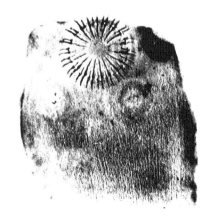

图2-24 豆状带绦虫（*T. pisiformis*）头节上的小钩和吸盘

图 2-25　豆状带绦虫（*T. pisiformis*）
头节上的小钩

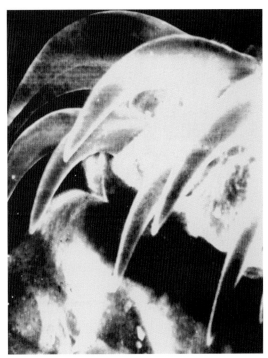

图 2-26　豆状带绦虫（*T. pisiformis*）
头节上的小钩放大

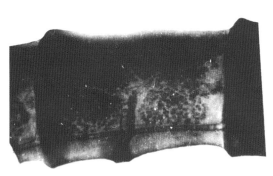

图 2-27　豆状带绦虫（*T. pisiformis*）
成熟节片

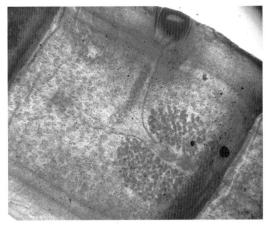

图 2-28　豆状带绦虫（*T. pisiformis*）
成熟节片染色

图 2-29 豆状带绦虫（*T. pisiformis*）孕卵节片

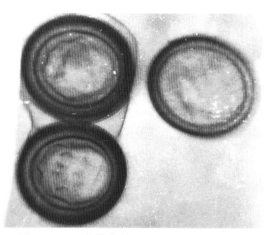

图 2-30 豆状带绦虫（*T. pisiformis*）虫卵

生活史与泡状带绦虫相似，但中间宿主不同。当中间宿主兔等动物吞食了被孕节或虫卵污染的饲料与饮水后，六钩蚴在消化道逸出，钻入肠壁，随血流到达肝实质中发育15～30天（图2-31），以后再到腹腔继续发育成熟。犬、狐狸或其他终宿主吞食了含有豆状囊尾蚴的兔或其他啮齿动物后，囊尾蚴即以其头节附着于小肠，约经一个月发育为成虫。

本病对兔有一定的致病作用。大量感染时可表现肝炎症状。生前确诊较困难。尚无治疗方法。

图 2-31 豆状囊尾蚴（*C. pisiformis*）
感染的肝脏

脑多头蚴病

也称脑包虫病。病原为脑多头蚴（*Coenurus cerebralis*），是多头属多头多头绦虫（*Multiceps multiceps*）的中绦期。主要感染绵羊、山羊、黄牛、牦牛，偶见于骆驼、马、猪及其他野生反刍动物，极少见于人。寄生部位为脑及脊髓。本病世界性分布，我国呈地方性流行，是危害羔羊和犊牛的一种重要寄生虫病。

脑多头蚴为乳白色、半透明的囊泡状，圆形或卵圆形，豌豆大至鸡蛋大。囊壁两层，外层为角质层，内层为生发层，上有100～250个原头蚴，其直径2～3mm。囊内充满液体（图2-32，图2-33，图2-34）。成虫多头多头绦虫寄生于犬、狼、狐狸及北极狐的小肠内，长40～100cm，由200～250个节片组成。头节上有4个吸盘，顶突上有22～32个小钩，排成两圈。孕节子宫有侧支14～26对（图2-35，图2-36，图2-37）。虫卵直径为29～37μm，内含六钩蚴。

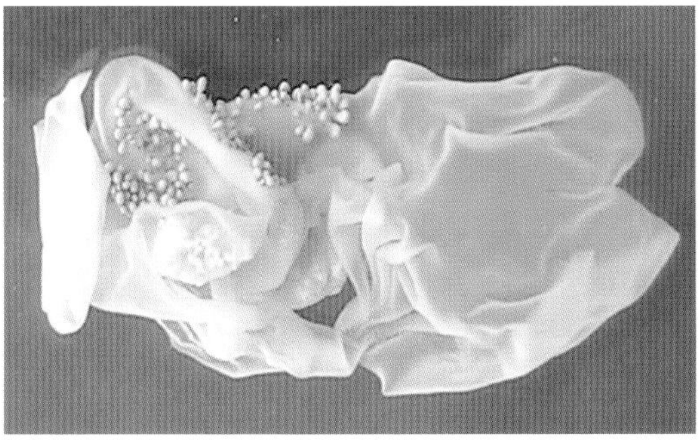

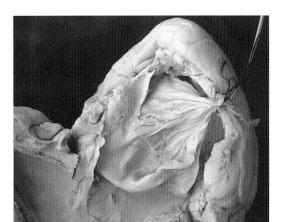

图 2-32　脑多头蚴（*Coenurus cerebralis*）
（分离实物）

图 2-33　羊脑中的脑多头蚴（*C. cerebralis*）

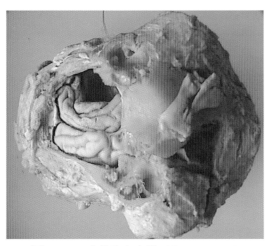

图 2-34　山羊脑多头蚴（*C. cerebralis*）
感染形成的空腔

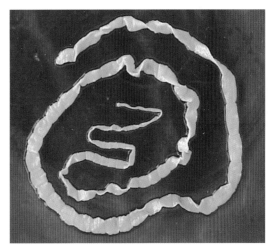

图 2-35　多头多头绦虫（*M. multiceps*）
虫体（实物）

　　孕节随粪便排出体外，被中间宿主绵羊等吞食，六钩蚴逸出，经血流到达脑和脊髓中，经 3 个月发育为感染性脑多头蚴。终宿主因食入多头蚴寄生的脑组织而感染。

　　多头蚴在感染的初期，六钩蚴移行，可机械性刺激和损伤脑膜和实质。随着多头蚴的发育增大，其致病机理转为以压迫为主。早期感染动物表现为体温升高，脉搏、呼吸加快，做回旋、前冲或后退运动；后期往往出现典型的"转圈运动"。因虫体寄生部位的不同，这些神经症状会有不同的表现，往往与受压部位的机能障碍有关。生前确诊较困难。在流行区，可根据特殊的临床症状、病史作出初步判断。当寄生在大脑表层时，局部颅骨变薄、变软、隆起，据此可以作出诊断。可采用吡喹酮和丙硫咪唑治疗。预防措施包括犬定期驱虫，粪便管理，防止犬吃到多头蚴寄生的脑组织等。

　　另外，还有一些多头蚴寄生于其他动物。如连续多头蚴（*Coenurus serialis*）寄生于

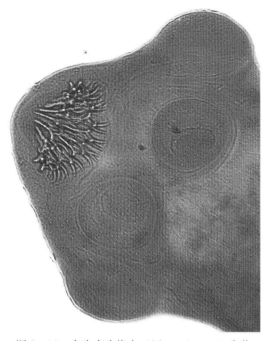

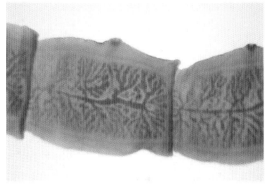

图 2-36 多头多头绦虫（*M. multiceps*）头节　　图 2-37 多头多头绦虫（*M. multiceps*）孕节

兔的肌间和皮下结缔组织中。斯氏多头蚴（*Coenurus skrjabini*）（图 2-38，图 2-39）寄生于绵羊、山羊、野山羊和骆驼的肌肉、皮下和胸腔内。这两种多头蚴可能均为脑多头蚴的同物异名。

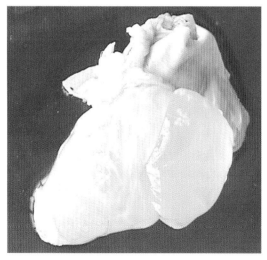

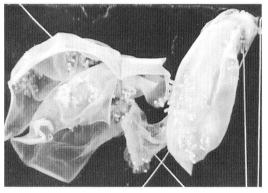

图 2-38 斯氏多头蚴（*C. skrjabini*）　　　图 2-39 斯氏多头蚴（*C. skrjabini*）
　　　　　（分离实物）　　　　　　　　　　　　　　　　囊内头节

棘 球 蚴 病

病原为细粒棘球蚴（Echinococcus，hydatidcyst），是细粒棘球绦虫（*Echinococcus*

granulosus）的中绦期。可感染绵羊、山羊、黄牛、水牛、牦牛、骆驼、猪、马等动物和人，寄生部位为肝脏、肺脏及其他器官，是一种重要的人畜共患寄生虫病。本病为全球性分布，尤以牧区为多。我国主要在西北牧区广泛流行，其他地区也有分布。

棘球蚴为囊状结构，内含囊液（图2-40）。囊壁外层为角质层，内层为生发层。生发层向内长出许多原头蚴，有的原头蚴可以长出生发囊，后者再长出原头蚴。此类子囊还可产生孙囊。原头蚴、生发囊、孙囊脱落，沉积于囊液中，称为棘球砂（图2-41）。棘球蚴近球形，直径小的只有黄豆大小，大的可达50cm，一般为5～10cm。成虫细粒棘球绦虫寄生于犬、狼、狐、豹的小肠中，长2～6mm，由一个头节和3～4个节片组成。头节有4个吸盘，顶突上有两圈小钩，成节有一组生殖器官。孕节子宫分出12～15对侧支（图2-42，图2-43）。虫卵大小为32～36μm×25～30μm。

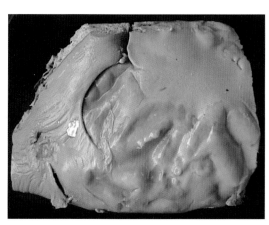

图2-40　细粒棘球蚴（*Echinococcus*，*hydatid-cyst*）感染的羊肝脏

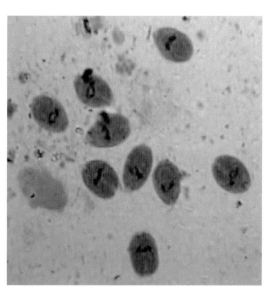

图2-41　棘球砂

图2-42　细粒棘球绦虫（*Echinococcus granulosus*）虫体染片

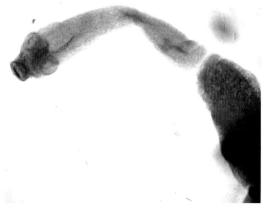

图2-43　细粒棘球绦虫（*E. granulosus*）前端

　　孕节随粪便排至外界，虫卵被羊等中间宿主吞食，六钩蚴在肠道逸出，进入血液循环，分布于身体各部，发育为棘球蚴（图2-44，图2-45）。终宿主采食了寄生有棘球蚴的动物脏器而感染。棘球蚴主要通过对各脏器的压迫和囊液引起的中毒和过敏反应而致病，对人的危害很大。在各种动物中，绵羊较敏感，死亡率也高，表现为消瘦、被毛逆立、脱毛、咳嗽、倒地不起。牛严重感染时常见消瘦、衰弱、呼吸困难或轻度咳嗽，产奶量下降。各种动物都可因囊泡破裂而产生严重的过敏反应而突然死亡。

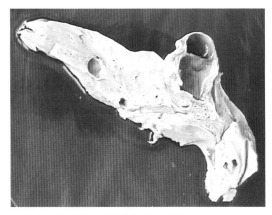

图2-44　细粒棘球蚴（*Echinococcus*，*hydatidcyst*）感染的肺脏

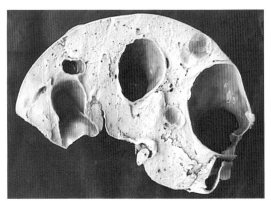

图2-45　细粒棘球蚴（*Echinococcus*，*hydatidcyst*）感染的山羊肝脏

　　棘球蚴病生前诊断较困难，确诊要靠剖检，也可使用间接血凝试验和ELISA辅助诊断。治疗可用丙硫咪唑和吡喹酮。预防措施主要是对犬定期驱虫，对牧场上的野犬、狼、狐狸等食肉动物进行捕杀，不用病畜脏器随意喂犬，防止犬粪污染饲草、饲料和饮水，人与犬等动物接触时做好个人防护等。国外有疫苗上市。

　　另一种棘球蚴为多房棘球蚴，又称泡球蚴（*Alveococcus*），是多房棘球绦虫（*Echinococcus multilocularis* 或 *Alveococcus multilocularis*）的中绦期，寄生于鼠类和人的肝脏。成虫寄生于狐狸、狼、犬、猫（较少见）的小肠中。对人的危害很大，也是一种极为重要的人畜共患寄生虫病。在牛、绵羊和猪的肝脏亦可发现多房棘球蚴寄生，但不能发育至感染阶段。

第三节　裸头科（Anoplocephalidae）

　　大、中型虫体，头节上无顶突和小钩。每个节片有一组或两组生殖器官，节片宽大于长。睾丸数目众多。子宫形状为横管或网状分支，或退化为副子宫或卵袋。生殖孔开口于节片侧缘。虫卵内有梨形器。幼虫为似囊尾蚴，中间宿主为地螨。成虫寄生于牛、羊、马等哺乳动物的肠道。兽医学上重要的有裸头属（*Anoplocephala*）、副裸头属（*Paranoplocephala*）、莫尼茨属（*Moniezia*）、曲子宫属（*Helictometra* 或 *Thysaniezia*）和无卵黄腺属（*Avitellina*）。

马裸头绦虫病和副裸头绦虫病

病原为裸头属的大裸头绦虫（*Anoplocephala magna*）、叶状裸头绦虫（*A. perfoliata*）和副裸头属的侏儒副裸头绦虫（*Paranoplocephala mamillana*）。寄生于马、骡、驴等动物的小肠，偶见盲肠。本病在我国西北和内蒙古牧区常呈地方性流行，以2岁以下的幼驹感染率最高。马匹多在夏末秋初感染，至冬季和次年春季出现病状，以叶状裸头绦虫较为常见。

大裸头绦虫长达80cm，头节宽大，有4个吸盘。颈节短。链体分节明显，每节有一组生殖器官（图2-46，图2-47）。卵直径50～60μm，有梨形器，内含六钩蚴。

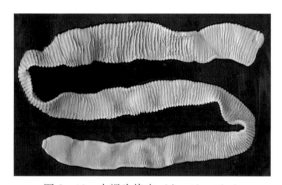

图2-46　大裸头绦虫（*Anoplocephala magna*）实物

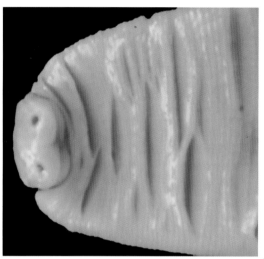

图2-47　大裸头绦虫（*A. magna*）头部（实物）

叶状裸头绦虫长3～8cm，头节上4个吸盘呈杯状向前突出，每个吸盘后方有一耳垂状附属物（图2-48）。

图2-48　叶状裸头绦虫（*A. perfoliata*）实物

图2-49　侏儒副裸头绦虫（*Paranoplocephala mamillana*）实物

侏儒副裸头绦虫长 4～5cm，吸盘呈裂口状（图 2－49）。

裸头绦虫的孕节或虫卵随宿主粪便排出体外，被中间宿主地螨吞食后，发育为似囊尾蚴，当马等食入含似囊尾蚴的地螨后，在小肠内经 6～10 周发育为成虫。

大裸头绦虫致病性最强，叶状裸头绦虫有在回盲口狭小部位群集寄生的特性，常达数十或数百条之多。虫体以其吸盘吸附在肠黏膜，造成黏膜损伤，导致炎症、水肿，形成环形出血性溃疡。严重感染时，由于肉芽组织增生，形成状似网球的肿块，可导致回盲口局部或全部堵塞，产生严重的间歇性疝痛。急性大量感染的病例，可致回肠、盲肠、结肠大面积溃疡，发生急性卡他性肠炎和黏膜脱落，往往导致死亡。此类病例仅见于幼驹。马裸头绦虫病的临床症状主要表现为消化不良、间歇性疝痛和下痢等。

在粪便中发现孕卵节片或用饱和盐水浮集法发现大量虫卵即可确诊。治疗药物有硫双二氯酚、氯硝柳胺、吡喹酮等。

莫尼茨绦虫病

病原为莫尼茨属的扩展莫尼茨绦虫（*Moniezia expansa*）和贝氏莫尼茨绦虫（*M. benedeni*），可以感染绵羊、山羊、黄牛、水牛、牦牛、鹿和骆驼等反刍动物，寄生部位为小肠。在我国分布广泛，对羔羊和犊牛危害严重。

两种病原均为大型绦虫，十分相似。头节小，近似球形，上有 4 个吸盘，无顶突和小钩。成熟节片有两组生殖器官，对称分布于节片两侧。节片后缘有节间腺，扩展莫尼茨绦虫的呈泡状，分布于整个节片后缘（图 2－50 至图 2－53）。而贝氏莫尼茨绦虫的呈小点状，仅分布于节片后缘的中央（图 2－54）。卵呈圆形、三角形或方形，直径 56～67μm，内有特殊的梨形器，器内含六钩蚴（图 2－55）。

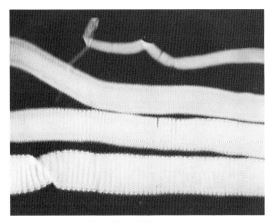

图 2－50　扩展莫尼茨绦虫（*M. expansa*）虫体一部分（实物）

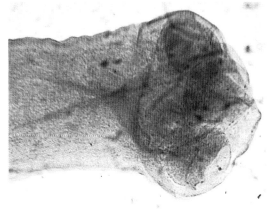

图 2－51　扩展莫尼茨绦虫（*M. expansa*）头节

莫尼茨绦虫的发育需要中间宿主地螨（图 2－56，图 2－57）参与。孕节和虫卵随终末宿主粪便排出体外，被地螨吞食，六钩蚴发育为似囊尾蚴。动物吃草时吞食了含似囊尾蚴的地螨而感染。经 45～60 天发育为成虫，成虫可寄生 2～6 个月。

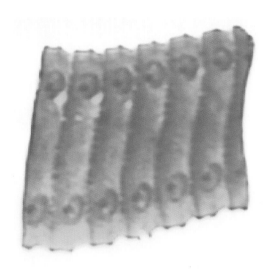

图 2-52　扩展莫尼茨绦虫（*M. expansa*）
　　　　成熟节片

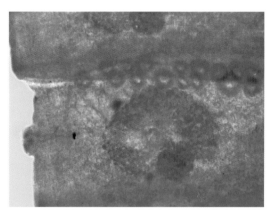

图 2-53　扩展莫尼茨绦虫（*M. expansa*）
　　　　成熟节片放大

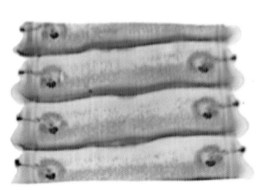

图 2-54　贝氏莫尼茨绦虫（*M. benedeni*）
　　　　节片染色

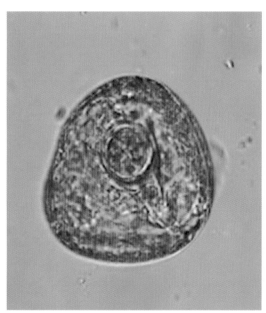

图 2-55　莫尼茨绦虫（*Moniezia* sp.）虫卵

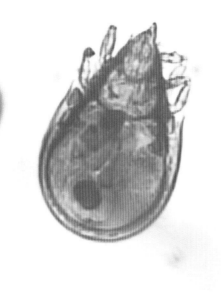

图 2-56 莫尼茨绦虫（*Moniezia* sp.）的
中间宿主地螨

图 2-57 莫尼茨绦虫（*Moniezia* sp.）的
中间宿主地螨

虫体致病机理主要为机械作用、夺取营养和引起宿主中毒（图 2-58，图 2-59）。病畜主要表现为食欲下降、腹泻，继而消瘦、贫血、生长发育停滞，严重者死亡。诊断方法为粪检虫卵和剖检发现虫体。治疗药物有硫双二氯酚、氯硝柳胺、丙硫咪唑、吡喹酮等。

图 2-58 羊肠腔内的莫尼茨绦虫

图 2-59 羊肠腔内的莫尼茨绦虫

曲子宫绦虫病

曲子宫绦虫病是由曲子宫属（*Helictometra*）的盖氏曲子宫绦虫（*H. giardi*）寄生于

牛、羊小肠内引起的，常与莫尼茨绦虫混合感染。欧洲、非洲、美洲、亚洲均有分布，我国许多省份普遍存在。

病原体长可达 2m，最宽约 12mm，虫体大小个体差异显著（图 2－60）。节片长度比莫尼茨绦虫短，头节也小，直径约 1mm。成虫有一组生殖器官（偶有两组者），生殖孔在节片侧缘上左右不规则地交替排列，雄茎囊向外突出，使侧缘外观不整。卵巢和卵黄腺位于纵排泄管内侧，睾丸则在外侧（图 2－61）。子宫有许多弯曲，孕节更加明显（图 2－62）。

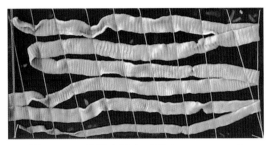

图 2－60　曲子宫绦虫（*Helictometra* sp.）虫体（实物）

卵近于圆形，无梨形器，每 3～8 个卵由一个子宫周围器包裹。

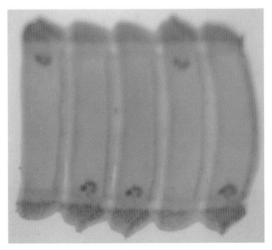

图 2－61　曲子宫绦虫（*Helictometra* sp.）成熟节片

图 2－62　曲子宫绦虫（*Helictometra* sp.）孕卵节片

生活史与莫尼茨绦虫相似，但易感性不限于羔羊和犊牛。致病较轻微，感染强度低时无症状，数量多时与莫尼茨绦虫相似。诊断、治疗与预防均与莫尼茨绦虫病相同。

中点无卵黄腺绦虫病

中点无卵黄腺绦虫病是由无卵黄腺属的中点无卵黄腺绦虫（*A. centripunctata*）引起的。寄生于牛、羊等反刍兽的小肠，常与莫尼茨绦虫、曲子宫绦虫混合感染。欧洲、非洲、亚洲均有分布，我国主要分布于西北牧区。

病原体长而窄，长达 2～3m 或更多，但宽度仅 2～3mm。节片极短，且分节不明显，除去链体后部外，肉眼几乎无法辨认其分节。成节内有一组雌雄生殖器官，生殖孔左右不规则地排列在节片边缘。卵巢位于生殖孔一侧，子宫在节片中央。睾丸位于纵排泄管两侧。没有卵黄腺。虫卵连同壳膜直径约 200μm，被包在一个子宫周围器内，没有梨形器。每一孕节的子宫周围器互相靠近前后接连，用肉眼观察时，可见到虫体后部（孕节）中央有一条不透明而凸出的白色线状物，直通链体的末端。

生活史不完全清楚，中间宿主是地螨。该虫致病力不如莫尼茨绦虫强，但严重时也能产生相似症状。诊断与防治同莫尼茨绦虫病。

中、小型虫体，头节顶突呈垫状，上有 2 或 3 圈斧形小钩，吸盘上有或无钩。每节有一组生殖器官，偶尔也有两组。生殖孔开口于节片侧缘。生殖器官发育后期，子宫存在或退化，由副子宫或卵袋（egg pouches）取代。虫卵无梨形器。成虫寄生于鸟类和哺乳动物。重要的为赖利属（*Raillietina*）和戴文属（*Davainea*）。

赖 利 绦 虫 病

病原为赖利属的绦虫（图 2-63，图 2-64）。我国常见的有 3 种：四角赖利绦虫（*Raillietina tetragona*）、棘沟赖利绦虫（*R. echinobothrida*）和有轮赖利绦虫（*R. cesticillus*）。主要感染鸡和火鸡，寄生部位为小肠，是鸡体内的大型绦虫，危害较大。

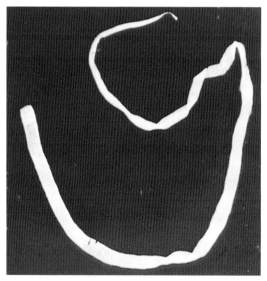

图 2-63　赖利绦虫（*Raillietina sp.*）虫体（实物）

图 2-64　鸡赖利绦虫（*R. galli*）节片（实物）

四角赖利绦虫长 10～250mm，头节较小，4 个吸盘呈卵圆形，上有 8～10 行小钩（图 2-65）。

棘沟赖利绦虫与四角赖利绦虫相似，但吸盘呈圆形（图 2-66）。

有轮赖利绦虫长 10～130mm，头节顶突宽大、肥厚，似轮状突出于前端，基部有 2 行共 400～500 个小钩，吸盘上无钩（图 2-67）。

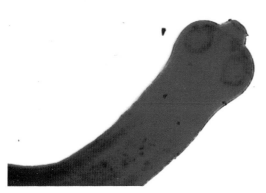

图 2-65　四角赖利绦虫（*R. tetragona*）
头部（染色）

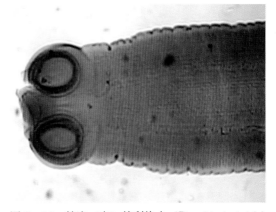

图 2-66　棘沟（盘）赖利绦虫（*R. echinobothrida*）
头节（染色）

中间宿主为蚂蚁、蝇类和甲虫。虫卵排至外界，被蚂蚁等吞食，发育为似囊尾蚴，鸡啄食了含有似囊尾蚴的蚂蚁等中间宿主而感染。分布十分广泛，危害面广且大。感染多发生在中间宿主活跃的 4～9 月份。各种年龄的家禽均可感染，但雏禽易感性更强，25～40 日龄的雏禽发病率和死亡率最高，成年禽多为带虫者。饲养管理条件差、营养不良易导致本病的发生。

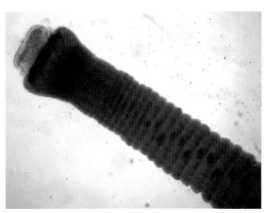

图 2-67　有轮赖利绦虫（*R. cesticillus*）
头节（染色）

　赖利绦虫为大型虫体，主要通过机械性刺激、机械性阻塞和代谢产物引起中毒等机制而致病。患禽表现消化不良、食欲减退、腹泻、体弱消瘦、翅下垂、羽毛逆立、产蛋量减少或停产、雏鸡发育受阻或停止，并可因继发其他疾病而死亡（图 2-68，图 2-69）。

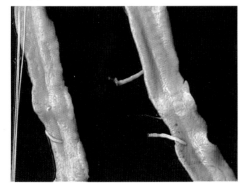

图 2-68　肠道上感染的有轮赖利绦虫
（*R. cesticillus*）虫体

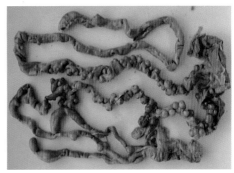

图 2-69　赖利绦虫（*Raillietina* sp.）
引起的肠道病变

诊断方法主要是粪便检查虫卵和剖检虫体。驱虫药物有硫双二氯酚、丙硫咪唑、吡喹酮等。

中、小型虫体，吸盘上有或无小钩，绝大多数有顶突，顶突可回缩，顶突上通常有1～2圈或多圈小钩。每节有一组或两组生殖器官，生殖孔开口于节片侧缘，睾丸数目多。孕节子宫为横的袋状或分叶，后期为副子宫器或卵袋所替代，卵袋含一个或多个虫卵，虫卵无梨形器，寄生于鸟类和哺乳动物。重要的为复孔属（Dipylidium）。

犬复孔绦虫病

病原为复孔属的犬复孔绦虫（Dipylidium caninum），主要感染犬、猫，偶尔感染人，特别是儿童。寄生部位为小肠。

虫体为淡红色，最长可达50cm，约由200个节片组成，宽约3mm。头节小，上有4个杯状吸盘，顶突上有4～5行小钩。每一成节内含两套生殖器官（图2-70，图2-71）。卵呈圆形，有两层壳，内含六钩蚴，直径为35～50μm。

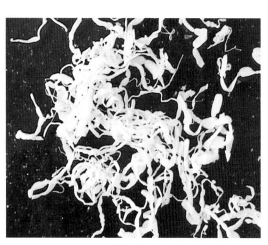

图2-70 犬腹孔绦虫（Dipylidium
caninum）实物

图2-71 犬腹孔绦虫（D. caninum）
生殖系统

中间宿主为蚤类或虱。终宿主吃了含有似囊尾蚴的中间宿主而感染。

轻度感染的犬、猫一般无症状，严重感染时可引起食欲不振、消化不良、腹泻或便秘、肛门瘙痒等症状。个别的可能发生肠阻塞。诊断靠粪检孕节或虫卵或剖检发现虫体。驱虫可用氯硝柳胺、吡喹酮。

第六节 膜壳科（Hymenolepididae）

中、小型虫体，头节上有可伸缩的顶突，顶突多有小钩。有一组生殖器官，生殖孔为单侧。睾丸大，通常不超过 4 个。外贮精囊大。感染鸟类和哺乳动物。几乎所有种均需节肢动物为中间宿主。重要的有膜壳属（*Hymenolepis*）、剑带属（*Drepanidotaenia*）、伪裸头属（*Pseudanoplocephala*）和皱褶属（*Fimbriaria*）等。

膜 壳 绦 虫 病

膜壳绦虫病的病原为膜壳属的多种绦虫。寄生于鸡、鹅、鸭和鼠的小肠内。个别种偶尔感染人。

陆栖禽类的代表种为鸡膜壳绦虫（*Hymenolepis carioca*）。虫体长 3～8cm，细如棉线，节片多达 500 个，头节纤细，极易断裂，顶突无钩。睾丸 3 个。寄生于家鸡和火鸡的小肠内。

水禽的代表种为冠状膜壳绦虫（*H. coronula*）。长 12～19cm，宽 2.5～3.0mm，顶突上有 20～26 个小钩，排成一圈呈冠状，吸盘上无钩。睾丸 3 个排列成等腰形。寄生于家鸭、鹅和其他水禽类的小肠内。

微小膜壳绦虫（*H. nana*）寄生于鼠类的小肠内，亦可寄生于人的小肠。大小为 25～40mm×0.25～0.9mm，节片数目 100～200 个，头节有可伸缩的顶突，上有小钩 20～30 个，排成单环。有 4 个吸盘。生殖孔位于一侧。睾丸 3 个，呈圆形，横列。卵巢叶状，位于节片中央。孕节内充满虫卵。虫卵椭圆形，大小为 48～60μm×36～48μm，内含六钩蚴（图 2-72 至图 2-75）。

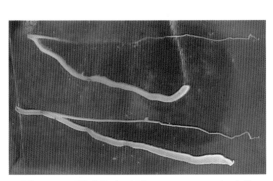

图 2-72　膜壳绦虫（*Hymenolepis* sp.）实物

图 2-73　膜壳绦虫（*Hymenolepis* sp.）节片

禽类虫体的中间宿主为食粪甲虫和一些小的甲壳类与螺类。终末宿主食入含有成熟似囊尾蚴的中间宿主而感染。虫体以吸盘和小钩固着肠壁，损伤肠黏膜，导致炎症，造成消化功能紊乱。虫体的代谢产物，具有毒素作用。雏鹅极易死亡，成年鹅可出现产蛋停止。成年鸡感染后一般不表现症状，但雏鸡感染后对发育有一定影响。

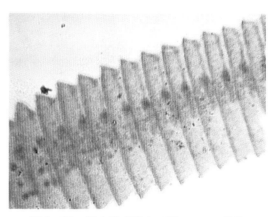

图 2-74 微小膜壳绦虫（*H. nana*）（前端）　　图 2-75 微小膜壳绦虫（*H. nana*）节片

　　微小膜壳绦虫是唯一不需要中间宿主而直接感染的绦虫。鼠类食入虫卵后，六钩蚴释出，于肠绒毛内发育为似囊尾蚴，后返回肠腔发育为成虫。该虫也可进行间接感染。中间宿主为蚤类、面粉甲虫和赤拟谷盗等小昆虫。

　　用漂浮法检查粪便虫卵，或剖检发现虫体即可确诊。治疗可用左旋咪唑、丙硫咪唑等。

剑 带 绦 虫 病

　　本病是由剑带属的矛形剑带绦虫（*Drepanidotaenia lanceolata*）寄生于鹅、鸭等水禽的小肠所引起的一种绦虫病。呈世界性分布，我国 7 个省（直辖市、自治区）有报道。

　　虫体呈乳白色，前窄后宽，形似矛头，长达 13cm，由 20～40 个节片组成。头节小，上有 4 个吸盘，顶突上有 8 个小钩。颈短。睾丸 3 个，呈椭圆形，横列于卵巢内方生殖孔一侧。生殖孔位于节片上角的侧缘（图 2-76，图 2-77）。

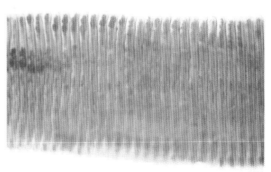

图 2-76 矛形剑带绦虫（*D. lanceolata*）　　图 2-77 矛形剑带绦虫（*D. lanceolata*）节片
　　　　虫体（实物）

中间宿主为剑水蚤。终末宿主种类繁多，有 70 余种雁形目的鸟类可作为终末宿主。虫体宿主特异性不强。雏鹅受害最为严重，病鹅腹泻，食欲不振，消瘦，贫血，行走不稳，摇头伸颈，甚至倒地仰卧或侧卧，脚做划水动作。诊断与治疗均可参照膜壳绦虫进行。

伪 裸 头 绦 虫 病

病原为伪裸头属的克氏伪裸头绦虫（*Pseudanoplocephala crawfordi*），主要感染猪，偶见于人，寄生部位为小肠。我国十多个省（直辖市、自治区）有报道。

成虫全长 97～167cm，头节上有 4 个吸盘，顶突不发达，无角质小钩。每节片有一组生殖器官。卵巢呈菊花状位于节片中线上，生殖孔一侧开口（图 2-78，图 2-79，图 2-80）。卵呈球形，直径 51.8～110.0μm，棕黄色或黄褐色，内含六钩蚴（图 2-81）。中间宿主为鞘翅目的一些昆虫。猪吞食了含有似囊尾蚴的甲虫而感染。轻度感染猪无症状，严重感染时被毛无光泽，生长发育受阻，消瘦，甚至引起肠阻塞，或有阵发性腹痛、腹泻、呕吐、厌食等症状。诊断依靠粪便虫卵检查。治疗药物有硫双二氯酚、吡喹酮、硝硫氰醚等。

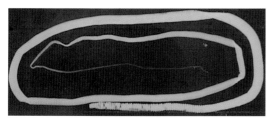

图 2-78　克氏伪裸头绦虫（*Pseudanoplocephala crawfordi*）虫体（实物）

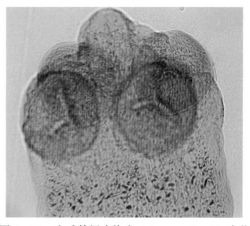

图 2-79　克氏伪裸头绦虫（*P. crawfordi*）头节

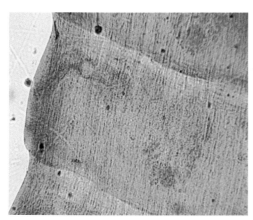

图 2-80　克氏伪裸头绦虫（*P. crawfordi*）成熟节片

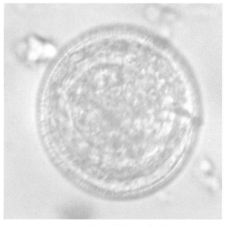

图 2-81　克氏伪裸头绦虫（*P. crawfordi*）虫卵

第七节 | 双叶槽科（Diphyllobothriidae）

　　本科属假叶目。大、中型虫体。头节上有吸槽。生殖孔和子宫孔同在腹面。卵巢位于体后部的髓质区内。卵黄腺小而多，呈泡状。子宫为螺旋状的管腔，在阴道孔后向外开口。卵有盖，产出后孵化。成虫主要寄生于鱼类，有的也见于爬行类、鸟类和哺乳动物。重要的有迭宫属（Spirometra）和双叶槽属（Diphyllobothrium）。

迭 宫 绦 虫 病

　　迭宫绦虫病由迭宫属的孟氏迭宫绦虫（Spirometra mansoni）引起，主要感染犬、猫和一些肉食动物，包括虎、狼、豹、狐狸、貉、狮、浣熊、鬣狗等，人偶尔也能感染，寄生在小肠。孟氏迭宫绦虫又称孟氏裂头绦虫，中绦期虫体为裂头蚴，也称孟氏裂头蚴，寄生于蛙、蛇、鸟类和一些哺乳动物包括人的肌肉、皮下组织、胸、腹腔等处。本病世界性分布，我国许多地区均有记载，尤其多见于南方各地。

　　孟氏迭宫绦虫一般长 40～60cm。头节指状，背腹各有一纵行的吸槽。体节宽度大于长度。子宫有 3～5 个或更多的螺旋，子宫孔开口于阴门下方（图 2-82，图 2-83，图 2-84）。虫卵淡黄色，椭圆形，两端稍尖，有卵盖，大小为 52～76μm×31～44μm。

图 2-82　孟氏迭宫绦虫（Spirometra mansoni）头节

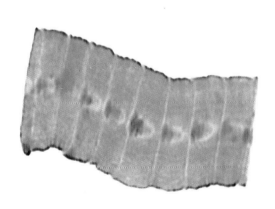

图 2-83　孟氏迭宫绦虫（S. mansoni）成熟节片

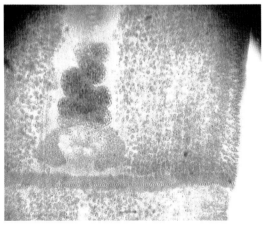

图 2-84　孟氏迭宫绦虫（S. mansoni）子宫

　　裂头蚴呈乳白色，长度大小不一，扁平，不分节，前端有横纹（图 2-85）。虫卵随粪便排出体外，在水中约经半月孵出钩球蚴，钩球蚴被第一中间宿主剑水蚤

（图 2-86）吞食后发育为原尾蚴。蝌蚪吞食剑水蚤，原尾蚴随蝌蚪发育成青蛙而发育为裂头蚴。裂头蚴寄居于蛙的肌肉内。受感染的蛙被蛇、鸟和猪等非正常宿主食入后，裂头蚴不能发育为成虫，而是移居腹腔、肌肉和皮下等处继续生存，因此蛇、鸟和猪等为转续宿主。猫、犬等吞食了带有裂头蚴的蛙或转续宿主后，裂头蚴逐渐在小肠内发育为成虫。人可作为第二中间宿主、转续宿主和终宿主。

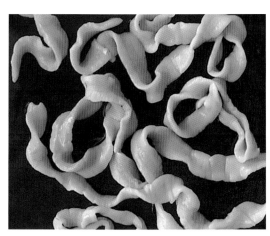 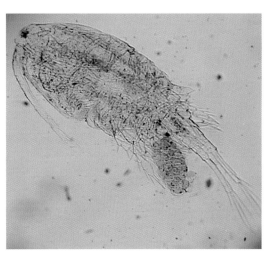

图 2-85　裂头蚴（Sparganum）实物　　　　图 2-86　孟氏迭宫绦虫（*S. mansoni*）
　　　　　　　　　　　　　　　　　　　　　　　　　第一中间宿主剑水蚤

　　成虫寄生于人体可引起腹部不适、恶心呕吐等轻微症状。裂头蚴寄生人体多种部位，分别引起眼、皮下、口腔、颌面部、脑和内脏裂头蚴病，危害严重。裂头蚴寄生部位形成包囊，致使局部肿胀、甚至发生脓肿。囊包直径 1～6cm，内有裂头蚴 1～10 条不等。猪严重感染裂头蚴时，寄生部位可见发炎、水肿、化脓、坏死等。动物感染孟氏裂头绦虫时，有不定期腹泻、便秘、流涎、被毛无光泽、消瘦及发育受阻等。

　　粪便检查虫卵可对成虫感染做出诊断，裂头蚴诊断需从寄生部位查出裂头蚴。

双叶槽绦虫病

　　双叶槽绦虫病是双叶槽属的双叶槽裂头绦虫（*D. latum*）（也称阔节裂头绦虫）而引起的。虫体寄生在犬、猫、熊、狐、猪及人等的小肠内。主要分布在欧洲、美洲和亚洲的亚寒带和温带地区。俄罗斯病人最多，约占全世界该病人数的一半以上。我国仅在黑龙江和台湾省有数例报道。

　　成虫外形和结构与曼氏迭宫绦虫相似，但虫体较长，可长达 10m，最宽处 20mm，具有 3 000～4 000 个节片（图 2-87）。头节细小，呈匙形，背、腹各有一条窄而深凹的吸槽。颈部细长。成节的宽度大于长度，为宽扁的矩形。睾丸 750～800 个。雄性生殖孔和阴道外口共同开口于节片前部腹面的生殖腔。卵巢分 2 叶，位于体中央后部。子宫呈玫瑰花状，开口于生殖腔之前。末端孕节长宽相近。虫卵卵圆形，长 55～76μm，宽 41～56μm，浅灰褐色，卵壳较厚，有明显的卵盖。

双叶槽裂头绦虫的生活史与曼氏迭宫绦虫大致相同。不同点在于第二中间宿主是鱼类，人是主要的终宿主。成虫在终末宿主体内可活5～13年。

人感染后多数感染者无明显症状，间或有疲倦、乏力、四肢麻木、腹泻或便秘以及饥饿等轻微症状。但有时虫体可扭结成团，导致肠道、胆道口阻塞，甚至出现肠穿孔等。

诊断在于从粪便中查出虫卵。防治关键在于宣传教育，不吃生鱼或未熟的鱼。加强对犬、猫等动物的管理，避免粪便污染河湖水。治疗可用氯硝柳胺、吡喹酮等。

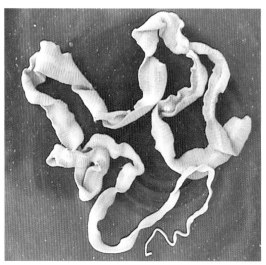

图2-87　阔节裂头绦虫（*Diphyllobothrium latum*）虫体（实物）

第三章

线 虫 (Nematoda)

第一节 线虫的一般形态和发育

一、一般形态

线虫通常为细长的圆柱形或纺锤形，有的呈线状或毛发状，乳白色或淡黄色，吸血的虫体常呈淡红色。虫体大小差别很大，小的仅 1mm 长，大的长达 1m 以上。前端钝圆、后端较细。体表有口孔、排泄孔、肛门和生殖孔等天然孔。线虫为雌雄异体。雄虫一般较小，后端不同程度地弯曲，并有一些辅助构造。雌虫稍粗大，尾部较直。某些线虫外表还常有一些由角皮形成的特殊构造，如头泡、唇片、叶冠、颈翼、侧翼、尾翼、乳突、交合伞等。

叶冠是环绕在口囊边缘的细小叶片状突起。乳突为体表的刺状或指状突起。翼是由表皮伸出的扁平翼状薄膜。头泡指在头端或食道区周围形成的角皮膨大。交合伞位于雄虫尾部，为叶状膜，一般有两个侧叶，有时尚有一个背叶。膜由肌质肋支撑着。肋对称排列，分为腹肋、侧肋和背肋三组。腹肋 2 对，分称为腹腹肋和侧腹肋。侧肋 3 对，分别是前侧肋、中侧肋和后侧肋。背肋包括 1 对外背肋和一个背肋，背肋的远端有时再分为数支。

线虫的消化系统由口孔、口腔、食道、肠、直肠、肛门等组成。口孔通常位于头部顶端，常有唇片围绕。口腔在口与食道之间。有些种口腔的角质衬里非常厚，成为一个硬质构造，称之为口囊。食道常为肌质构造，呈三角形辐射状，有些线虫在食道末端处生有小胃或盲管。食道后为肠，一般呈管状。肠的后部为直肠，很短。直肠末端开口为肛门。雌虫肛门单独开口于尾部腹面。雄虫的直肠与射精管汇合成泄殖腔，开口于尾部腹面，为泄殖孔。

雄虫生殖器官通常为单管型，由睾丸、输精管、贮精囊和射精管等组成。雄虫常有交合刺、引器、副引器等辅助交配器官。交合刺常为 2 根，通常包藏在位于泄殖腔背壁的交合刺鞘内。引器嵌于泄殖腔壁上，位于交合刺背部。有的线虫还有一个副引器，嵌于泄殖腔的腹壁。

雌性生殖器官通常为双管型，少数单管型，个别多管型。雌性生殖系统由卵囊、输卵管、子宫、受精囊、阴道和阴门组成。双管型是指有两组生殖器，最后由两条子宫汇合成一条阴道。阴门是阴道的开口，可能位于虫体腹面的前部、中部或后部，但均在肛门之前。

二、发　育

线虫生殖方式有三种。卵生指雌虫产出的卵处于单细胞期或者处于桑葚期。卵胎生是雌虫产出的卵内已形成幼虫。胎生即雌虫直接产幼虫。

虫卵成熟后，经5期幼虫，发育为成虫。其间经过4次蜕皮，即第一期幼虫，蜕化变为第二期幼虫，依此类推，最后一次即第4次蜕化后变为第五期幼虫，第五期幼虫发育为成虫。有些线虫发育过程中不需要中间宿主，幼虫在外界环境中直接发育到感染阶段，称为直接发育型或土源性线虫。有些线虫发育过程中需要中间宿主，即幼虫需要在中间宿主昆虫或软体动物体内方能发育到感染阶段。

第二节　蛔　科（Ascaridae）

蛔科属蛔目（Ascarida）。粗大型线虫。有3片唇，1个背唇，2个亚腹侧唇。无口囊和咽。食道简单，肌质柱状无后食道球。雄虫尾部通常向腹面弯曲，有较多的乳突。交合刺简单、等长。雌虫阴门位于体中部稍前。卵壳厚，处单细胞期，直接发育型。寄生于多种脊椎动物。重要的有蛔属（Ascaris）、副蛔属（Parascaris）、新蛔属（Neoascaris）、弓蛔属（Toxascaris）和弓首属（Toxocara）。

猪　蛔　虫　病

猪蛔虫病的病原体为蛔属的猪蛔虫（Ascaris suum），寄生于猪小肠，是猪最常见的寄生虫病，集约化饲养猪和散养猪均广泛发生。

猪蛔虫是一种大型线虫，活虫淡红色或淡黄色，圆柱形，两端稍细（图3-1）。雌虫大小20～40cm×5mm，体直，尾端钝；雄虫大小15～20cm×3mm，尾端向腹面弯曲，形似鱼钩。头端有3片唇，品字形排列，背唇外缘两侧各有一大乳突，两腹唇外缘内侧各有一大乳突，外侧各有一小乳突。雄虫泄殖腔开口距尾端近。交合刺一对等长，无引器。肛前、肛后有许多小乳突。雌虫阴门开口于虫体前1/3与中1/3交界处的腹面中线上。肛门距虫体末端较近。

虫卵有受精卵和未受精卵之分。受精卵为短椭圆形，大小为50～75μm×40～50μm。黄褐色，壳厚，最外层凹凸不平。刚随粪便排出的虫卵内含一个圆形的胚细胞，两端与卵壳之间形成新月形空隙（图3-2）。未受精卵较狭长，平均大小90μm×40μm，卵壳较薄，无凹凸不平之外层，或有但很薄，内容物为很多油滴状的卵黄颗粒和空泡。感染性虫卵内含第二期幼虫。

猪蛔虫发育不需要中间宿主。虫卵随粪便排至外界，发育为感染性虫卵，猪吞食后而感染。幼虫在猪肠道孵出，进入肠壁，随血液循环到达肝脏寄生，蜕化为第三期幼虫后继续随血流到达肺脏并停留，发育为第四期幼虫后入气管系统，到达咽、口腔，咽下入小肠，经第五期幼虫发育为成虫。从感染到发育为成虫，需2～2.5个月。成虫寿命7～10个月。

猪蛔虫病的流行十分广泛，仔猪蛔虫病尤其多见。不论是规模化方式饲养的猪，还是散养的猪都有发生。虫体繁殖能力强，雌虫每天产卵可达 10 万～20 万粒。虫卵可抗高温和低温，一般化学消毒药对之无效。一般要用 60℃以上热溶液方可杀死虫卵。3～5 月龄仔猪最易感，病情也较重，常发生死亡。

图 3-1　猪蛔虫（*Ascaris suum*）
雌雄虫体（实物）

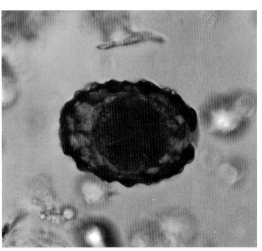

图 3-2　猪蛔虫（*A. suum*）虫卵

　　幼虫在移行过程中，常引起肝脏和肺脏发炎。成虫主要通过夺取营养、机械性阻塞及代谢分泌物引起过敏反应而致病。

　　幼虫移行至肝脏时，引起肝组织出血、变性和坏死，形成云雾状的蛔虫斑（或称乳斑）。移行至肺时，引起蛔虫性肺炎。成虫寄生少时，肠道没有可见病变；成虫寄生多时，可发现小肠被蛔虫堵塞，并出现卡他性炎症、出血或溃疡（图 3-3）。有时虫体也可以进入胰脏等部位寄生（图 3-4）。

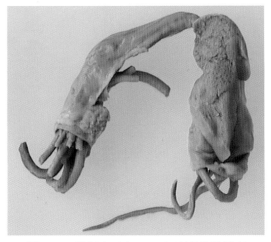

图 3-3　猪蛔虫（*A. suum*）引起的肠堵塞

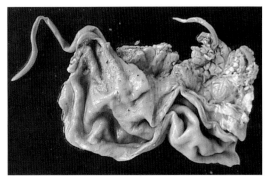

图 3-4　猪蛔虫（*A. suum*）感染的胰脏

　　在发病的早期，常出现咳嗽、体温升高、黄疸等症状，并出现消瘦、贫血、生长发育受阻、成为僵猪等。后期主要表现消瘦、消化不良等症状。若发生肠阻塞、出现腹痛等症状，病猪伏卧在地、不愿走动。幼虫移行时还可导致荨麻疹和某些神经症状。

诊断主要通过粪便虫卵检查进行。2月龄以内仔猪患病时，虫体尚未发育成熟，不宜用虫卵检查。而应通过剖检仔细观察肝脏和肺脏的症状和病变。用幼虫分离法处理肝脏或肺脏，发现大量幼虫即可确诊。

治疗可用左旋咪唑、甲苯咪唑、氟苯咪唑、丙硫咪唑、噻苯唑、硫苯咪唑、伊维菌素、爱比菌素、多拉菌素等。本病应采取综合预防措施，主要是消灭带虫猪，及时清除粪便，搞好环境卫生和防止仔猪感染。

马副蛔虫病

马副蛔虫病的病原体为副蛔属的马副蛔虫（*Parascaris equorum*），寄生于马属动物的小肠，是马属动物普遍感染的寄生虫病，对幼畜危害很大。

马副蛔虫是家畜蛔虫中形体最大的一种（图3-5）。虫体近似圆柱形，两端较细，黄白色。口孔周围有3片唇，唇基部有明显的间唇。唇片与体部之间有明显的横沟。雄虫长15～28cm，尾端向腹面弯曲；雌虫长18～37cm，尾部直，阴门开口于虫体前1/4部的腹面。虫卵近于圆形，直径90～100μm，黄色或黄褐色，内含一亚圆形的尚未分裂的胚细胞。卵壳表层蛋白质膜凹凸不平，但颇细致（图3-6）。

图3-5　马副蛔虫（*Parascaris equorum*）
虫体（实物）

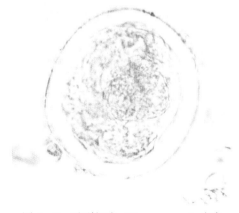

图3-6　马副蛔虫（*P. equorum*）虫卵

虫卵随宿主粪便排出体外，在适宜的外界环境条件下，需10～15天发育为感染性虫卵。马等食入感染性虫卵，进行与猪蛔虫相同的体内移行，至发育为成虫需2～2.5个月。

马副蛔虫病广泛流行，但以幼驹感染性最强，老年马多为带虫者，散布病原体。感染率及感染强度和饲养管理有关。感染多发于秋冬季。虫卵对不利的外界因素抵抗力较强。适宜温度为10～37℃，在39℃时可发生变性。

马副蛔虫对宿主的危害主要表现在机械性损伤、夺取营养、毒素作用、继发感染四个方面。成虫可引起卡他性肠炎、出血，严重时发生肠阻塞、肠破裂。有时虫体钻入胆管或胰管，可引起呕吐、黄疸等。成虫虫体很大，可夺取宿主大量营养。幼虫钻进肠黏膜时，可带入病原微生物，造成继发感染。幼虫在肝、肺中移行时可导致肝和肺脏的炎症。成虫的代谢产物及其他有毒物质，导致造血器官及神经系统中毒，发生过敏反应，如痉挛、兴奋、贫血及消化障碍等。

本病主要危害幼驹。成年马多为带虫者。发病初期（幼虫移行期）呈现肠炎症状，持续3天后，呈现支气管肺炎症状，表现为咳嗽，短期热候，流浆液性或黏液性鼻液。后期即成虫寄生期呈现肠炎症状，腹泻与便秘交替出现。严重感染时发生肠堵塞或穿孔。幼畜生长发育停滞。

结合临床症状与流行病学，以粪便检查发现特征性虫卵确诊。粪检可采用直接涂片法和饱和盐水浮集法。发现自然排出的蛔虫，或剖检时检出蛔虫均可确诊。

治疗可用驱蛔灵（枸橼酸哌哔嗪）、丙硫咪唑、左旋咪唑等药物驱虫。

犬、猫弓首蛔虫病

犬、猫弓首蛔虫病的病原体为弓首属的犬弓首蛔虫（*Toxocara canis*）、猫弓首蛔虫（*Toxocara cati*）和狮弓蛔虫（*Toxascaris leonina*），寄生于肉食兽的小肠内，属常见的寄生虫病。常引起幼犬和猫的发育不良，生长缓慢，严重时可引起死亡。

犬弓首蛔虫（图3-7），头端有3片唇，虫体前端两侧有向后延展的颈翼膜。食管与肠管连接部有小胃。雄虫长5～11cm，尾端弯曲，有一小锥突，有尾翼；雌虫长9～18cm，尾端直，阴门开口于虫体前半部分。虫卵呈亚球形，卵壳厚，表面有许多点状凹陷，大小为68～85μm×64～72μm。

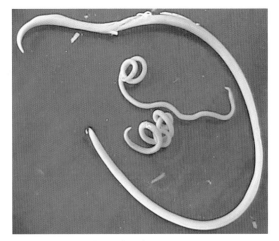

图3-7　犬弓首蛔虫（*Toxocara canis*）
雌雄虫体（实物）

猫弓首蛔虫外形与犬弓首蛔虫近似，颈翼前宽后窄，使虫体前端如箭镞状。雄虫长3～6cm，雌虫长4～10cm。虫卵大小为65μm×70μm，虫卵表面有点状凹陷。

狮弓首蛔虫头端向背侧弯曲，颈翼发达（图3-8）。无小胃。雄虫长3～7cm，雌虫长3～10cm，阴门开口于虫体前1/3与中1/3交界处。虫卵偏卵圆形，卵壳光滑，大小为49～61μm×74～86μm。

犬弓首蛔虫虫卵随粪便排出体外，在适宜条件下发育为感染性虫卵。3月龄内的幼犬吞食感染性虫卵后，在消化道内孵出幼虫，幼虫通过血液循环系统经肝脏和肺脏移行，然后经咽又回到小肠发育为成

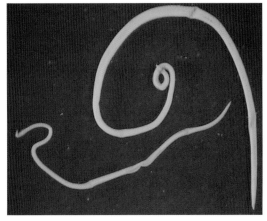

图3-8　狮弓首蛔虫（*T. leonina*）雌雄虫体（实物）

虫。在宿主体内的发育需4～5周。成年母犬感染后，幼虫随血流到达体内各器官组织中，形成包囊，但不进一步发育。当母犬怀孕后，幼虫可经胎盘感染胎儿或产后经母乳感染幼犬。幼犬出生后23～40天小肠内即有成虫。猫弓首蛔虫的移行途径与猪蛔虫相似，鼠类可以作为它的转续宿主，也可经母乳感染。狮弓首蛔虫的发育史比较简单，宿主吞食感染性虫卵后，逸出的幼虫钻入肠壁内发育后返回肠腔，经3～4周发育为成虫。

犬、猫弓首蛔虫病分布于全国各地。主要发生于6月龄以下幼犬，成年犬很少感染。

成虫寄生时刺激肠道，引起卡他性肠炎和黏膜出血。当宿主发热、怀孕、饥饿或饲料成分改变时，虫体可能窜入胃、胆管或胰管。严重感染时，常在肠内集结成团，造成肠阻塞或肠扭转、套叠，甚至肠破裂。幼虫移行时，损伤肠壁、肺毛细血管和肺泡壁，引起肠炎或肺炎。蛔虫的代谢产物对宿主有毒害作用，能引起造血器官和神经系统的中毒和过敏反应。

幼虫移行引起腹膜炎、肝脏发炎和肺炎，严重者可见咳嗽、呼吸频率加快和泡沫状鼻漏。成虫可引起胃肠功能紊乱、生长缓慢、被毛粗乱、呕吐、腹泻、腹泻便秘交替出现、贫血、神经症状、腹部膨胀，有时可在呕吐物和粪便中见完整虫体。大量感染时可引起肠阻塞，进而引起肠破裂、腹膜炎。成虫异常移行而致胆管阻塞、胆囊炎。

根据临床症状、病史调查和病原检查作出综合诊断。

常用的驱线虫药均可驱除犬蛔虫。

犊新蛔虫病

犊新蛔虫病的病原体为新蛔属的牛新蛔虫（*Neoascaris vitulorum*），近称牛弓首蛔虫（*Toxocara vitulorum*），感染初生的黄牛、水牛，寄生部位为小肠。分布遍及世界各地。初生牛大量感染时可以引起死亡，对发展养牛业危害甚大。

虫体粗大，淡黄色，角皮薄软（图3-9）。头端具有3片唇。食道呈圆柱形，后端由一个小胃与肠管相接。雄虫长11～26cm，尾部有1小锥突，弯向腹面，交合刺1对，形状相似，等长或稍不等长；雌虫长14～30cm，尾直。生殖孔开口于虫体前部1/8～1/6处。虫卵近于球形，大小70～80μm×60～66μm，壳厚，外层为蜂窝状（图3-10）。

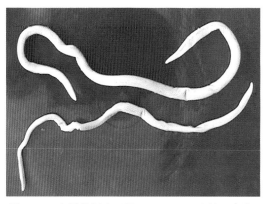

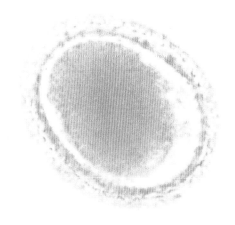

图3-9　牛弓首蛔虫（*T. vitulorum*）虫体（实物）　　图3-10　牛弓首蛔虫（*T. vitulorum*）虫卵

虫卵排出后，在外界适宜条件下，发育为感染性虫卵（含第二期幼虫）。牛吞食后，幼虫在小肠逸出，穿过肠壁，移行至肝、肺、肾等器官组织，进行第二次蜕化，变为第三期幼虫。待母牛怀孕8.5个月左右时，幼虫移行至子宫，进入胎盘羊水中，进行第三次蜕化，变为第四期幼虫，被胎牛吞入肠中发育。小牛出生后，幼虫在小肠内进行第四次蜕皮，经25～31天变为成虫。成虫在小肠中可生活2～5个月。另一条途径是幼虫从胎盘移行到胎儿的肝和肺，以后沿一般蛔虫的移行途径转入小肠。

本病主要发生于5月龄以内的犊牛。多见于我国南方各地。

阳光能杀死虫卵。在干燥的环境里，虫卵经48～72h死亡。感染性虫卵耐高温能力较差。牛弓首蛔虫卵对消毒药物的抵抗力较强，虫卵在2%福尔马林中仍能正常发育。在温度29℃时，2%克辽林或2%来苏儿溶液中虫卵存活约20h。

犊牛出生2周后为受害最严重时期，表现为消化失调，食欲不振和腹泻，排多量黏液或血便，有特殊臭味。腹部膨胀，有疝痛症状，虚弱消瘦，精神迟钝，后肢无力，站立不稳。虫体多时可造成肠阻塞或肠穿孔，引起死亡。引起肺炎时，出现咳嗽，呼吸困难，口腔内有特殊酸臭味。

诊断应根据临床症状和流行病学资料综合分析，确诊须在粪便中检出虫卵或虫体。检查粪便可用漂浮法。

治疗可用哌嗪类药物、左旋咪唑、丙硫咪唑等药物驱虫。

预防应注意牛舍清洁，垫草和粪便要勤清扫，并发酵处理。将母牛和小牛隔离饲养，减少母牛受感染的机会。对犊牛应于15～30日龄时驱虫。

第三节　禽蛔科（Ascaridae）

本科属蛔目。主要特征为雄虫有泄殖腔前吸盘。寄生于鸟类。本科有禽蛔属（Ascaridia）。

鸡 蛔 虫 病

鸡蛔虫病的病原体为禽蛔属的鸡蛔虫（Ascaridia galli），寄生于鸡的小肠，是一种常见的寄生虫病。影响雏鸡的生长发育，甚至引起大批死亡，造成严重损失。

鸡蛔虫是寄生于鸡体内最大的一种线虫，呈黄白色（图3-11），头端有3片唇。雄虫长26～70mm，尾端有尾翼和10对尾乳突，有一个圆形或椭圆形的腔前吸盘，交合刺2根，等长；雌虫65～110mm，阴门开口于虫体中部。虫卵椭圆形，70～90μm×47～51μm，壳厚而光滑，深灰色，排出时内含单个胚细胞（图3-12）。

雌虫在小肠内产卵，卵随粪便排出体外。在适宜的条件下，发育为感染性虫卵。鸡吞食了感染性虫卵后，幼虫在腺胃和肌胃处逸出，后钻进肠黏膜发育一段时期后，重返肠腔发育为成虫。从感染到发育为成虫，需35～50天。

鸡蛔虫病遍及全国各地。3～4月龄以内的雏鸡易遭侵害，病情严重。一岁以上鸡多为带虫者。虫卵对外界环境因素和常用的消毒药抵抗力很强，但对干燥和高温（50℃以上）敏感。

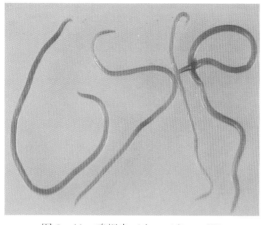

图 3-11 鸡蛔虫 (*Ascaridia galli*)
雌雄虫体 (实物)

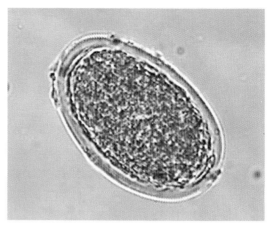

图 3-12 鸡蛔虫 (*A. galli*) 虫卵

幼虫侵入肠黏膜时，破坏黏膜及肠绒毛，并易招致病原菌继发感染。严重感染时，可见成虫大量聚集，相互缠结，可发生肠阻塞，甚至引起肠破裂和腹膜炎。虫体代谢产物对鸡有害。

病理变化主要表现为消化道炎症。继发感染后，在肠壁上常见有颗粒状化脓灶或结节。

雏鸡常表现为生长发育不良，精神萎靡，行动迟缓，常呆立不动，翅膀下垂，羽毛松乱，鸡冠苍白，贫血。消化机能障碍，可能渐趋衰弱而死亡。成年鸡多不表现症状。

诊断用粪便检查法发现大量虫卵或剖检发现虫体即可确诊。

治疗可用哌嗪化合物、左旋咪唑、噻苯唑或氟苯咪唑驱虫。

第四节 尖尾科 (Oxyuridae)

属尖尾目 (Oxyurata)。中、小型虫体，雌雄虫长度差异大。食道有后食道球，腔内有瓣或小齿或嵴。雄虫尾翼常很发达，有大的乳突，某些种有泄殖腔前吸盘；雌虫阴门在体前部，虫卵壳薄，两侧不对称，直接发育型。成虫寄生于宿主大肠，具严格的宿主特异性。寄生于脊椎动物。重要的有尖尾属 (*Oxyuris*) 和栓尾属 (*Passalurus*)。

马尖尾线虫病

马尖尾线虫病的病原体为尖尾属 (*Oxyuris*) 的马尖尾线虫 (*Oxyuris equi*)，又称马蛲虫，寄生于马属动物的大肠。特征症状为臀部发痒，为马属动物的常见病。

虫体口孔呈六边形，由 6 个小唇片围绕。头端有 6 个乳突。口囊短浅。食道中部窄，后部为食道球。雌雄虫的大小差异甚大。雄虫体形小，白色，体长 9～12mm，有一根交合刺，尾端有由 4 个长大乳突支撑着的、外观呈四角形的翼膜。雌虫长可达 150mm，尾部细长而尖，可达体部的 3 倍以上，未成熟时为白色，成熟后为灰褐色，阴门开口于体前部 1/4 附近（图 3-13，图 3-14，图 3-15，图 3-16）。虫卵呈长卵圆形，大小为 92μm×42μm，两侧不对称，一端有卵塞（图 3-17）。

图 3-13　马尖尾线虫（*Oxyuris equi*）
雌雄虫体（实物）

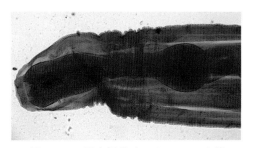

图 3-14　马尖尾线虫（*O. equi*）头端

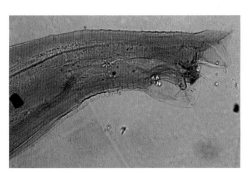

图 3-15　马尖尾线虫（*O. equi*）雄虫尾端

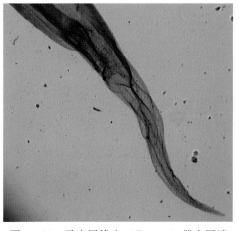

图 3-16　马尖尾线虫（*O. equi*）雌虫尾端

　　雌雄虫交配后，雄虫死亡。雌虫下行到肛门或会阴部，产出虫卵和胶样物质，黏附在皮肤上。经 3～5 天卵内形成感染性幼虫。马匹因食入感染性虫卵而感染。在小肠内，幼虫从卵壳中逸出，移居大肠肠腔内，感染后 5 个月发育为成虫。

　　本病多见于幼驹和老马，分布全国各地，尤以饲养管理条件较差的情况下发病较多。虫卵在适宜的环境中可存活数周，干燥时不超过 12h，冰冻时不超过 20h。

　　雌虫在肛门周围产卵时引起剧烈肛痒，患马常以臀部抵在各种物体上摩擦，引起患部脱毛并发生皮炎，皮肤肥厚，继发细菌感染时，可引起化脓和深部组织损伤。病马常显不安，影响食欲，精神萎靡，导致胃肠道障碍、营养不良、消瘦。有时有肠炎症状。

　　诊断可根据特有的臀部脱毛等症状和臀部污物及粪便中镜检发现虫卵进行。

　　治疗可用丙硫苯咪唑、噻苯唑等。

　　预防主要是搞好厩舍及马体卫生，发现病马及时驱虫，搞好用具和周围环境的消毒及杀灭虫卵。

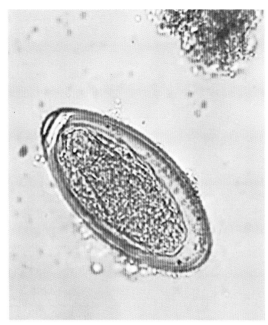

图 3-17 马尖尾线虫（*O. equi*）虫卵

兔栓尾线虫病

兔栓尾线虫病又称兔蛲虫病，病原为疑似钉尾线虫（*Passalurus ambiguus*）（也称兔栓尾线虫），属栓尾属。通常大量寄生于兔的盲肠和大肠内，无明显致病性。

虫体半透明，雄虫长 4～5mm，尾端尖细似鞭状，有由乳突支撑着的尾翼；雌虫长 9～11mm，有尖细的长尾。虫卵壳薄，一边平直，一边圆凸，如半月形。

生活史属于直接型，经口感染。感染性虫卵被兔摄食后，幼虫侵入盲肠腺窝中发育为成虫。

本虫致病力甚小，一般不显示临床症状。

在粪便中查出虫卵或剖检时在盲肠和大肠中发现虫体即可确诊。

驱虫可试用哌嗪化合物，也可用丙硫咪唑。

第五节 异刺科（Heterakidae）

属尖尾目（Oxyurata）。中、小型虫体。有 3 个分界的唇，有口囊或缺，具有后食道球。雄虫尾部尖，有圆形的腔前吸盘，交合刺等长或不等长。寄生于两栖类、爬行类、鸟类和哺乳动物。重要的有异刺属（*Heterakis*）。

异刺线虫病

异刺线虫病的病原体为异刺属的鸡异刺线虫（*H. gallinae*），在鸡群中普遍存在。因寄生于盲肠中，故又名盲肠虫。

鸡异刺线虫虫体小，白色。头端略向背面弯曲，有侧翼，向后延伸的距离较长。食道球发达。雄虫长 7～13mm，尾直，末端尖细，尾翼发达，有 12 对乳突，交合刺 2 根，不等长，有一个圆形的泄殖腔前吸盘；雌虫长 10～15mm，尾细长，生殖孔位于虫体中央稍后方（图 3-18 至图 3-22）。卵呈椭圆形，灰褐色，壳厚，内含单个胚细胞，大小为 65～80μm×35～46μm。

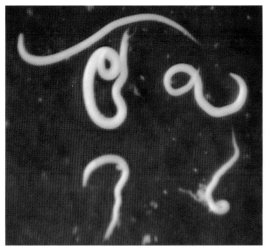

图 3-18　鸡异刺线虫（Heterakis gallinae）虫体（实物）

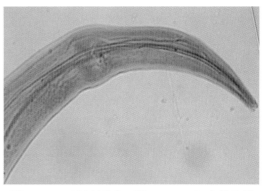

图 3-19　鸡异刺线虫（H. gallinae）虫体头部

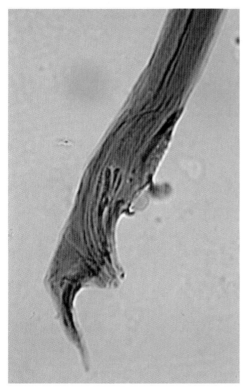

图 3-20　鸡异刺线虫（H. gallinae）雄虫尾部（侧面观）

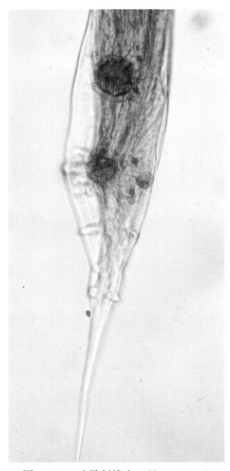

图 3-21　鸡异刺线虫（H. gallinae）雄虫尾部（正面观）

虫卵随粪便排出体外，发育为感染性虫卵。鸡啄食后感染，在小肠内孵化，幼虫在黏膜内经过一段时间的发育后，重返肠腔，发育为成虫。自感染性虫卵被摄食至发育为成虫需24～30天。有时感染性虫卵被蚯蚓吞咽，能在蚯蚓体内长期生存。鸡食入这种蚯蚓也可感染。

严重感染时，可以引起盲肠炎和下痢。此外，异刺线虫还是黑头病的病原体火鸡组织滴虫（*Histomonas meleagridis*）的传播者，当同一鸡同时感染此虫和火鸡组织滴虫时，后者可进入异刺线虫虫卵内，受到保护和传播。

病鸡尸体消瘦，盲肠肿大，肠壁发炎和增厚，间或有溃疡。患鸡消化系统机能障碍，食欲不振，下痢。雏鸡发育停滞、消瘦，严重时造成死亡。成年鸡产蛋量降低。

诊断可用直接涂片法或漂浮法检查粪便。须注意与鸡蛔虫卵相区别。

防治可参照鸡蛔虫病。

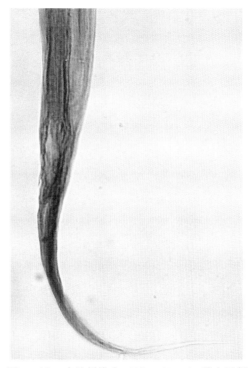

图3-22　鸡异刺线虫（*H. gallinae*）雌虫尾部

第六节　类圆科（Strongyloididae）

属杆形目（Rhabditata）。微型至小型虫体。有自由生活世代和寄生生活世代。自由生活阶段，食道分为前体部、峡部和后球部。雄虫尾尖无尾翼，交合刺等长，常具引器；雌虫尾尖，阴门在体后半部，寄生阶段，口囊小或无，不具食道球。雄虫构造与自由生活阶段虫体相似。雌虫尾短，卵生，但虫卵排到外界时已含幼虫。寄生于两栖类、爬行类、鸟类和哺乳动物。重要的有类圆属（*Strongyloides*）。

类 圆 线 虫 病

乳突类圆线虫病的病原体为类圆属（*Strongyloides*）的兰氏类圆线虫（*S. ransomi*）、韦氏类圆线虫（*S. westeri*）、乳突类圆线虫（*S. papillosus*）和粪类圆线虫（*S. stercoralis*），分别寄生于猪、马属动物、牛、羊和人、犬、猫等的小肠黏膜内。对幼畜危害甚大，引起消瘦，生长迟缓，甚至大批死亡。

类圆线虫寄生于家畜的各个种都是寄生性雌虫，行孤雌生殖，未见有雄虫寄生的报道。各种虫体的共同特征是，雌虫体细小，乳白色，口腔小，食道长，呈柱状，阴门位于体后1/3与中1/3的交界处。尾短，近似圆锥形。

孤雌生殖的雌虫在终末宿主小肠内产含第一期幼虫的卵，排至外界，幼虫孵出，称杆虫型幼虫，在不适宜的环境下直接发育为可感染终宿主的第三期幼虫，称丝虫型幼虫。在适宜的环境下，杆虫型幼虫进行间接发育，即先发育为自由生活的雌雄成虫，交配后产卵。卵发育为丝虫型幼虫，丝虫型幼虫可主动钻入动物皮肤或经口而感染，然后通过血液循环经心、肺、肺泡到支气管、气管到咽，被咽下后，到小肠发育为成虫。

　　本病分布于世界各地。主要在幼畜中流行，生后即可感染。常常是从厩舍的土壤中经皮肤感染，或从母畜被污染的乳头经口感染。在夏季和雨季，畜舍的卫生不良并潮湿时，流行特别普遍。未孵化的虫卵能在适宜的环境中保持其发育能力达 6 个月以上。感染性虫卵在潮湿的环境下可生存 2 个月。

　　幼虫穿过皮肤移行到肺时，常引起湿疹、支气管炎、肺炎和胸膜炎。肺炎时体温升高。大量虫体寄生时，小肠发生充血、出血和溃疡，出现腹泻、贫血、消瘦等。肺炎时体温升高。

　　诊断使用粪便虫卵检查法或幼虫培养法，发现大量虫卵或幼虫即可确诊。

　　治疗可用噻苯唑、左旋咪唑、丙硫咪唑、苯硫咪唑。

第七节　圆线科（Strongylidae）

　　属圆线目（Strongylata）。大多数有一大的口囊。有叶冠、牙齿或切板。口囊有背沟。交合伞发达，交合刺细长。阴门距肛门不远。多为哺乳动物消化道寄生虫。重要的有圆线属（*Strongylus*）、夏伯特属（*Chabertia*）和三齿属（*Triodontophorus*）。

马 圆 线 虫 病

　　马的消化道圆线虫病是指寄生于盲肠和结肠中的一些圆线科和毛线科的线虫所引起的疾病。是马匹的一种感染率最高，分布最广的肠道线虫病。重要的病原体有马圆线虫、普通圆线虫和无齿圆线虫。

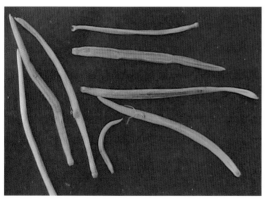

图 3 - 23　马圆线虫（*Strongylus equinus*）
雌雄虫虫体（实物）

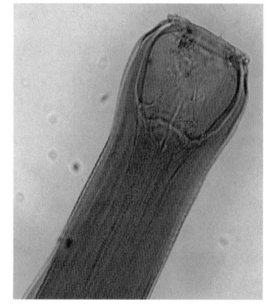

图 3 - 24　马圆线虫（*S. equinus*）口囊

马圆线虫（*Strongylus equinus*）虫体较大，呈灰红色或红褐色。口囊发达，呈卵圆形。口缘有发达的内叶冠和外叶冠。口囊内背侧有背沟，背侧基部有一大型、尖端分叉的背齿，口囊底部腹侧有 2 个亚腹侧齿。雄虫长 25～35mm，有发达的交合伞，交合刺 2 根，等长，线状；雌虫长 38～47mm，阴门开口于近尾端处（图 3 - 23，图 3 - 24，图 3 - 25，图 3 - 26）。虫卵呈椭圆形，卵壳薄，大小为 70～85μm×40～47μm。

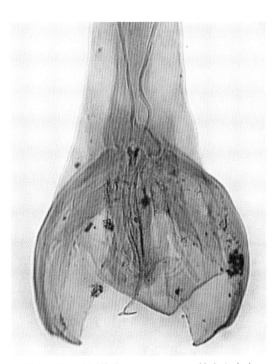

图 3 - 25 马圆线虫（*S. equinus*）雄虫交合伞

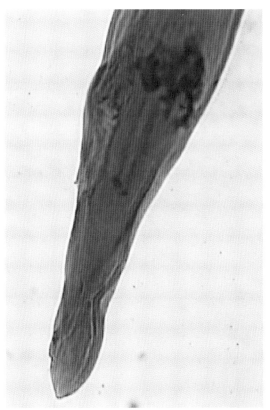

图 3 - 26 马圆线虫（*S. equinus*）雌虫尾部

普通圆线虫（*S. vulgaris*）又名普通戴拉风线虫（*Delafondia vulgaris*），虫体较小，呈深灰色或血红色（图 3 - 27）。口囊有背沟，底部有两个耳状的亚背侧齿。外叶冠边缘呈花边状构造。雄虫长 14～16mm，交合刺等长；雌虫长 20～24mm。虫卵椭圆形，大小为 83～93μm×48～52μm。

无齿圆线虫（*S. edentatus*），又名无齿阿尔夫线虫（*Alfortia edentatus*），虫

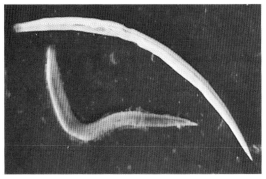

图 3 - 27 普通圆线虫（*S. vulgaris*）虫体（实物）

体呈深灰或红褐色，形状与马圆线虫极相似，但头部稍大，口囊前宽后狭，口囊内无齿。

雄虫长 23～28mm，交合刺等长；雌虫长 33～44mm。虫卵呈椭圆形，大小为 78～88μm×48～52μm。

雌虫产出大量虫卵随粪便排出体外，在外界适宜的条件下，经 6～7 天发育为带鞘的第三期幼虫。马匹吞食感染性幼虫而感染，幼虫在小肠内脱鞘，开始移行。马圆线虫幼虫穿过盲肠和结肠黏膜，在浆膜下形成结节并发育为第四期幼虫，后经腹腔到达肝脏（图 3-28），发育为第五期幼虫，然后经胰腺返回到肠腔，发育成熟。

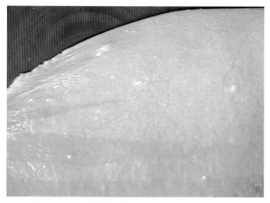 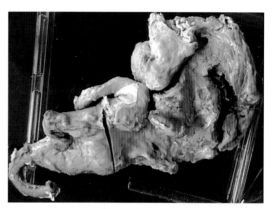

图 3-28　马圆线虫（*Strongylus equinus*）　　　　图 3-29　普通圆线虫（*S. vulgaris*）
　　　　感染引起的肝脏结节　　　　　　　　　　　　　引起的前肠动脉瘤

普通圆线虫幼虫被马等吞咽后，在肠黏膜下形成第四期幼虫，然后进入肠黏膜小动脉管壁内膜下，移行到达肠系膜动脉根部，并引起血栓和动脉瘤（图 3-29），之后返回到盲肠及结肠黏膜下血管，在肠壁上形成结节并发育为第五期幼虫，最后回到肠腔成熟。

无齿圆线虫幼虫钻入肠黏膜，沿静脉进入肝脏，发育为第四期幼虫，其后在腹腔浆膜下形成直径达到数厘米的出血性结节，结节中可见第四期和第五期幼虫。此后沿肠系膜到达盲肠或结肠壁，再次形成出血性结节，然后进入肠腔发育成熟。

感染性幼虫的抵抗力很强，在含水分 8%～12% 的马粪中能存活一年以上，在撒布成薄层的马粪中需经 65～75 天才死亡。在青饲料上能保持感染力达 2 年之久，但在直射阳光下容易死亡。本病既可发生于放牧的马群，也可发生于舍饲的马匹。特别在阴雨多雾天气的清晨和傍晚放牧，是马匹最易感染圆线虫病的时机。

圆线虫的幼虫阶段在复杂的移行过程中引起严重的损害，其中尤以普通圆线虫为最甚。普通圆线虫的幼虫在肠系膜动脉根引起动脉瘤和血栓。动脉瘤形成时，压迫邻近的腹腔神经丛，使神经细胞萎缩变性，引起肠管神经支配障碍和机能紊乱，使患马出现便秘，有时因蠕动不平衡而发生肠套叠。血栓碎片随血流移动，可阻塞小的动脉分支。幼虫移行至肝和胰，可引起组织损伤，导致出血、发炎和机能障碍。无齿圆线虫在腹膜下移行时可引起腹膜炎，腹膜上常形成大量结节、出血，腹膜上有纤维素沉着，腹腔内有不等量的淡黄至红色液体。

成虫寄生于肠管引起的疾病，多发生于夏末和秋季，冬季饲养条件变差时更为严重。成虫大量寄生时，可呈急性发作，表现为大肠炎和消瘦。开始时食欲不振，易疲倦，异嗜。数周后出现带恶臭的下痢，腹痛，粪便中有虫体排出，逐渐消瘦，浮肿，最后陷于恶病质而死亡。少量寄生时呈慢性经过，食欲减退，下痢，轻度腹痛和贫血，如不治疗，可能逐渐加重。

幼虫移行期所引起的症状，以普通圆线虫引起的血栓性疝痛最为多见。常突然发作，持续时间不等。轻型者，开始时表现为不安、打滚，频频排粪，但脉搏与呼吸尚正常，数小时后，症状自然消失。重型者疼痛剧烈，病畜做犬坐式或四足朝天仰卧，腹围增大，排粪频繁，粪便为半液状含血液，脉搏、呼吸加快，肠音增强，其后可能减弱以至消失，如不治疗，多以死亡告终。

马圆线虫幼虫移行引起肝、胰脏损伤，临床表现为疝痛。无齿圆线虫幼虫则引起腹膜炎，急性毒血症，黄疸和体温升高等。

诊断在粪便中发现虫卵可知有线虫寄生。通常应用虫卵计数法确定感染强度。一般认为，每克粪便中的虫卵数达到1 000以上时，即应进行驱虫。幼虫引起的疾病，并无特异性症状，故难确诊。

治疗可用哌嗪化合物、噻苯唑、苯硫咪唑、甲苯唑、康苯咪唑或伊维菌素等药驱虫。

夏 伯 特 线 虫 病

夏伯特线虫病的病原体为夏伯特属（*Chabertia*）的绵羊夏伯特线虫（*Chabertia ovina*）和叶氏夏伯特线虫（*C. erschowi*），寄生于羊、牛、骆驼及其他反刍动物的大肠内。感染率高，羊可达90%以上。

绵羊夏伯特线虫是一种较大的乳白色线虫。前端稍向腹侧弯曲，有一近似半球形的大口囊，其前缘有两圈由三角形叶片组成的叶冠。腹面有浅沟，颈沟前有稍膨大的头泡。雄虫长16.5~21.5mm，有发达的交合伞。交合刺褐色，引器呈淡褐色。雌虫长22.5~26.0mm，尾端尖，阴门距尾端0.3~0.4mm。阴道长0.15mm（图3-30，图3-31，图3-32）。虫卵呈椭圆形，大小为100~120μm×40~50μm。

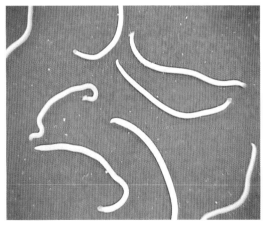

图3-30 绵羊夏伯特线虫（*Chabertia ovina*）虫体（实物）

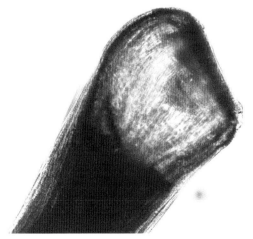

图3-31 绵羊夏伯特线虫（*C. ovina*）口囊

叶氏夏伯特线虫无颈沟和头泡，外叶冠小叶呈圆锥形，内叶冠呈细长指状，尖端突出于外叶冠基部下方。雄虫长 14.2～17.5mm，雌虫长 17.0～25.0mm。

图 3-32　绵羊夏伯特线虫（C. ovina）雄虫尾部

虫卵随宿主粪便排到外界，在 20℃ 的温度下，经 38～40h 孵出幼虫，再经 5～6 天，蜕化 2 次，变为感染性幼虫。宿主经口感染，在盲肠和结肠中幼虫脱鞘，之后幼虫附着在肠壁上或钻入肌层，然后返回肠腔发育至成虫。成虫寿命 9 个月左右。

本病遍及我国各地，以西北、内蒙古、山西等地较为严重。卵和感染性幼虫耐低温，但不耐干燥和阳光直射。外界条件适宜时，可活 1 年以上。1 岁以内的羔羊最易感染，发病较重，成年羊的抵抗力较强，发病较轻。

虫体以口囊吸附在宿主的结肠黏膜上，损伤黏膜，并经常更换吸着部位，使损伤更为广泛，引起黏膜水肿，发生溃疡。血管损伤严重时，引起出血。幼虫吸血，故严重感染时，可引起贫血，红细胞减少，血红蛋白降低。

严重感染时，患畜消瘦，黏膜苍白，粪便带黏液和血，有时下痢。幼畜生长发育迟缓，被毛干脆，食欲减退，下颌水肿，有时引起死亡。

诊断可粪检虫卵及培养幼虫鉴定。驱虫可用左旋咪唑、噻苯唑、丙硫咪唑等。预防参阅捻转血矛线虫病。

第八节　盅口科(Cyathostomidae)（毛线科 Trichonematidae)

属圆线目（Strongylata）。系小型圆线虫，种类多，形态复杂。较圆线科的口囊小，内外叶冠 2 圈，显著。寄生于猪、马、象、龟等动物的大肠。重要的有盅口属（Cyathostomum）（毛线属 Trichonema）、盂口属（Poteriostomum）、鲍杰属（Bourgelatia）等。

鲍 杰 线 虫 病

鲍杰线虫病的病原体为鲍杰属双管鲍杰线虫（Bourgelatia diducta），又称猪大肠线虫。寄生于猪的盲肠和结肠。南方大部分地区和河南有本虫的报道。

虫体（图 3-33）口孔向前。无颈沟。口囊浅，壁厚，分为前后两部分，后部和宽的食道漏斗内壁相连。有内外叶冠。交合刺等长。阴门靠近肛门。雄虫长 9～12mm，雌虫长 11.0～13.5mm。虫卵呈卵圆形，灰色，卵壳很薄，内含 32 个以上细胞，大小为 58～77μm×36～42μm。发育史可能属直接型，对其致病力尚缺少研究。

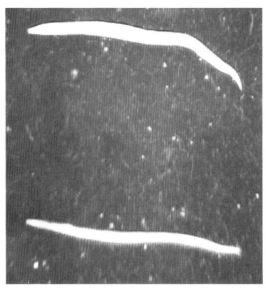

图 3 - 33　双管鲍杰线虫（*Bourgelatia diducta*）虫体（实物）

属圆线目（Strongylata）。雄虫交合伞大，肋发达，个别种肋的远端有某种程度的融合。交合刺短，呈网状。直接发育型。成虫寄生于草食动物的气管和支气管。重要的为网尾属（*Dictyocaulus*）。

羊 网 尾 线 虫 病

羊网尾线虫病的病原是网尾属的丝状网尾线虫（*D. filaria*），寄生于绵羊、山羊、骆驼等反刍兽的支气管，有时见于气管和细支气管。由于虫体较大，又称大型肺线虫。本病多见于潮湿地区，常呈地方性流行。主要危害羔羊，可引起大批死亡。

虫体细长呈丝状，乳白色，肠管好似一条黑线穿行体内。口囊很小，口缘有 4 片小唇。雄虫长 30mm，交合伞发达，伞腹肋粗实，中、后侧肋合二为一，只在末端稍分开。两个背肋末端都有 3 个小分支。交合刺靴形，黄褐色，为多孔性结构。雌虫长 35.0～44.5mm，阴门位于虫体中部附近。虫卵椭圆形，大小为 120～130μm×80～90μm，内含第一期幼虫（图 3 - 34，图 3 - 35，图 3 - 36）。

发育史不需中间宿主。雌虫产含幼虫的卵于支气管内，羊咳嗽时，卵随痰液一起进入口腔，大部分虫卵被咽下，一部分随痰液或鼻腔分泌物排至外界。卵在通过消化道时孵化出第一期幼虫，并随粪便排到体外。在适宜的温度下，经 5～7 天，蜕化 2 次变为感染性幼虫。羊吃草或饮水时，摄入感染性幼虫。幼虫钻入肠系膜淋巴结内发育为 4 期幼虫，经移行到达肺，寄生在细支气管和支气管。从羊感染到发育为成虫，大约需要 18 天。感染后 26 天开始产卵。成虫在羊体内的寄生期限由 2 个月到 1 年不等。

丝状网尾线虫的幼虫对热和干燥敏感，但耐低温。成年羊比幼年羊的感染率高，但对羔羊的危害严重。

主要病变在肺部。虫体寄生在支气管和细支气管，由于刺激，引起发炎，并不断地向支气管周围发展。大量虫体及其所引起的渗出物，可阻塞细支气管和肺泡，引起肺膨胀不全。在膨胀不全的部位可能发生细菌感染，导致弥漫性肺炎，发生代偿性肺气肿。

羊初次感染后可对再感染产生抵抗力，主要表现为再感染的幼虫不能到达肺部，从而不出现肺部感染。

羊群感染的首发症状为咳嗽。中度感染时，咳嗽强烈而粗厉。严重感染时呼吸浅表、迫促并感痛苦。先是个别羊发生咳嗽，后常成群发作。羊被驱赶和夜间休息时咳嗽最为明显，在羊圈附近可以听到羊群的咳嗽声和拉风箱似的呼吸声。阵发性咳嗽发作时，常咳出黏液团块，镜检时见有虫卵和幼虫。患羊常从鼻孔排出黏液分泌物，干涸后在鼻孔周围形成痂皮；有时分泌物很黏稠，形成几寸长的绳索状物，悬在鼻孔下面。常打喷嚏。患羊逐渐消瘦，被毛干枯，贫血，头胸部和四肢水肿，呼吸加快和困难，体温一般不升高。羔羊症状较严重，可以引起死亡。感染轻微的羊和成年羊常为慢性，症状不明显。

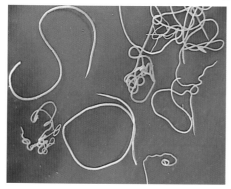

图 3-34　丝状网尾线虫（*Dictyocaulus filaria*）虫体（实物）

图 3-36　丝状网尾线虫（*D. filaria*）幼虫　　　图 3-35　丝状网尾线虫（*D. filaria*）雄虫尾部（交合刺）

剖检可见尸体消瘦、贫血。支气管中有黏性、脓性、混有血丝的分泌物团块，团块中有成虫、虫卵和幼虫。支气管黏膜充血，并有小出血点，支气管周围发炎。有不同程度的肺膨胀不全和肺气肿。有虫体寄生的部位，肺表面稍隆起，呈灰白色，触诊时有坚硬感，切开时常见有虫体。

诊断可结合症状进行虫卵检查或分离幼虫检查。剖检时在支气管和细支气管发现一定量的虫体和相应的病变时，也可确认为本病。

治疗可用左旋咪唑、丙硫咪唑或伊维菌素等。预防应加强饲养管理，幼畜和成年动物分开放牧，定期驱虫等。

牛 网 尾 线 虫 病

牛网尾线虫病的病原体为网尾属的胎生网尾线虫（*Dictyocaulus viviparus*），寄生于牛、骆驼和多种野生反刍兽的支气管和气管内。我国西南的黄牛和西藏的牦牛多有此病，常呈地方性流行，牦牛常在春季牧草枯黄时大量发病死亡。

胎生网尾线虫雄虫长 40～50mm，交合伞的中侧肋与后侧肋完全融合。交合刺呈黄褐色，为多孔性构造。引器呈椭圆性，为多泡性结构。雌虫长 60～80mm，阴门位于虫体中央部分。其表面略突起呈唇瓣状。虫卵呈椭圆形，大小约为 $85\mu m \times 51\mu m$。内含第一期幼虫，头端钝圆，无扣状结节，尾部较短而尖。

雌虫在牛的支气管和气管内产卵，卵随黏液咳至口腔，转入消化道。幼虫多在大肠孵化，并随粪便排至体外。在适宜的条件下，幼虫在 3 天内经 2 次蜕化变为感染性幼虫。牛在吃草或饮水时摄食感染性幼虫而感染。幼虫在小肠内脱鞘，钻入肠壁，由淋巴液带至淋巴结，进行第 3 次蜕化。此后经胸导管进入血液循环，到心脏，转入肺，出毛细血管进肺泡，到达细支气管和支气管，并进行最后一次蜕化。从感染到雌虫产卵需 21～25 天。牛肺线虫在犊牛体内的寄生期限，取决于牛的营养状况。

幼虫移行到肺以前的阶段危害不大。幼虫和成虫所引起的肺损伤及其发病机制同羊网尾线虫病。病牛可能发生自愈现象。

最初出现的症状为咳嗽，初为干咳，后为湿咳。咳嗽次数逐渐频繁。有的发生气喘和阵发性咳嗽。流淡黄色黏液性鼻涕。消瘦，贫血，呼吸困难，听诊有湿啰音。可能导致肺泡性和间质性肺气肿。可引起死亡。

诊断、治疗和预防参考羊网尾线虫病。

后圆科属圆线目（Strongylata）。交合伞很小，肋畸形，大小不规则并缩小。交合刺细长、丝状。卵生。间接发育型。寄生于哺乳动物呼吸器官。重要的有后圆线虫属（*Metastrongylus*）。

后 圆 线 虫 病

后圆线虫病由后圆线虫属（*Metastrongylus* spp.）的虫体寄生于猪的支气管和细支气管而引起，又称猪肺线虫病。遍及全国各地，呈地方流行，对仔猪危害很大。常见的种为野猪后圆线虫（*M. apri*），又称长刺后圆线虫（*M. elongatus*）和复阴后圆线虫（*M. pudendotectus*），萨氏后圆线虫（*M. salmi*）很少见。

本属虫体呈乳白色或灰色，口囊很小，口缘有 1 对分 3 叶的侧唇。食道略呈棍棒状。交合伞有一定的退化，背叶小，肋有某种程度的融合。交合刺 1 对，细长，末端有单钩或双钩。阴门紧靠肛门，前方覆一角质盖，后端有时弯向腹侧。卵胎生。虫卵大小 $51\sim$ $63\mu m\times33\sim42\mu m$，卵壳厚，表面有细小的乳突状突起，稍带暗灰色。

野猪后圆线虫雄虫长 $11\sim25mm$，交合伞较小，前侧肋大，顶端膨大；中侧肋和后侧肋融合在一起，背肋极小。交合刺呈丝状、细长，末端为单钩，无引器。雌虫长 $20\sim$ $50mm$，阴道长。尾弯向腹侧，虫卵大小为 $51\sim54\mu m\times33\sim36\mu m$（图 3-37，图 3-38，图 3-39，图 3-40，图 3-41）。

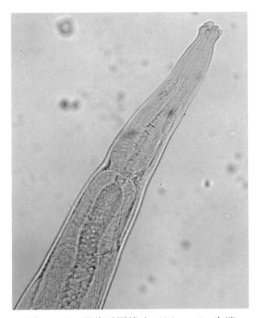

图 3-37　野猪后圆线虫（*M.apri*）头端

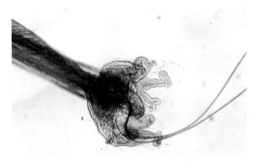

图 3-38　野猪后圆线虫（*M.apri*）雄虫尾部

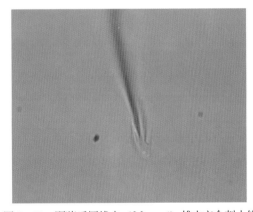

图 3-39　野猪后圆线虫（*M.apri*）雄虫交合刺小钩

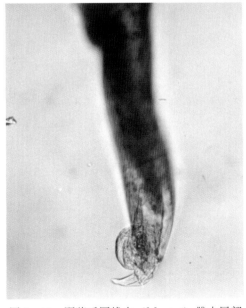

图 3-40　野猪后圆线虫（*M.apri*）雌虫尾部

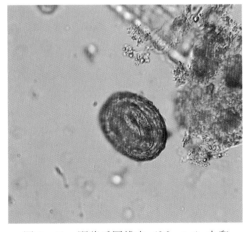

图 3-41　野猪后圆线虫（*M.apri*）虫卵

复阴后圆线虫雄虫长 16~18mm，交合伞较大，交合刺末端为双钩。有引器。雌虫长 22~35mm，阴道短。尾直，有较大的角质膨大覆盖着肛门和阴门。虫卵大小为 57~63μm×39~42μm。

萨氏后圆线虫雄虫长 17~18mm，交合刺短于野猪后圆线虫，但比复阴后圆线虫长，末端呈单钩行。雌虫长 30~45mm，阴道长，尾稍弯向腹面（图 3-42）。虫卵大小为 52.5~55.5μm×33~40μm。

图 3-42 萨氏后圆线虫（*M. salmi*）雌虫尾部

后圆线虫的发育需以蚯蚓作为中间宿主。雌虫在气管和支气管中产卵。卵排至外界后孵出第一期幼虫。第一期幼虫或虫卵被蚯蚓吞食后，在其体内发育为感染性幼虫。猪吞食了带有感染性幼虫的蚯蚓或由蚯蚓体内释出的感染性幼虫遭受感染。感染性幼虫在小肠内释出，钻入肠壁或肠淋巴结中，后随血流进入肺脏，再到支气管和气管发育为成虫。从幼虫感染到成虫排卵约为 23 天，感染后 5~9 周产卵最多。

虫体在肺部寄生，可导致支气管炎或肺炎。猪流感病毒可感染肺线虫虫卵，并随之一起传播。肺线虫病可加剧猪支原体性肺炎的病状。

轻度感染时症状不明显，但影响生长发育。严重感染时，表现强有力的阵咳，呼吸困难，特别在运动或采食后更加剧烈。病猪贫血，食欲丧失。即使病愈，生长仍缓慢。剖检时，肉眼病变常不甚显著。膈叶腹面边缘有楔状肺气肿区，支气管增厚，扩张，靠近气肿区有坚实的灰色小结。支气管内有虫体和黏液（图 3-43）。

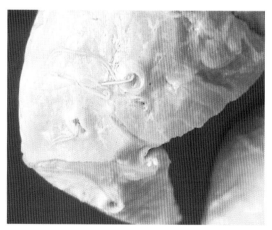

图 3-43 后圆线虫（*Metastrongylus* sp.）感染的肺脏

诊断应根据症状、虫卵检查和剖检综合进行。

治疗可用左旋咪唑、丙硫咪唑、苯硫咪唑和伊维菌素等。预防应改善饲养管理，杜绝猪食入蚯蚓，并定期驱虫等。

第十一节 毛圆科 (Trichostrongylidae)

属圆线目（Strongylata）。小型虫体。口囊通常无或不发达，缺叶冠。交合伞发达，侧叶大，背叶小。直接发育型。均寄生于动物和鸟类消化道。重要的有毛圆属（*Tricho-*

strongylus)、奥斯特属（*Ostertagia*）、血矛属（*Haemonchus*）、长刺属（*Mecistocirrus*）、马歇尔属（*Marshallagia*）、古柏属（*Cooperia*）、细颈属（*Nematodirus*）、似细颈属（*Nematodirella*）和鸟圆线虫属（*Ornithostrongylus*）等。

血矛线虫病

　　血矛线虫病的病原为血矛属的捻转血矛线虫（*Haemonchus contortus*）、柏氏血矛线虫（*H. placei*）和似血矛线虫（*H. similis*），感染绵羊、山羊、黄牛、鹿、骆驼等反刍动物，主要寄生于第四胃，偶见于小肠。分布遍及全国各地，引起反刍兽消化道圆线虫病，给畜牧业带来巨大损失。

　　捻转血矛线虫虫体细长，毛发状。头端尖细，口囊小，内有一角质齿，称背矛。颈乳突明显。雄虫长 15～19mm，红色，交合伞发达，两侧叶长，肋细长，有一小背叶，偏左侧，背肋呈倒 Y 形或人字形。雌虫长 27～30mm，白色的生殖器官和因含血而呈红色的消化器官互相环绕，形成红白相间的外观。阴门位于虫体后半部，有一个显著的瓣状阴门盖（图 3-44 至图 3-48）。虫卵椭圆形，大小为 75～95μm×40～50μm，卵壳薄，光

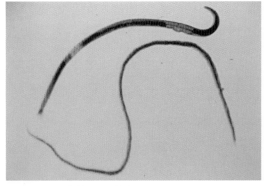

图 3-44　捻转血矛线虫（*Haemonchus contortus*）
　　　　　虫体（实物）

滑，稍带黄色，排出时内含 16～32 个胚细胞（图 3-49，图 3-50，图 3-51）。

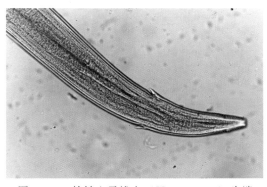

图 3-45　捻转血矛线虫（*H. contortus*）头端

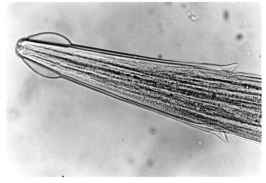

图 3-46　异常的捻转血矛线虫
　　　　　（*H. contortus*）头端

　　柏氏血矛线虫寄生于牛的雌虫，阴门盖呈舌片状，寄生于羊的雌虫，阴门盖呈小球状。似血矛线虫与捻转血矛线虫相似，不同之处在于虫体较小，背肋较长，交合刺较短。

　　发育过程不需中间宿主。虫卵在外界环境中发育为第三期感染性幼虫（图 3-52），披鞘，宿主食入后，在瘤胃内脱鞘，之后进入真胃黏膜，后返回胃腔。感染后 18～21 天发育成熟。

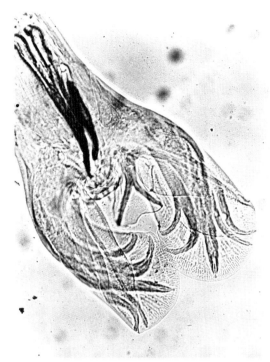

图3-47 捻转血矛线虫（*H. contortus*）
雄虫交合伞

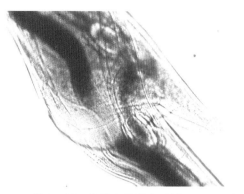

图3-48 捻转血矛线虫（*H. contortus*）
雌虫阴门盖

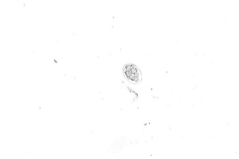

图3-49 捻转血矛线虫（*H. contortus*）
新排出的虫卵

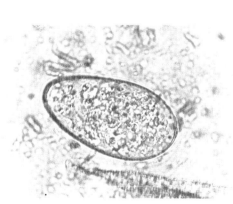

图3-50 发育中的捻转血矛线虫
（*H. contortus*）虫卵

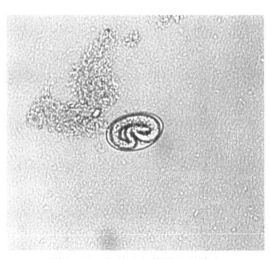

图3-51 含幼虫的捻转血矛线虫
（*H. contortus*）虫卵

捻转血矛线虫第三期幼虫在干燥环境中可存活一年半。土壤是幼虫的隐蔽场所。感染性幼虫有背地性和向光性，在温度、湿度和光照适宜时，幼虫从土壤中爬到草上，环境不利时，又回到土壤中隐蔽。我国许多地区，尤其西北地区存在着明显的牛、羊消化道线虫春季高潮。冬末春初，如果草料不足，营养缺乏，牛、羊的抵抗力明显下降，给幼虫的发育创造了有利的条件，使胃、小肠黏膜内的幼虫慢慢活跃起来，春天时（4～5 月份），消化道线虫成虫达到高峰，可造成牛、尤其羊的大批死亡。

羊对捻转血矛线虫有"自愈现象"，这是初次感染时产生的抗体和再感染时的抗原物质相结合时引起的一种局部过敏反

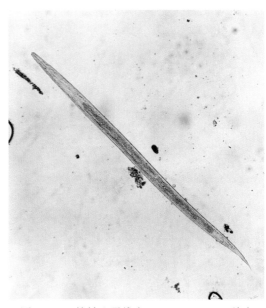

图 3 - 52　捻转血矛线虫（*H. contortus*）幼虫

应。表现为第四胃黏膜水肿，造成不利于虫体生存的环境，导致原有的和再感染的虫体被排出，这种反应没有特异性。

主要致病机理为吸血。据实验，2 000 条捻转血矛线虫在第四胃黏膜寄生时，每天可吸血达 30ml。虫体吸血时或幼虫在胃黏膜内寄生时，都可使黏膜的完整性受到损害，引发局部炎症，使消化、吸收功能降低。

临床症状急性病例以突然死亡为特征，多见于羔羊。尸体高度贫血，可视黏膜苍白（图 3 - 53，图 3 - 54）。亚急性的可见于牛、羊等。病畜高度贫血、可视黏膜苍白、下颌和下腹部水肿，腹泻与便秘交替，营养不良，渐进性消瘦。最后可因衰竭死亡。慢性症状较不明显。

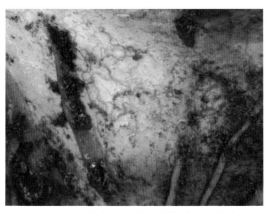

图 3 - 53　羊真胃黏膜上的捻转血矛线虫（*H. contortus*）

图 3 - 54　捻转血矛线虫（*H. contortus*）感染羊眼黏膜苍白（左为正常羊，右为感染羊）

　　诊断应结合临床症状和当地的流行病学资料作出初步诊断。确诊要进行粪便虫卵检查和尸体剖检。粪便虫卵的检查常用饱和盐水漂浮法。剖检可在牛、羊的第四胃和小肠发现大量虫体。

　　治疗应标本兼治。驱虫药物可用左旋咪唑、噻苯唑、丙硫咪唑、甲苯唑或伊维菌素。

　　预防应抓好预防性驱虫、加强饲养管理、分区轮牧等重要环节。

奥斯特线虫病

　　奥斯特线虫病是由奥斯特属（*Ostertagia*）线虫引起的。本属虫体俗称棕色胃虫，寄生于反刍兽的真胃和小肠。

　　虫体中等大，长 10～12mm。口囊小。交合伞由两个侧叶和一个小的背叶组成。腹肋基本上是并行的，中间分开，末端又互相靠近。背肋远端分两支，每支又分出一或两个副支。有副伞膜。交合刺较粗短。雌虫阴门在体后部，有些种有阴门盖，其形状不一。重要的种为环纹奥斯特线虫（*O. circumcincta*）和三叉奥斯特线虫（*O. trifurcata*）（图 3-55，图 3-56）。卵呈椭圆形，大小为 89～95μm×46～59μm。

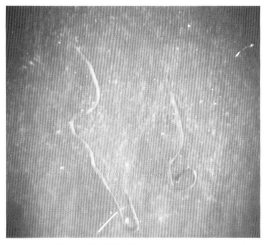

图 3-55　环纹奥斯特线虫（*O. circumcincta*）虫体（实物）

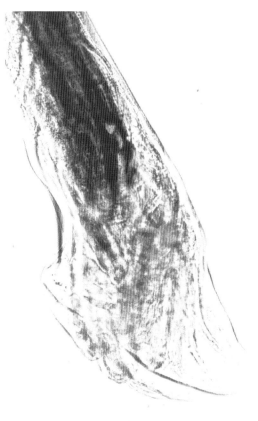

图 3-56　奥斯特线虫（*Ostertagia* sp.）雄虫尾部

　　奥斯特线虫的发育史和捻转血矛线虫相似。虫体感染后第 15 天成熟，第 17 天可在粪便中发现虫卵。大部分虫体在 60 天内由宿主体内消失。奥斯特线虫较捻转血矛线虫耐寒，在较冷地区，奥斯特线虫发生较多。严重感染时，患畜有消瘦、贫血、衰弱和间歇性便秘等症状，严重时引起死亡。诊断、治疗和预防可参照捻转血矛线虫。

古 柏 线 虫 病

古柏线虫病的病原是古柏属（Cooperia）的线虫，寄生于反刍兽的小肠、胰脏，很少见于第四胃。

古柏属虫体（图3-57）呈红色或淡黄色，头端呈圆形，较粗，角皮膨大，有横纹。交合伞的背叶小。腹腹肋比侧腹肋细小，两者平行向前，相距较远。后侧肋比另两个侧肋细。背肋分两支，常向外方弓曲。交合刺短粗。常见种有等侧古柏线虫（C. laterouniformis）、叶氏古柏线虫（C. erschowi）。

古柏线虫有较强的宿主特异性，有些种主要寄生于牛，有些种只寄生于羊。终

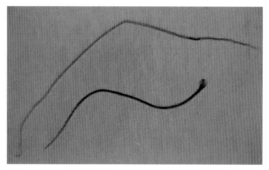

图3-57　古柏线虫（Cooperia sp.）虫体（实物）

末宿主感染后，经15天左右发育为成虫。直接发育型。严重感染时，有腹泻、厌食、进行性消瘦等症状，最后可导致死亡。剖检时见小肠前半部黏膜上有大量小出血点，后半部有轻度卡他性渗出物。诊断、治疗和预防可参照捻转血矛线虫。

细 颈 线 虫 病

病原为细颈线虫属（Nematodirus）的线虫，寄生于牛、羊的小肠。

本属虫体外观和捻转血矛线虫相似，但虫体前部呈细线状，而后部较宽。口缘有6个乳突围绕。头端角皮形成头泡，其后部有横纹。无颈乳突。交合伞有两个大的侧叶，上有圆形或椭圆形的表皮隆起，背叶小，很不明显。腹肋密接并行，中侧肋与后侧肋相互靠紧，背肋为完全独立的两支。交合刺细长，互相连接，远端包在一共同的薄膜内。无引器。雌虫阴门位于体后1/3处，尾端平钝，带有一小刺。虫卵大，易与其他线虫卵相区别，产出时内含8个细胞。常见种有奥拉奇细颈线虫（N. oiratianus）。

感染幼虫在小肠黏膜内发育，发育到成虫期需20天左右。细颈线虫对牛、羊均有较强的致病力。牛严重感染时出现腹泻，食欲缺乏，衰弱，体重减轻等症状，但粪便中的虫卵很少。羊对再感染有抵抗力，特别是羔羊，在感染后2个月内出现抵抗力，表现为虫卵数量下降，体内虫体被排出。诊断、治疗和预防可参照捻转血矛线虫。

长 刺 线 虫 病

病原为长刺属（Mecistocirrus）的线虫，寄生于黄牛、水牛和绵羊的第四胃。

本属虫体角皮上有纵脊。口囊内有一个大的背齿。雄虫交合伞的侧腹肋和前侧肋同等大，并大于所有其他的肋。背叶甚小。交合刺细长，并行，末端构造简单。雌虫的生殖孔靠近肛门。

常见种为指形长刺线虫（M. digitatus）（图3-58）。虫体呈淡红色。雄虫长25～31mm，交合伞有两个舌片状的侧叶，背叶小，长方形，对称地夹在两侧叶之间。交合

刺细长，几乎全部连接在一起，顶端被包在一个薄膜形成的纺锤状的管状构造内。雌虫长30～45mm，卵巢环绕肠管，阴门距尾端0.6～0.95mm，阴门盖为两片。虫卵大小为105～120μm×51～57μm。

严重感染时，对牛亦有致病力。在牛体内，从感染性幼虫发育到成虫需要60天。致病作用与捻转血矛线虫相似，第三期幼虫钻入黏膜时，在虫体周围引起中度细胞反应。诊断、治疗和预防可参照捻转血矛线虫。

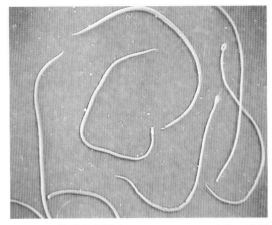

图3-58 指形长刺线虫（M. digitatus）虫体（实物）

毛圆线虫病

病原为毛圆属（Trichostrongylus）的线虫，寄生于多种动物的消化道。

本属虫体细小，一般不超过7mm。呈淡红或褐色。缺口囊和颈乳突。排泄孔位于靠近体前端的一个明显的腹侧凹迹内。雄虫交合伞的侧叶大，背叶极不明显，腹腹肋特别细小，常与侧腹肋成直角。侧腹肋与侧肋并行，背肋小，末端分小支。交合刺短而粗，常有扭曲和隆起的脊，呈褐色，有引器。雌虫阴门位于虫体的后半部内，子宫一向前，一向后。无阴门盖。尾端钝（图3-59，图3-60，图3-61）。虫卵呈椭圆形，壳薄。常见种有三种。

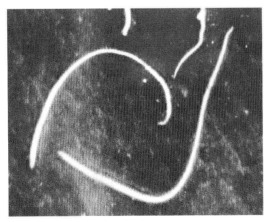

图3-59 毛圆线虫（Trichostrongylus sp.）虫体（实物）

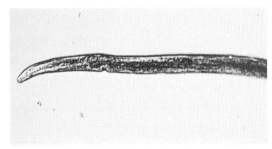

图3-60 毛圆线虫（Trichostrongylus sp.）头部

蛇形毛圆线虫［T. colubriformis（syn. T. instabilis）］，雄虫长4～6mm，两个交合刺近于等长，远端具有明显的三角突。腹腹肋特别细小，前侧肋最粗大，背肋小，末端分小支。雌虫长5～6mm。虫卵大小为79～101μm×39～47μm。寄生于绵羊、山羊、牛、骆驼及许多羚羊小肠的前部，偶见于真胃。亦寄生在兔、猪、犬及人的胃中。是牛、羊体内最常见的种类。

艾氏毛圆线虫 〔*T.axei*（syn.
T.extenuatus）〕，雄虫长 $3.5 \sim 4.5 mm$，
两个交合刺不等长，形状相异。背肋稍长
而细，末端分小支。雌虫长 $4.6 \sim$
$5.5 mm$。虫卵大小为 $70 \sim 90 \mu m \times 35 \sim$
$42 \mu m$。寄生于绵羊、山羊、牛及鹿的真
胃，偶见于小肠，也见于马、驴及人的
胃中。

突尾毛圆线虫（*T.probolurus*），雄
虫长 $4.3 \sim 5.5 mm$，两个交合刺深褐色，
粗壮，几乎等长，远端具有明显的三角
突。侧腹肋较其他肋粗大，背肋很短，末
端分支。雌虫长 $4.5 \sim 6.5 mm$。虫卵大小
为 $76 \sim 92 \mu m \times 37 \sim 46 \mu m$。寄生于绵羊、
山羊、骆驼、兔及人的小肠中。

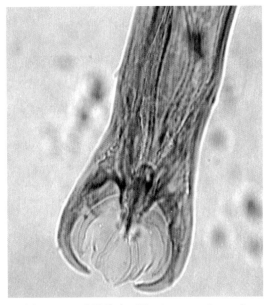

图 3-61　毛圆线虫（*Trichostrongylus* sp.）
雄虫交合伞

发育史相对简单。虫卵随宿主粪便排
至外界，在适宜的条件下，经 $5 \sim 6$ 天发育为第三期感染性幼虫。牛、羊吃草时经口感染。
幼虫在小肠黏膜内进行第 3 次蜕皮，第四期幼虫重返肠腔，最后一次蜕皮后，在感染后
$21 \sim 25$ 天发育为成虫。

绵羊和山羊，特别是断乳后至 1 岁的羔羊对毛圆线虫最易感。母羊往往是羔羊的感
染源。毛圆线虫的第三期感染性幼虫对外界因素的抵抗力较强，在潮湿的土壤中可存
活 $3 \sim 4$ 个月，且耐低温，可在牧地上过冬。炎热、干旱的夏季对幼虫的发育和存活均
不利。成年动物每年排卵出现两次高峰：一次是春季排卵大高峰，另一次是秋季排卵
小高峰。第三期感染性幼虫在牧地上全年也出现两次高峰：一次是夏末秋初，另一次
是冬末春初。

动物普遍被感染，感染强度大，不仅可引起胃肠道黏膜损伤，而且使动物的生产性
能下降，影响畜牧业生产。

幼虫钻入黏膜上皮细胞与固有膜内的腺体之间，并形成通道，引起出血、水肿，
血清蛋白流入肠腔发展为低白蛋白血症。磷和钙的吸收受到抑制，导致骨质疏松。急
性病例肠道病变表现为黏膜肿胀，特别是十二指肠，轻度充血，覆有黏液，刮取物于
镜下可见到幼虫。慢性病例可见尸体消瘦，贫血，肝脏脂肪变性，黏膜肥厚，发炎和
溃疡。

动物在短时间内严重感染时可引起急性发作，表现腹泻，急剧消瘦，体重迅速减轻，
死亡。轻度感染时可引起食欲不振，生长受阻，消瘦，贫血，皮肤干燥，排软便和腹泻
与便秘交替发生。

根据临床症状、发病季节、死后剖检及粪便检查可作出初步诊断。治疗可用苯硫咪
唑、甲苯咪唑、丙硫咪唑或伊维菌素等药物驱虫。防治措施应把驱虫和合理放牧相结合。

第十二科 钩口科 〔Ancylostomidae〕

属圆线目 (Strongylata)。头端向背侧弯曲。口囊大，内有齿或切板。唇简单或无。食道棒状，肌质，后端膨大。有颈乳突，靠近神经环。雄虫交合伞发达，有两个大的侧叶和一个小的背叶。交合刺简单，针状。有引器。雌虫尾部锥状。阴门位于虫体中线后。两个卵巢。感染哺乳动物。直接发育。重要的有钩口属 (*Ancylostoma*)、仰口属 (*Bunostomum*)、板口属 (*Necator*)、弯口属 (*Uncinaria*) 和球首属 (*Globocephalus*) 等。

反刍兽仰口线虫病 （钩虫病）

反刍兽仰口线虫病是由钩口科 (Ancylostomatidae) 仰口属 (*Bunostomum*) 的牛仰口线虫 (*B. phlebotomum*) 和羊仰口线虫 (*B. trigonocephalum*) 引起的。前者寄生于牛的小肠，主要是十二指肠；后者寄生于羊的小肠。本病在我国各地普遍流行，可引起贫血和死亡，对家畜危害很大。

羊仰口线虫呈乳白色或淡红色。口囊底部的背侧有一大背齿，背沟由此穿出。底部腹侧有 1 对小亚腹侧齿。雄虫长 12.5～17.0mm。交合伞发达，背叶不对称，右外背肋比左侧的长，并且由背干的高处伸出。交合刺等长，褐色，无引器。雌虫长 15.5～21.0mm，尾端钝圆。阴门位于虫体中部前不远处。虫卵大小为 79～97μm×47～50μm，两端钝圆，胚细胞大而数少，内含暗黑色颗粒（图 3－62，图 3－63，图 3－64，图 3－65）。

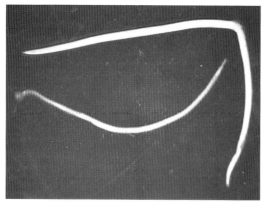

图 3－62 羊仰口线虫 (*B. trigonocephalum*)
虫体（实物）

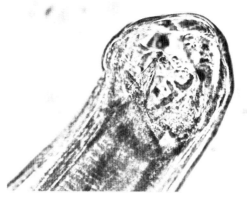

图 3－63 羊仰口线虫 (*B. trigonocephalum*) 口囊

牛仰口线虫的形态和羊仰口线虫相似，但口囊底部腹侧有 1 对亚腹侧齿。另一个区别是雄虫的交合刺长，为羊仰口线虫交合刺的 5～6 倍（图 3－66）。

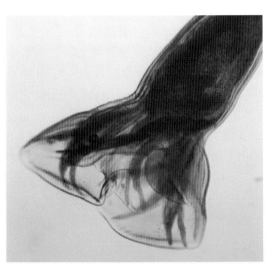

图 3-64　羊仰口线虫（*B. trigonocephalum*）
雄虫交合伞

图 3-65　羊仰口线虫（*B. trigonocephalum*）
雄虫交合伞放大（显示背肋）

虫卵在适宜的条件下，可在 4～8 天内形成幼虫。幼虫逸出，经 2 次蜕化，变为感染性幼虫。牛、羊由于吞食了感染性幼虫感染，或感染性幼虫钻进牛、羊皮肤而受感染。牛仰口线虫的幼虫经皮肤感染时，幼虫从牛的表皮缝隙钻入，后沿血流到肺，进行第 3 次蜕化后成为第四期幼虫。之后上行到咽，重返小肠，进行第 4 次蜕化成为第五期幼虫。在侵入皮肤后的 50～60 天发育为成虫。经口感染时，幼虫在小肠内直接发育为成虫。经口感染的幼虫，其发育率比经皮肤感染的少得多。

图 3-66　牛仰口线虫（*B. phlebotomum*）
虫体（实物）

在夏季，感染性幼虫可以存活 2～3 个月。春季存活时间较长。在 8℃时，幼虫不能发育，在 35～38℃时，仅能发育到第一期幼虫。在有些地区，羊的全年荷虫量基本相近。

仰口线虫的致病作用因虫体的发育期不同而不同。幼虫侵入皮肤时，引起发痒和皮炎，但一般不易察觉。幼虫移行到肺时引起肺出血，但通常无临床症状。小肠寄生期危害较大。成虫以口囊吸着于肠黏膜上，破坏绒毛，吸食血液。虫体离开后，留下伤口，血液继续流失。100 条虫体每天可吸食血液 8ml，失去 4 μg 的铁。严重感染时，可严重影响造血功能。患畜常因进行性再生不全性贫血而死亡。据试验，羊体内有 112 或 162 条虫体时，即足以危害羊的健康和妨碍发育。舍饲犊牛体内有 1 000 条虫体时，即引起死亡。

患畜表现进行性贫血，严重消瘦，下颌水肿，顽固性下痢，粪带黑色。幼畜发育受阻，有时有神经症状，死亡率很高，尸体消瘦，贫血，水肿，皮下有浆液性浸润。血液色淡，水样，凝固不全。肺有淤血性出血和小点出血。十二指肠和空肠有大量虫体，游离于肠腔内容物中或附着在黏膜上。肠黏膜发炎，有出血点。肠内容物呈褐色或血红色。

诊断可根据临床症状，粪便检查虫卵和剖检发现虫体而确诊。治疗可用噻苯唑、苯硫咪唑、左旋咪唑、丙硫苯咪唑或伊维菌素等药物驱虫。

预防应定期驱虫，保持厩舍清洁干燥，饲料和饮水应不受粪便污染，改善牧场环境，注意排水。

猪球首线虫病

病原为球首属（*Globocephalus*）的多种线虫，寄生于猪的小肠。

本属虫体粗短，口孔呈亚背位，口囊呈球形或漏斗状，外缘为一角质环，无叶冠和齿。靠近口囊基底有 1 对亚腹齿。背沟显著。交合刺纤细。雌虫尾端呈尖刺状，雌虫阴门位于虫体后部。虫卵为卵圆形，灰色，卵壳薄，大小为 58.5～61.7μm×34～42.5μm。常见种有三种。

长尖球首线虫（*G. longemucronatus*），雄虫长 7mm，雌虫长 8mm。口囊内无齿。

萨摩亚球首线虫（*G. samoensis*），雄虫长 4.5～5.5mm，雌虫长 5.2～5.6mm。口囊内有 2 个齿。

锥尾球首线虫（*C. urosubulatus*），雄虫长 4.4～5.5mm，雌虫长 5～7.5mm。口囊内有 2 个亚腹齿。

发育史与致病力和其他钩虫相似。可引起贫血、肠卡他，肠黏膜有时有出血点。严重感染时可引起消瘦和消化紊乱。可用粪便检查法发现虫卵。可用噻苯唑或伊维菌素等药物驱虫。预防应注意猪舍卫生，及时清扫粪便，并保持饲料和饮水清洁。

猫、犬钩虫病

病原为钩口属（*Ancylostoma*）、板口属（*Necator*）和弯口属（*Uncinaria*）的线虫，寄生于犬、猫等肉食兽的小肠，主要是十二指肠。我国各地均有发生。本病是犬，尤其是特种犬（警犬等）的最严重的寄生虫病之一。

犬钩口线虫（*A. caninum*）虫体呈淡红色。前端向背面弯曲，口囊大，腹侧口缘上有 3 对大齿。口囊深部有 1 对背齿和 1 对侧腹齿。虫体长 10～16mm（图 3-67，图 3-68，图 3-69）。卵大小为 60μm×40μm，含 8 个卵细胞。寄生于犬、猫、狐，偶尔寄生于人。

巴西钩口线虫（*A. braziliense*）虫体头端腹侧口缘上有 1 对大齿，1 对小齿。虫体长 6～10mm，卵大小为 80μm×40μm。寄生于犬、猫、狐。

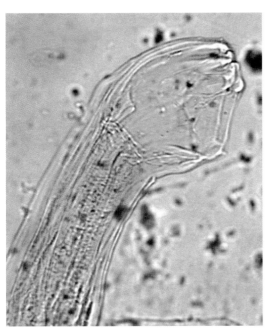

图 3 - 67　犬钩口线虫（*A. caninum*）口囊

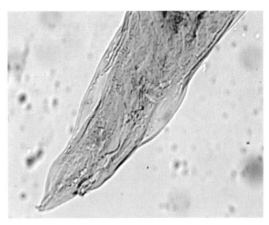

图 3 - 68　犬钩口线虫（*A. caninum*）雄虫交合伞

美洲板口线虫（*Necator americanus*）虫体头端弯向背侧，口孔腹缘上有 1 对半月形切板。口囊呈亚球形，底部有 2 个三角形亚腹侧齿和 2 个亚背侧齿。雄虫长 5～9mm，雌虫长 9～11mm。卵的大小为 60～76μm×30～40μm。寄生于人、犬。

狭头弯口线虫（*U. stenocephala*）虫体呈淡黄色，两端稍细，较犬钩口线虫小，口弯向背面，口囊发达，其腹面前缘有 1 对半月形状切板。接近口囊底部有 1 对亚腹侧齿。雄虫长 6～11mm，雌虫长 7～12mm。虫卵与犬钩口线虫的相似。寄生于犬、猫。

发育史较为复杂。虫卵随粪便排到外界，在适宜的条件下发育孵化，幼虫经 2 次蜕化发育为感染性幼虫。感染幼虫随饲

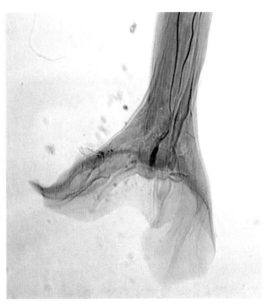

图 3 - 69　犬钩口线虫（*A. caninum*）
雌虫尾部

料或饮水被犬类摄食或主动钻进皮肤而造成感染。经皮肤感染后，幼虫随血流到肺，穿破毛细管壁和肺组织，移行到肺泡和小支气管、支气管、气管和咽喉，返回肠腔，发育为成虫。经口感染时，幼虫可能经肺移行，但多系钻进胃壁或肠壁，经一段时间发育后重返肠腔发育为成虫。

犬钩口线虫的致病性强。成年犬感染少量虫体时，不显症状。幼犬感染少量虫体，

在营养不良或免疫力低下时即可发病。成虫吸着在肠黏膜上，大量吸血，造成出血、溃疡。虫体分泌抗凝素，延长凝血时间，便于吸血。虫体有变换咬吸部位的习性，以致伤口失血更多。由于慢性失血，虫体多时，使宿主出现严重的缺铁性贫血。故主要症状为贫血和稀血症。黏膜苍白、极度消瘦、毛粗干、腹泻与便秘交替发生，粪便中带血。幼畜可导致死亡。剖检病犬尸体时，可见贫血和稀血症，小肠肿胀、黏膜上有出血点，肠内容物混有血液，可见有多量虫体吸着在黏膜上。

根据临床症状和粪便检查时发现多量虫卵即可确诊。可用左旋咪唑、甲苯唑、碘化噻唑青胺、二碘硝基酚和伊维菌素等药进行驱虫。严重贫血时，需对症治疗。应保持犬窝干燥、清洁，并定期消毒。犬粪应立即清除，不使其污染地面或垫料，用具亦应定期消毒。成年犬与幼犬分开饲养。未经彻底消毒的犬窝不能用于饲养幼犬。

属圆线目（Strongylata）。口囊呈小而浅的圆筒形，外周有一显著的口领。口缘有叶冠，有颈沟，颈沟前部有头泡。颈乳突位于食道附近两侧。有或无侧翼。雄虫的交合伞发达，有1对等长的交合刺。雌虫阴门位于肛门附近前方，排卵器发达，呈肾形。虫卵较大。寄生于哺乳动物消化道，直接发育。重要的为食道口属（Oesophagostomum）。

反刍兽食道口线虫病

反刍兽食道口线虫病是由食道口属的几种线虫寄生于肠壁与肠腔引起的。由于有些食道口线虫的幼虫阶段可以使肠壁发生结节，故又名结节虫病。此病在我国各地的牛、羊中普遍存在，给畜牧业经济造成很大的损失。

本属线虫的口囊呈小而浅的圆筒形，外周为一显著的口领。口缘有叶冠。有颈沟，其前部的表皮膨大形成头囊。颈乳突位于颈沟后方的两侧。有或无侧翼。雄虫的交合伞发达，有1对等长的交合刺。雌虫阴门位于肛门前方附近，排卵器发达，呈肾形。虫卵较大。

哥伦比亚食道口线虫（O. columbia-num）有发达的侧翼膜，身体前部弯曲。头囊不甚膨大。颈乳突尖端突出于侧翼膜之外，位于颈沟的稍后方。雄虫长12.0～13.5mm，交合伞发达；雌虫长

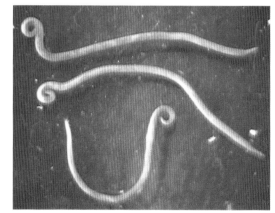

图3-70　哥伦比亚食道口线虫
（O. columbianum）
虫体（实物）

16.7～18.6mm，尾部长。阴道短，有肾形排卵器（图3-70，图3-71，图3-72，图3-73）。虫卵呈椭圆形，大小为73～89μm×34～45μm（图3-74）。主要寄生于羊，也寄生于牛和野羊的结肠。

图 3 - 71　哥伦比亚食道口线虫（*O. columbianum*）
　　　　　前部

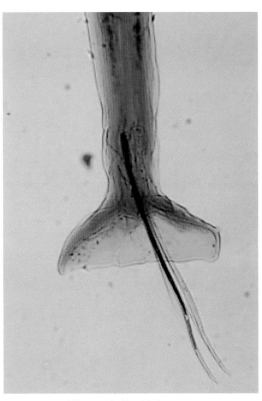

图 3 - 72　哥伦比亚食道口线虫（*O. columbianum*）
　　　　　雄虫交合刺

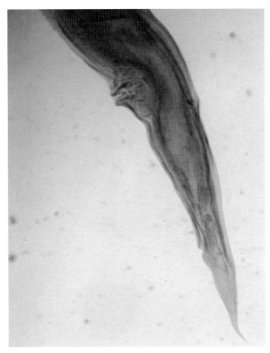

图 3 - 73　哥伦比亚食道口线虫（*O. columbianum*）
　　　　　雌虫尾部

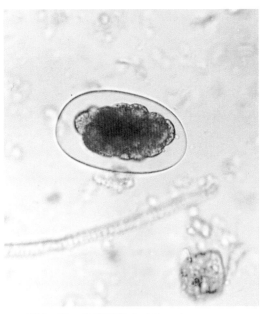

图 3 - 74　食道口线虫（*Oesophagostomum*
　　　　　sp.）虫卵

　　微管食道口线虫（*O. venulosum*）无侧翼膜。前部直，口囊较宽而浅。颈乳突位于食道的后面。雄虫长 12～14mm，雌虫长 16～20mm。主要寄生于羊，也寄生于牛和骆驼的结肠。

　　粗纹食道口线虫（*O. asperum*）口囊较深，头囊显著膨大。无侧翼膜。颈乳突位于食道的后方。雄虫长 13～15mm，雌虫长 17.3～20.3mm（图 3 - 75，图 3 - 76）。主要寄生于羊的结肠。

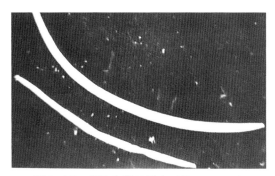

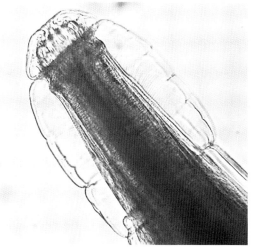

图 3 - 75　粗纹食道口线虫（*O. asperum*）
　　　　虫体（实物）

图 3 - 76　粗纹食道口线虫（*O. asperum*）头部

　　辐射食道口线虫（*O. radiatum*）侧翼膜发达，前部弯曲。缺外叶冠，内叶冠细小。头囊膨大，上有一横沟。颈乳突位于颈沟的后方。雄虫长 13.9～15.2mm，雌虫长 14.7～18.0mm（图 3 - 77，图 3 - 78）。虫卵大小为 75～98μm×46～54μm。寄生于牛的结肠。

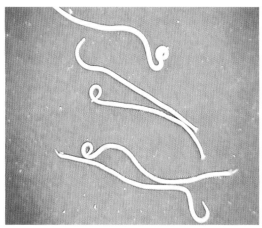

图 3 - 77　辐射食道口线虫（*O. radiatum*）
　　　　虫体（实物）

图 3 - 78　辐射食道口线虫（*O. radiatum*）
　　　　虫体头部

甘肃食道口线虫（*O. kansuensis*）有发达的侧翼膜，前部弯曲，头囊膨大。颈乳突位于食道末端或前或后的部位，在侧翼膜内，尖端稍突出于膜外。雄虫长 14.5～16.5mm。雌虫长 18～22mm。寄生于绵羊的结肠。

虫卵在适宜的条件下，孵出第一期幼虫，经7～8天蜕化2次变为第三期感染性幼虫。宿主摄食了被感染性幼虫污染的青草和饮水而遭感染。感染后36h，大部分幼虫钻入小结肠和大结肠固有膜的深处，逐步形成结节，结节为卵圆形。幼虫在结节内进行第3次蜕化后，返回肠腔，发育为成虫。

低于9℃时虫卵不能发育。当牧场上的相对湿度为48%～50%，平均温度为11～12℃时，可生存60天以上。第一、二期幼虫对干燥很敏感，极易死亡。第三期幼虫有鞘，在适宜条件下可存活几个月，冰冻可使之致死。温度在35℃以上时，所有幼虫均迅速死亡。

在食道口线虫中，哥伦比亚食道口线虫和辐射食道口线虫可在肠壁的任何部位形成结节（图 3-79）。结节形成影响肠蠕动、食物消化和吸收。结节在肠的腹膜面破溃时，可引起腹膜炎和广泛性粘连，向肠腔面破溃时，引起溃疡性和化脓性结肠炎。成虫食道腺的分泌液可使肠黏液增多，肠壁充血和增厚（图 3-80）。

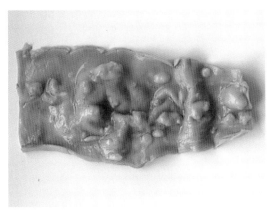 

图 3-79　食道口线虫（*Oesophagostomum* sp.）引起的肠结节性病变   图 3-80　羊肠腔内的食道口线虫（*Oesophagostomum* sp.）

症状首先表现明显的持续性腹泻，粪便呈暗绿色，有很多黏液，有时带血，最后可能由于体液失去平衡，衰竭致死。腹泻于感染后第6天开始，在慢性病例，便秘和腹泻交替，进行性消瘦，下颌间可能发生水肿，最后虚脱而死。

诊断可根据虫卵检查、症状和剖检中发现肠壁上有大量结节以及肠腔内有多量虫体作出判断。虫卵和其他一些圆线虫卵，特别是捻转血矛线虫卵很相似，不易鉴别。

治疗可用噻苯唑、左旋咪唑、氟苯达唑或伊维菌素等药物驱虫；对重病羊应实施对症治疗。

预防应定期驱虫，加强营养，饮水和饲草须保持清洁，改善牧场环境。

猪食道口线虫病

本病是食道口属（*Oesophagostomum*）的多种线虫寄生于猪的结肠引起的。虫体的致病力较轻微，但严重感染时可引起结肠炎。有些种的幼虫在肠壁内形成结节，也称结节虫。我国各地都有报道。

常见的有以下几种：

有齿食道口线虫（*O. dentatum*）虫体乳白色。雄虫长 8～9mm，交合刺长 1.15～1.30mm；雌虫长 8.0～11.3mm，尾长 350μm。寄生于猪结肠。

长尾食道口线虫（*O. longicaudum*）虫体呈灰白色。雄虫长 6.5～8.5mm，交合刺长 0.9～0.95mm；雌虫长 8.2～9.4mm，尾长 400～460μm。寄生于盲肠和结肠。

短尾食道口线虫（*O. brevicaudum*）雄虫长 6.2～6.8mm，交合刺长 1.05～1.23mm；雌虫长 6.4～8.5mm，尾长仅 81～120μm。寄生于结肠。

发育史较为简单。虫卵在适宜的条件下，发育为带鞘的感染性幼虫。猪经口感染。幼虫在肠内脱鞘，感染后 1～2 天，大部分幼虫在肠黏膜下形成结节。感染后 6～10 天，幼虫在结节内蜕第 3 次皮，成为第四期幼虫。之后返回大肠肠腔，蜕第 4 次皮，成为第五期幼虫。感染后 38 天（幼猪）或 50 天（成年猪）发育为成虫。

感染性幼虫可以越冬。干燥容易使虫卵和幼虫死亡，虫卵在 60℃ 高温下迅速死亡。潮湿和长期不换垫草的猪舍中，感染较多。

幼虫在肠黏膜下形成结节的危害性最大。大量和严重寄生时，大肠上出现大量结节，大肠壁普遍增厚，有卡他性肠炎。结节感染细菌时，可发生弥漫性大肠炎。成虫阶段可见肠溃疡，粪便中带有脱落的黏膜，腹泻或下痢，高度消瘦，发育障碍。也有引起仔猪死亡的报道。

粪便检查发现虫卵或发现自然排出的虫体，即可确诊。治疗可用左旋咪唑、噻苯唑、康苯咪唑或伊维菌素等。预防主要是注意猪舍和运动场的清洁卫生，及时清理粪便，保持饮水和饲料清洁。

第十四节　冠尾科（Stephanuridae）

属圆线目（Strongylata）。具有杯状的口囊，内有齿。阴门靠近肛门。寄生于哺乳动物肾脏及周围部位。重要的有冠尾属（*Stephanurus*）。

猪冠尾线虫病

猪冠尾线虫病是由冠尾属（*Stephanurus*）的有齿冠尾线虫（*S. dentatus*）寄生于猪的肾盂、肾周围脂肪和输尿管壁等处引起的。偶寄生于腹腔及膀胱等处，俗称肾虫。除猪以外，亦能寄生于黄牛、马、驴和豚鼠等动物。分布广泛，危害性大，常呈地方性流行，是热带、亚热带地区猪的主要寄生虫病。近年来辽宁、吉林等地亦先后发现本病。病猪生长迟缓，母猪不孕或流产，甚至造成大批死亡，严重影响养猪业的发展。

虫体粗壮，形似火柴杆。新鲜时呈灰褐色，体壁较透明，其内部器官隐约可见。口囊呈杯状，壁厚，底部有 6～10 个小齿。口缘有一圈细小的叶冠和 6 个角质隆起。雄虫长 20～30mm，交合伞小，腹肋并行，其基部为一总干。侧肋基部亦为一总干，前侧肋细小，中侧肋和后侧肋较大。外背肋细小，自背肋基部分出。背肋粗壮，远端分为 4 个小支。交合刺两根，有引器和副引器。雌虫长 30～45mm，阴门靠近肛门。卵呈长椭圆形，较大，灰白色，两端钝圆，卵壳薄，大小为 99.8～120.8μm×56～63μm，内含 32～64 个深灰色的胚细胞。

发育史较为复杂。虫卵随猪尿排出体外，在适宜的条件下，经 1～2 天孵出第一期幼虫，经 2 次蜕皮，变为第三期感染性幼虫。感染性幼虫侵入猪体内的途径有两条，经口感染和经皮肤感染。经口感染时，幼虫钻入胃壁，脱去鞘膜，变为第四期幼虫，然后随血流经门静脉循环到肝脏。经皮肤感染时，幼虫钻入皮肤或肌肉，变为第四期幼虫，然后随血流经肺和体循环到肝脏。幼虫在肝脏内停留并进行第 4 次蜕皮，后穿过肝包膜进入腹腔，移行到肾脏或输尿管组织中形成包囊，并发育为成虫。少数幼虫在移行中误入其他器官，如脾脏、腰肌和脊髓等，均不能发育为成虫而死亡。从感染性幼虫侵入猪体到发育为成虫，一般需要 6～12 个月。

猪冠尾线虫病的严重程度和感染季节，随各地气候条件不同而异。在我国南方，猪感染冠尾线虫病多在每年 3～5 月份和 9～11 月份发生。虫卵和幼虫对干燥和直射阳光的抵抗力很弱。虫卵对化学药物的抵抗力很强，在浓度为 1% 的氢氧化钾、硫酸铜等溶液中，均不被杀死。1% 的漂白粉或石炭酸溶液，有较高的杀虫力。

感染性幼虫多分布于猪舍的墙根和猪排尿的地方，其次是运动场中的潮湿处。冠尾线虫病在集体猪场流行严重，在分散饲养的情况下较轻。猪舍空气流通，阳光充足，干燥，经常打扫，猪舍和运动场的地面用石料墁砌，或用水泥或三合土修筑，均可减少感染。

无论幼虫或成虫，致病力都很强。幼虫钻入皮肤时，使皮肤发生红肿和小结节，且常引起化脓性皮炎，尤以腹部皮肤最常发生。同时，附近体表淋巴结常肿大。幼虫在猪体内移行时，可损伤各种组织，其中以肝受害最严重，导致肝小叶间结缔组织增生，肝硬化，肝机能障碍，并引起贫血、黄疸和水肿。若带入细菌，可引起肝脓肿。在肺脏中的幼虫能引起卡他性肺炎；幼虫误入腰椎部形成包囊时，压迫神经，引起后躯麻痹。成虫在输尿管壁上形成包囊，有小孔与输尿管相通，一旦管壁或包囊损伤时，尿液即流入腹腔，引起腹膜炎而死亡。成虫寄生于肾盂时，使肾盂肿大，结缔组织增生。如带进细菌，可引起肾盂肾炎，以至肾盂脓肿。成虫寄生于肾周围脂肪时，形成白色胶状的脓性糜烂物（图 3-81，图 3-82，图 3-83，图 3-84）。

图 3-81　肾内有齿冠尾线虫（*S. dentatus*）

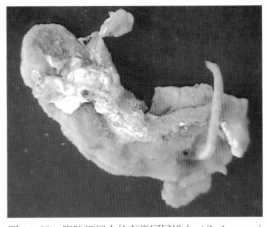

图 3-82　脂肪组织内的有齿冠尾线虫（*S. dentatus*）

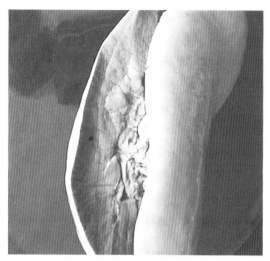

图 3-83 有齿冠尾线虫（*S. dentatus*）
感染的肾脏

图 3-84 有齿冠尾线虫（*S. dentatus*）
感染的肝脏

　　猪无论大小，患病之初均出现皮肤炎症，有丘疹和红色小结节，体表局部淋巴结肿大。其他症状主要表现为食欲不振，精神萎靡，逐渐消瘦，贫血，被毛粗乱。随着病程的发展，病猪出现后肢无力，跛行，走路时后躯左右摇摆。尿液中常有白色黏稠的絮状物或脓液。有时可继发后躯麻痹或后肢僵硬，不能站立，拖地爬行。仔猪发育停滞，母猪不孕或流产，公猪性欲减低或失去交配能力；严重的病猪，多因极度衰弱而死。

　　尿液检查发现大量虫卵，或剖检发现虫体时，即可确诊。

　　治疗可用左旋咪唑、丙硫苯咪唑、氟苯咪唑等药物驱虫。

　　预防应采用综合措施。包括保持猪舍和运动场的卫生，定期消毒，加强饲养管理，隔离病猪。断奶仔猪应隔离到未经污染的猪舍内饲养。断奶仔猪进入康复猪舍后，应进行驱虫。

　　属圆线目（Strongylata）。口囊杯状，发达，无叶冠。口囊前方形成一个厚的边缘，齿有或无。雄虫显著小于雌虫。雄虫交合伞发达，交合刺等长或不等长，有引器或缺；雌虫尾端圆锥形，阴门在体前部或中部。虫卵呈卵圆形，中等大小。寄生于鸟类气管。重要的有比翼属（*Syngamus*）。

禽 比 翼 线 虫 病

　　本病是比翼属（*Syngamus*）的线虫寄生于鸡、雉、吐绶鸡、珍珠鸡、鹅和多种野禽的气管和肺内引起的。病禽有张口呼吸的症状，故又称开口病。呈地方性流行，主要侵害幼禽，患鸡常因呼吸困难导致窒息而死。

　　本属虫体红色。头端大，呈半球形。口囊宽阔，呈杯状，外缘形成一个较厚的角质环，底部有三角形小齿。雌虫远比雄虫大，阴门位于体前部；雄虫细小，交合伞厚，肋短粗，交合刺小。主要的种有两种。

斯克里亚宾比翼线虫（S. skrjabinomorpha）雄虫长 2～4mm，雌虫长 9～26mm。口囊底部有 6 个齿。卵呈椭圆形，大小为 $90\mu m \times 49\mu m$，两端有厚的卵盖。

气管比翼线虫（S. trachea）雄虫长 2～4mm，雌虫长 7～20mm。口囊底部有 6～10 个齿。虫卵大小为 $78～110\mu m \times 43～46\mu m$，两端有厚的卵盖，卵内有 16 个胚细胞。

雌虫产出的虫卵随气管黏液到口腔，被咽入消化道后，随粪便排到体外，也可被咳出。卵在适宜的条件下发育形成含第三期幼虫的感染性虫卵。感染途径有三条：（1）感染性虫卵被终末宿主啄食；（2）感染性幼虫从卵内孵化，终末宿主摄食了幼虫；（3）感染性虫卵或幼虫被贮藏宿主摄食，再随贮藏宿主转入终末宿主体内。许多无脊椎动物如蛞蝓、螺、蝇和蚯蚓，均可充当贮藏宿主。终末宿主经口感染后，幼虫钻入肠壁，经血流到肺，再转至肺泡。之后幼虫上行到细支气管和支气管，发育为成虫。成虫的寿命随终末宿主之种类而不同，在鸡和吐绶鸡为 147 天。

感染主要发生于鸡舍、运动场、潮湿的草地和牧场。雏禽大量密集时，往往普遍严重感染。感染性幼虫在外界环境中的抵抗力较弱，但在蚯蚓体内经 4 年 4 个月仍对幼鸡有感染性，在蛞蝓和蜗牛体内，可活 1 年以上。

幼虫移行通过肺时，引起肺溢血、水肿和大叶性肺炎。成虫以其头部深入气管黏膜下层吸血，引起卡他性气管炎。

幼雏感染 3～6 条虫体，即出现症状。本病的特异性症状是伸颈，张口呼吸，头左右摇甩，力图排出黏性分泌物，有时在甩出的分泌物中见有少量虫体。初期食欲减退，消瘦，口内充满多泡沫的唾液。其后呼吸困难，窒息而死。大龄或感染较轻的禽类多能康复，或无明显症状。

打开病禽口腔，常能发现喉头附近的虫体。粪便检查可发现虫卵，易于确诊。可用噻苯唑、甲苯唑或苯硫咪唑等药物驱虫。

预防应保持禽舍和运动场干燥，定期消毒。尽可能避免在贮藏宿主多的地方放养。尽可能改自由放养为舍饲。火鸡与鸡分开饲养。防止野鸟进入鸡舍。

第十六节　毛尾科（Trichuridae）

属毛尾目（Trichurata）。中等至大型虫体，虫体鞭状，体后部膨大，约占体长的 2/5，包含生殖器官和肠管。前端很细，线状，占体长的 3/5，内含食道。口简单，无唇。雄虫交合刺一根。雌虫阴门开口于食道的后端。卵生，卵壳厚，腰鼓形，两端有塞。寄生于脊椎动物。重要的有毛尾属（Trichuris）。

猪、羊毛尾线虫病（猪、羊鞭虫病）

本病是由毛尾属的线虫寄生于大肠（主要是盲肠）引起的，又称毛首线虫病或鞭虫病。我国各地都有报道。主要危害幼畜，严重感染时，可引起仔猪死亡。羊也有死亡报道。

本属虫体呈乳白色。前为食道部，细长，内含由一串单细胞围绕着的食道，后为体部，短粗，内有肠和生殖器官。雄虫后部弯曲，泄殖腔在尾端，有一根交合刺，包藏在有刺的交合刺鞘内；雌虫后端钝圆，阴门位于粗细部交界处。卵呈棕黄色，腰鼓形，卵壳厚，两端有塞（图3-85）。

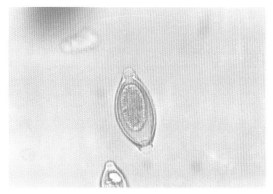

图3-85 羊毛尾线虫（T. ovis）虫卵

猪毛尾线虫（T. suis）雄虫长20～52mm，雌虫长39～53mm，食道部占虫体全长的2/3，虫卵大小为52～61μm×27～30μm（图3-86，图3-87）。寄生于猪的盲肠，也寄生于人、野猪和猴。

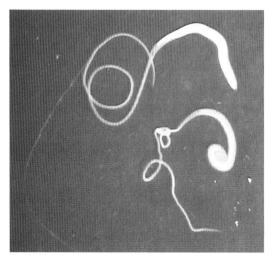

图3-86 猪毛尾线虫（T. suis）雌雄虫体

图3-87 猪毛尾线虫（T. suis）雄虫交合刺

绵羊毛尾线虫（T. ovis）雄虫长50～80mm，雌虫长35～70mm。食道部占虫体全长的2/3～4/5。虫卵大小为70～80μm×30～40μm。寄生于绵羊、牛、长颈鹿和骆驼等反刍兽的盲肠。

球鞘毛尾线虫（T. globulosa）交合刺鞘的末端膨大成球形。寄生于骆驼、绵羊、山羊和牛等反刍兽的盲肠。

狐毛尾线虫（T. vulpis）成虫体长40～70 mm。前部约占体全长的3/4。寄生于犬和狐的盲肠。

猪毛尾线虫的雌虫在盲肠产卵，卵随粪便排出体外。卵在适宜的条件下，发育为感染性虫卵，猪吞食了感染性虫卵后，第一期幼虫在小肠后部孵出，钻入肠绒毛间发育，后移行到盲肠和结肠内，固着于肠黏膜上，感染后30～40天发育为成虫。成虫寿命为4～5个月。绵羊毛尾线虫在盲肠内发育为成虫需12周。

本病幼畜感染较多。一个半月龄的猪即可检出虫卵，4月龄的猪，感染率和感染强度均急剧增高，14月龄的猪极少感染。感染性虫卵可在土壤中存活5年。

本病病变局限于盲肠和结肠（图3-88，图3-89）。虫体头部深入黏膜，引起盲肠和结肠的慢性炎症。有时有出血性肠炎。严重感染时，盲肠和结肠黏膜有出血性坏死、水肿和溃疡，还有与结节虫病相似的结节。

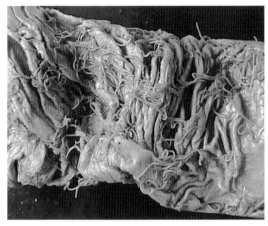 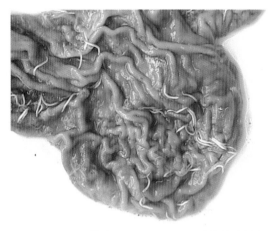

图3-88 盲肠上感染的毛尾线虫（*Trichuris* sp.）　　图3-89 毛尾线虫（*Trichuris* sp.）感染的猪结肠

轻度感染时，有间歇性腹泻，轻度贫血，影响猪的生长发育。严重感染时，食欲减退，消瘦，贫血，腹泻。死前数日，排水样血色便，并有黏液。

用粪便检查法发现大量虫卵或剖检时发现虫体，即可确诊。用左旋咪唑、苯硫咪唑等药物驱虫。预防同猪蛔虫病。

第十七节　毛细科（Capillariidae）

属毛尾目（Trichurata）。与毛尾科十分相似，但虫体前部与后部粗细变化逐渐进行，分界不突然。重要的为毛细属（*Capillaria*）。

禽毛细线虫病

病原为毛细属的虫体。基本上所有的陆栖脊椎动物都能感染毛细线虫，不同种类寄生部位严格，可据此对虫种作出初步判断。

本属虫体细小，呈毛发状，构造与毛尾线虫相似。前部稍细，为食道部，后部稍粗，包含着肠管和生殖器官。雄虫有交合刺一根和鞘，有的只有鞘而没有交合刺。虫卵两端有塞。家禽的毛细线虫有4种。

有轮毛细线虫（*C. annulata*）虫体前端有一个球状角皮膨大。雄虫长15～25mm，有交合刺；雌虫长25～60mm。虫卵大小为55～60μm×26～28μm。寄生于鸡的嗉囊和食道。

鸽毛细线虫（*C. columbae*）亦称封闭毛细线虫（*C. obsignata*）雄虫长8.6～10mm，交合刺长1.2mm，交合刺鞘长达2.5mm，有细横纹。尾部两侧有铲状的交合伞。雌虫长10～12mm，虫卵大小为48～53μm×27～31μm。寄生于鸽、鸡和吐绶鸡的小肠。

膨尾毛细线虫（*C. caudinflata*）雄虫长 9～14mm，食道部约占虫体的一半，尾部侧面各有一个大而明晰的伞膜。交合刺圆柱状，很细，长 1.1～1.58mm。雌虫长 14～26mm，食道部约占虫体全长的 1/3，阴门开口于一个稍为膨隆的突起上。虫卵大小为 41～56μm×24～28μm。寄生于鸡、鸽的小肠。

鹅毛细线虫（*C. anseris*）雄虫长 10～13.5mm，雌虫长 16～26.4mm。虫卵大小为 41～56μm×24～28μm。寄生于家鹅和野鹅的小肠前半部，也见于盲肠。

鸽毛细线虫的发育属于直接发育。有轮毛细线虫和膨尾毛细线虫属间接发育，需要蚯蚓作为中间宿主。卵在中间宿主体内孵化为幼虫，蜕皮，发育为感染性幼虫。家禽吞食感染性幼虫或含有感染性幼虫的蚯蚓而感染。

患禽临床症状表现为食欲不振，消瘦，贫血，经常换羽，产蛋量减少，严重时导致死亡。剖检可见寄生部位消化道出血，出现炎症和增厚，有黏性或脓性分泌物。诊断可根据虫卵检查、剖检结果做出。治疗可用左旋咪唑、甲苯咪唑等。

第十八节 毛形科（Trichinellidae）

属毛尾目（Trichurata）。小型虫体。雌虫长大于雄虫。体后部略大于前部。口简单。食道长，在雄虫达体长的一半。雌雄虫肛门均位于体末端或亚末端。雄虫无交合刺和交合刺鞘。雌虫阴门位于食道后或食道区。卵巢、子宫单个。卵生或卵胎生。寄生于哺乳动物，成虫寄生于肠管，幼虫寄生于肌肉。重要的为毛形属（*Trichinella*）。

旋 毛 虫 病

病原为毛形属的旋毛形线虫（*T. spiralis*），感染人、猪、犬、猫、鼠类、狐狸、狼、野猪等。成虫寄生于十二指肠和空肠，幼虫寄生于同一宿主的横纹肌。人旋毛虫病可以致死，感染来源于摄食了生的、或未煮熟的含旋毛虫包囊的猪肉，故肉品检验中将旋毛虫列为首要项目。本病为世界性分布，我国大部分省份都有发生，个别省份流行严重，为自然疫源性疾病。

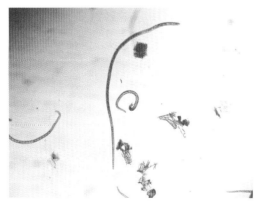
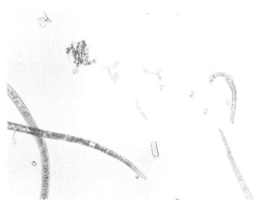

图 3-90　旋毛虫（*T. spiralis*）雌雄成虫　　　　图 3-91　旋毛虫（*T. spiralis*）新生幼虫

虫体成虫细小，肉眼几乎难以辨识。前端细，为食道部；后部粗，包含着肠管和生殖器官。粗部占虫体全长一半多。雄虫长 1.4～1.6mm，尾端有泄殖孔，其外侧为一对呈耳状的悬垂的交配叶，内侧有 2 对小乳突。缺交合刺。雌虫长 3～4mm，阴门位于食道部的中央。胎生（图 3-90，图 3-91）。

　　刚刚产出的幼虫呈圆柱状，长 80～120μm。幼虫前端尖细，向后逐渐变宽，尾端钝。后部包含着肠管和生殖器官。幼虫位于横纹肌纤维内的包囊中。包囊形态呈梭形，长轴与肌纤维方向相同。包囊有两层壁，内含一条或多条幼虫（图 3-92，图 3-93，图 3-94，图 3-95）。

图 3-92　旋毛虫（*T. spiralis*）

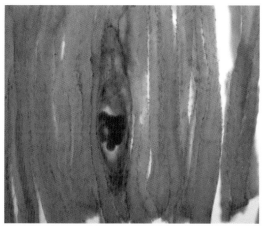

图 3-93　旋毛虫（*T. spiralis*）（包囊内多个虫体）

图 3-94　旋毛虫（*T. spiralis*）（包囊内单个虫体）

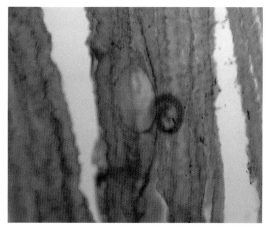

图 3-95　旋毛虫（*T. spiralis*）（虫体在囊外）

　　动物吃了含有包囊幼虫的动物肌肉而感染。包囊在胃内溶解，释出幼虫，进入十二指肠、空肠，很快发育为成虫。雌雄虫交配后雄虫死去，雌虫在肠腺、黏膜下淋巴间隙发育，并直接产幼虫。雌虫寿命不超过 5～6 周。幼虫经肠系膜淋巴结入血液循环，到达全身各处，但只有进入横纹肌纤维内的可进一步发育。以肋间肌、膈肌、舌肌、嚼肌中较多。感染后第 21 天开始形成包囊，第 7～8 周完全形成。初期包囊很小，最后可达 0.25～0.5mm，肉眼可见。包囊呈梭形，其长轴与肌纤维平行，有两层壁，一般含 1 条幼虫，但有的可达 6～7 条。约 6 个月后，包囊发生钙化。钙化后，幼虫不一定死亡，仍有活力，但其感染力大为降低。包囊内幼虫的生存时间可达 25 年之久。

旋毛虫病分布于世界各地，宿主包括人、猪、犬、鼠等49种动物。猪的感染来源有三：一是食用了生猪屠宰、加工、运输等各个环节所产生的废弃物和泔水；二是吞食了死鼠；三是食入某些动物的粪便，其粪便内含有消化不完的旋毛虫肉肌纤维。犬的活动范围广，主要吃了生肉和粪便而感染。人多因食用生肉或腌制、烧烤不当的肉制品而感染，加工肉制品时用具沾有旋毛虫包囊污染其他食品也可造成感染。

旋毛虫病主要是人的疾病，不仅影响健康，且可造成死亡。人的旋毛虫病可以分为由成虫引起的肠型和由幼虫引起的肌型。肠型成虫侵入肠黏膜时，引起肠炎，严重时由带血性腹泻。病变包括肠炎、黏膜增厚、水肿、黏液增多和淤血性出血。幼虫进入肌肉，出现肌型症状，特征为急性肌炎、发热和肌肉疼痛。同时出现吞咽、咀嚼、行走和呼吸困难，眼睑水肿，食欲不振，消瘦。大部分患者感染轻微，多不显症状。严重感染时多因呼吸肌麻痹、心肌和其他脏器的炎性病变及毒素的刺激而引起死亡。

猪自然感染时，常无明显症状。

诊断主要靠肌肉中检出旋毛虫包囊，常用的方法为肌肉压片法和肌肉消化法检查幼虫。对于阳性猪肉应严格按国家有关规程处理。对于狗肉和其他野生动物肉，也应进行检验。虽然有人使用ELISA方法进行生前诊断，但由于该法对感染强度较低（每克肌肉少于1条虫）的动物检出率较低，在美国等国家并未被政府批准使用。

治疗可用甲苯咪唑、氟苯咪唑、丙硫咪唑等，但对猪意义不大。预防本病的主要措施为加强对各种肉品的卫生检验，发现含旋毛虫的肉应严格按肉品检验规程处理，以及改变人的饮食习惯，不食生猪肉，包括生的犬肉、熊肉等。

第十九节 膨结科（Dioctophymatidae）

属膨结目（Dioctophymata）。中等或较大的虫体。没有口吸盘。口孔围绕乳突，排列1、2或3圈，每圈乳突6个。体表有横纹，无棘。雄虫尾端交合伞为钟形，无肋。一根交合刺。雌虫阴门在体前半部，食道水平。寄生于哺乳动物泌尿和消化器官。重要的为膨结属（Dioctophyma）。

膨 结 线 虫 病

病原为膨结属的肾膨结线虫（D. renale），寄生于犬、貂和狐肾脏和腹腔，偶见于猪和人。

肾膨结线虫雄虫140～450mm×3～4mm。有一钟形交合伞，无肋，交合刺一根。雌虫200～1 000mm×5～12mm，阴门开口于食道后端处，肛门附近有数个小乳突。虫卵淡黄色，橄榄形，表面有许多小凹陷。大小72～80μm×40～48μm（图3-96）。

成虫排卵于宿主肾盂中，卵随尿液排出体外，被第一中间宿主蛭蚓类（环节动物）吞食，在其体内发育为第三期幼虫；当第二中间宿主淡水鱼或蛙类吞食蛭蚓类后，幼虫移行至肠系膜形成包囊。终宿主因摄食鱼类或蛙类而感染，幼虫穿出十二指肠移行到肾。

本病一般无症状，有的可见生长受阻，肾机能受损或有神经症状。剖检常发现右肾部分部位钙化，肾实质里面有膀胱状的包囊，内有虫体。诊断主要根据临床症状和尿中的虫卵确诊。对死亡病犬可剖检，观察肾脏中有无虫体。治疗可用丙硫苯咪唑、四咪唑、左旋咪唑。

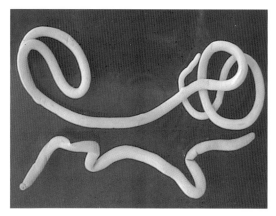

图 3-96 膨结线虫（*Dioctophyme* sp.）虫体（实物）

第二十节 │ 龙线科（Dracunculidae）

属驼形目（Camallanata）。体细长，雌虫显著比雄虫长，有的比较肥短。头端圆形，有的有棘。无唇。食道前方为肌质，后端为腺质，有的整个为腺质。成虫肛门和阴门闭塞。雄虫有交合刺。卵胎生。重要的为龙线属（*Dracunculus*）。

龙 线 虫 病

病原为龙线属的麦地那龙线虫（*D. medinensis*）。俗称几内亚线虫（*Guinea worm*），为最大的线虫之一，寄生于人的皮下结缔组织内，亦寄生于犬、猫、马、牛等家畜及狼、狐、猴、水貂等动物。主要分布于南亚和非洲，国内也有病例报道。

麦地那龙线虫雌虫长 100～400cm，阴门位于体中部，成熟的雌虫无阴门。子宫内有数以千计的幼虫。雄虫长仅 12～29mm。有生殖乳突 10 对，交合刺等长。雄虫不易找到，可能于交配后即死亡（图 3-97）。

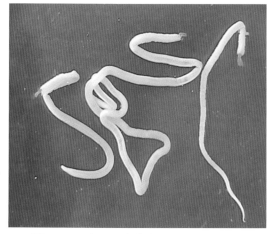

图 3-97 麦地那龙线虫（*D. medinensis*）
虫体（实物）

图 3-98 感染鸟蛇线虫（*Avioserpens* sp.）的鸭

　　雌虫成熟后移居宿主的手、足、背等部位的皮下组织，围绕虫体前部形成水疱和溃疡，宿主与水接触，虫体前部和子宫从溃疡处脱出、破裂，产幼虫于水中。幼虫被中间宿主剑水蚤吞食后，在其体内发育为感染性幼虫，终宿主因吞食剑水蚤而遭受感染。

　　感染麦地那龙线虫的病人有发烧、荨麻疹、皮肤瘙痒等症状。诊断依靠雌虫引起的皮肤水疱、溃疡伤口并同时检验伤处液体中的幼虫。治疗采用注射 Epinephrin 或 Adrenalin hydro-chloride。

　　此外，龙线科尚有台湾鸟蛇线虫（*Avioserpens taiwana*）感染鸭（图 3 - 98），寄生于皮下结缔组织内。

第二十一节　旋尾科（Spiruridae）

　　属旋尾目（Spirurata）。口孔常有 2 个分瓣的侧唇。有咽或有柱状的口囊。食道前方肌质，较窄、较短，后方腺质，较长、较宽。雄虫后端常螺旋卷曲，有侧翼和乳突。交合刺不等长不同形。雌虫阴门常开口于体中部，但位置可变。卵壳厚，排出时含有幼虫。成虫寄生于脊椎动物胃腔或胃壁。间接发育。重要的为柔线属（*Habronema*）和德拉西线虫属（*Drascheia*）。

柔　线　虫　病

　　病原为柔线属的蝇柔线虫（*H. muscae*）和小口柔线虫（*H. microstoma*）。寄生于马属动物的胃内。此外，蝇柔线虫的幼虫还可以引起马的皮肤和肺的柔线虫病。

　　蝇柔线虫虫体呈黄色或橙红色。口囊较小，头部有 2 片侧唇。咽呈圆筒形，有厚的角质壁（图 3 - 99）。雄虫长 8～14mm，尾端弯曲，有宽的尾翼。泄殖腔前乳突 4 对，泄殖腔后乳突 1 对或 2 对。交合刺 1 对，左交合刺纤细，右交合刺短粗。雌虫长 13～22mm，阴门位于身体的侧背面。卵呈圆柱形，稍弯，壳厚，大小为 $40～50\mu m×10～12\mu m$，内含幼虫。

　　小口柔线虫形态与蝇柔线虫相似，但较大。在咽的前部有 1 个背齿和 1 个腹齿。雄虫长 9～22mm，尾部弯曲，有泄殖腔前乳突 4 对。交合刺 1 对，大小不等。雌虫长 15～25mm，阴门位于虫体中部。阴道成 S 形弯曲，围绕着弯曲部有一个肌质球（图 3 - 100，图 3 - 101）。卵的大小为 $40～60\mu m×10～16\mu m$，内含幼虫。幼虫可在雌虫子宫内孵化。

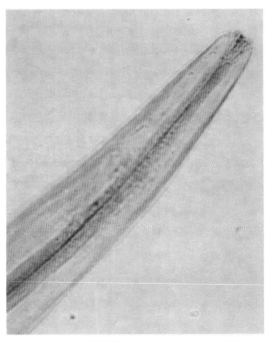

图 3 - 99　蝇柔线虫（*H. muscae*）头端

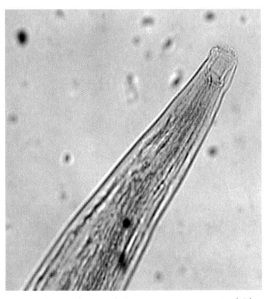

图3-100　小口柔线虫（*H. microstoma*）头端

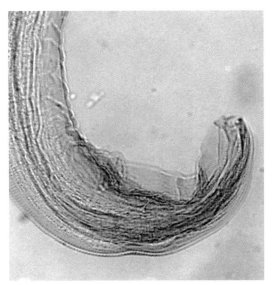

图3-101　小口柔线虫（*H. microstoma*）
雄虫尾部

两种柔线虫的生活史相似，发育需蝇类作为中间宿主。虫卵排出体外，被蝇蛆食入，并进入成蝇口器中。当蝇在马的唇部爬行时，幼虫逸出，由马吞入胃内寄生。此外，也可因马食入蝇而感染。

感染可引起轻度胃炎。严重感染时，病畜出现消瘦、食欲不振、消化不良和周期性的疝痛现象。此外，在夏季蝇类还常把幼虫释放到马伤口的表面，使之不易愈合，此即皮肤柔线虫病。落在马鼻黏膜的幼虫可以移行到肺形成柔线虫性结节。诊断靠虫卵检查，但粪中虫卵较少，有人建议取胃液检查。治疗可用二硫化碳或四氯化碳。

德拉西线虫病

病原为德拉西线虫属的大口德拉西线虫（*D. megastoma*）。寄生于马属动物的胃内。

大口德拉西线虫虫体头部有两片宽大而不分叶的侧唇，并有一条明显的横沟与体部隔开。咽呈漏斗形。雄虫长7～10mm，尾部短，呈螺旋状卷曲，泄殖腔前乳突4对。左交合刺长，右交合刺短。雌虫长10～13mm，尾部直或稍弯曲，尾端尖（图3-102，图3-103）。阴门位于虫体前1/3处。卵呈圆柱形，两端钝圆。卵胎生。

发育史属于间接型，以家蝇和厩螫蝇为中间宿主。粪便中的虫卵或幼虫被中间宿主吞咽后，在其体内发育为感染性幼虫。马属动物由于吞咽感染性幼虫或含有感染性幼虫的中间宿主而感染。

成虫感染经常导致马胃腺部产生相当大的肿瘤。肿瘤顶部有小孔。瘤内除含有虫体之外，还有干酪状脓性物，可严重影响胃的功能（图3-104，图3-105）。诊断和治疗参见柔线虫病。

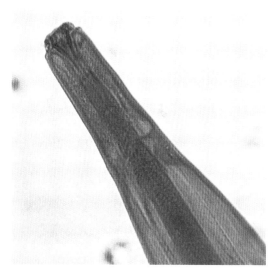

图 3 - 102　德拉西线虫（*Drascheia megastoma*）头端

图 3 - 103　德拉西线虫（*D. megastoma*）雄虫尾端

图 3 - 104　马胃腺部感染的大口德拉西线虫（*D. megastoma*）

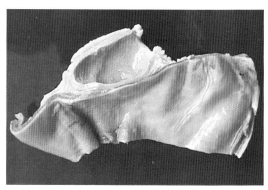

图 3 - 105　大口德拉西线虫（*D. megastoma*）感染形成的肿瘤孔

第二十二章　尾旋属（*Spirocercidae*）

属旋尾目（Spirurata）。口孔六角形。无唇。口腔壁厚。口周围有 6 个圆块，上有 1 个或 2 个乳突，环绕顶部。食道前方为肌质，短；后方为腺质，较长。雄虫尾部卷曲，有尾翼。有 4 对带柄的腔前乳突。腔后乳突 2 对。在尾部末端有小乳突 5 对。交合刺不对称，一长一短。雌虫阴门在体前方近食道部。卵壳厚，排出时常含幼虫。寄生于肉食兽哺乳动物。重要的为尾旋属（*Spirocerca*）。

旋尾线虫病

也称犬食道虫病。病原为旋尾属的狼尾旋线虫（*S. lupi*），寄生于犬、狐、狼和豺的食道壁、胃壁或主动脉壁。

病原虫体粗壮，呈螺旋形，粉红色。口周有 2 个分为三叶的唇片，食道短。雄虫长
30～54mm，尾部有尾翼和许多乳突，交合刺 2 根，不等长。雌虫长 54～80mm。卵壳厚，
产出时已含幼虫。

发育史需甲虫作为中间宿主。犬、狐等吞食了含感染性幼虫的甲虫而感染。若甲虫
被不适宜的动物如鸟类、两栖类、爬行类动物吞食，感染性幼虫即在这些动物体内形成
包囊，并可作为感染源。感染性幼虫钻入终末宿主胃壁动脉并随血流移行时，常引起组
织出血、炎症和坏疽性脓肿。幼虫离去后病灶可自愈，但遗留有血管腔狭窄病变，若形
成动脉瘤或引起管壁破裂，则发生大出血而死亡。成虫在食道壁、胃壁或主动脉壁中形
成肿瘤（图 3 - 106，图 3 - 107）。病犬出现吞咽、呼吸困难、循环障碍和呕吐等症状。根
据症状和粪便或呕吐物中发现虫卵即可确诊。治疗可用左旋咪唑或丙硫咪唑驱虫。

图 3 - 106　犬食道感染的尾旋线虫
（*Spirocerca* sp.）

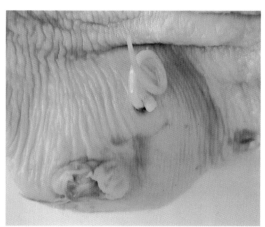

图 3 - 107　犬食道感染的尾旋线虫
（*Spirocerca* sp.）放大

第二十三节　似蛔科（Ascaropsidae）

属旋尾目（Spirurata）。口孔卵圆形或六角形。咽呈圆筒形，壁有环状或螺旋形增厚。
食道前短窄，后长宽。尾翼发达，交合刺不等长。雌虫阴门在体中部之前或之后。卵生。
寄生于哺乳动物。重要的有似蛔属（*Ascarops*）、泡首属（*Physocephalus*）和西蒙属
（*Simondsia*）。

似 蛔 线 虫 病

病原为似蛔属的圆形似蛔线虫（*A. strongylina*）和有齿似蛔线虫（*A. dentata*），寄
生于猪胃。我国许多地方都有本病发生。

圆形似蛔线虫咽壁上有 3 或 4 叠的螺旋形角质厚纹（图 3 - 108）。有 1 个颈翼膜，在
虫体左侧。雄虫长 10～15mm，右侧尾翼膜大，有 4 对腔前乳突和 1 对腔后乳突，不对称

分布。左交合刺比右交合刺长，且形状不同。雌虫长 16～22mm，阴门位于虫体中部的稍前方。虫卵壳厚，外有一层不平整的薄膜，内含幼虫，大小为 34～39μm×20μm。

有齿似蛔线虫（图 3 - 109）比圆形似蛔线虫大，雄虫长约 25mm，雌虫长约 55mm。口囊前部有 1 对齿。

图 3 - 108　圆形似蛔线虫（*A. strongylina*）头部　　　　图 3 - 109　有齿似蛔线虫（*A. dentata*）
虫体（实物）

圆形似蛔线虫和有齿似蛔线虫寄生于猪及野猪的胃中，分布比较普遍，圆形似蛔线虫国内报道较多。似蛔线虫的卵随粪便排出体外后，被中间宿主食粪甲虫吞食后，幼虫发育为感染性幼虫。猪由于吞食甲虫而遭感染。当不适宜的宿主吞食了带感染性幼虫的甲虫或感染性幼虫后，幼虫可以在这些宿主的消化壁中形成包囊。当终末宿主吞食了此类宿主后，幼虫仍可在猪体内正常发育。

临床一般无症状，当大量寄生时或抵抗力减弱时，会引起黏膜发炎，甚至溃疡。病猪食欲消失，生长发育受阻。剖检发现胃内有大量溶液，胃黏膜尤其是胃底部黏膜红肿，虫体游离于黏膜表面或部分埋入胃黏膜中。依据临床症状、虫卵检查或剖检发现大量虫体可作出诊断。驱虫可用左旋咪唑。

泡 首 线 虫 病

病原为泡首属的六翼泡首线虫（*P. sexalatus*），寄生于猪胃。

虫体（图 3 - 110）前部咽区角皮略为膨大，其后每侧有 3 个颈翼膜。颈乳突的位置不对称。口小，无齿。咽长，咽壁中部有圆环状的增厚，前、后部则为单线的螺旋形增厚。雄虫长 6～13mm，尾翼膜窄，对称。有泄殖腔前乳突和泄殖腔后乳突各 4 对。交合刺 1 对，左侧的比右侧的长。雌虫长 13～22.5mm，阴门位于虫体中部的后方。虫卵 34～39μm×15～17μm，壳厚，内含幼虫。

六翼泡首线虫的发育史与似蛔线虫相似，大量感染时，可引起胃炎。诊断和防治参见似蛔线虫病。

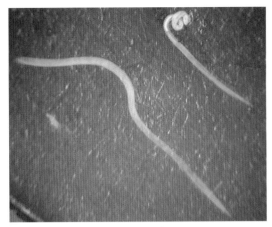

图 3 - 110　六翼泡首线虫（*Physocephalus sexalatus*）虫体（实物）

西 蒙 线 虫 病

病原为西蒙属的奇异西蒙线虫（*S. paradoxa*），寄生于猪胃。

虫体雌雄异形。咽有螺旋形增厚。有 1 对颈翼，口腔内有 1 个背齿和 1 个腹齿。雄虫线形，长 12～15mm，尾部呈螺旋状卷曲，游离于胃腔或部分埋入胃黏膜中。孕卵雌虫长15mm，后部呈球形，嵌入胃壁中的包囊内，前部纤细，突出于胃腔。卵呈圆形或椭圆形，长 20～29μm。可能以食粪甲虫作为中间宿主。大量感染时，引起胃炎和胃溃疡（图3 - 111，图 3 - 112）。诊断和防治参见似蛔线虫病。

图 3 - 111　奇异西蒙线虫（*Simondsia paradoxa*）感染所致猪胃病变

图 3 - 112　奇异西蒙线虫（*Simondsia paradoxa*）感染所致猪胃病变放大

第二十四节　颚口科（Gnathostomatiidae）

属旋尾目（Spirurata）。具有分三瓣的侧唇。唇后膨大成半球状的头球，表面布满横纹或有许多列小棘。雄虫有尾翼。雌虫阴门在体后半部。卵生。寄生于鱼类、爬行类和哺乳动物。重要的有颚口属（Gnathostoma）。

颚 口 线 虫 病

病原为颚口属的刚棘颚口线虫（G. hispidum）、陶氏颚口线虫（G. doloresi）和有棘颚口线虫（G. spinigerum），寄生于猪、犬、猫等的胃内。

刚棘颚口线虫（图 3-113）的新鲜虫体呈淡红色，表皮菲薄，可透见体内的白色生殖器官。头端呈球形膨大，上有 11 横列小棘。全身都有小棘排列成环。体前部的棘较大，呈三角形，排列较稀疏。体后部的棘较细，形状如针，排列紧密。雄虫长 15～25mm，有交合刺 1 对，不等长；雌虫长 22～45mm。虫卵呈椭圆形，黄褐色，一端有帽状结构（图 3-114）。感染猪。

图 3-113　刚棘鄂口线虫（Gnathostoma
hispidum）虫体（实物）

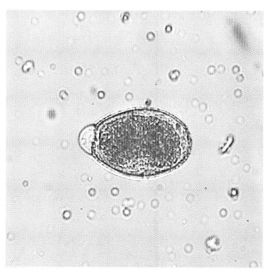

图 3-114　刚棘鄂口线虫（G. hispidum）虫卵

陶氏颚口线虫雄虫长 20～38mm，雌虫长 27～52mm。虫卵 52～67μm×31～37μm，两端各具一个透明的突起。感染猪。

有棘颚口线虫雄虫长 10～25mm，雌虫长 9～31mm。虫卵 60～79μm×35～42μm，卵壳表面具有颗粒和小棘，两端各具一个透明的突起。感染犬、猫等肉食兽。

颚口线虫的生活史相似。虫卵随终末宿主粪便排出体外，在水中孵出幼虫，幼虫被中间宿主水生蚤类吞食后，发育为感染性幼虫。感染性幼虫可以在保虫宿主如鱼类、蛙或蛇类体内形成包囊。终末宿主随饮水吞食

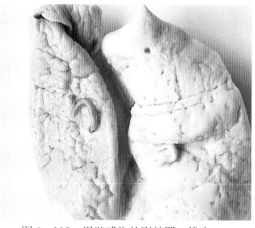

图 3-115　胃壁感染的刚棘鄂口线虫
（G. hispidum）

了含感染性幼虫的蚤类或吞食了保虫宿主的包囊而感染。

颚口线虫病临床上一般无症状。严重感染时，病猪呈剧烈的胃炎症状，食欲不振，营养障碍，呕吐，局部有肿瘤样结节（图 3-115）。剖检胃壁中形成空腔，周围的组织红肿、发炎，黏膜显著增厚。诊断根据临床症状和粪便检查虫卵，或剖检从胃内发现虫体确诊。治疗用左旋咪唑。

第二十五节　华首科（锐形科）（Acuariidae）

属旋尾目（Spirurata）。虫体前部存有由表皮增厚或凹陷形成的饰带或肩章样增厚。饰带向体后延伸再折回，或不折回。饰带间相互吻合或不吻合。唇片小，三角形。咽圆柱形。寄生于鸟类肌胃等处。重要的有锐形属（华首属）（Acuaria）。

锐 形 线 虫 病

病原为锐形属的旋锐形线虫（*A. spiralis*）和小钩锐形线虫（*A. hamulosa*）。主要感染禽类。

旋锐形线虫（图 3-116）前部有 4 条饰带，由前向后，然后折回，但不吻合。雄虫长 7～8.3mm。泄殖腔前乳突 4 对，泄殖腔后乳突 4 对，交合刺不等长，左侧的纤细，右侧的呈舟状；雌虫长 9～10.2mm，阴门位于虫体后部。卵壳厚，内含幼虫。寄生于鸡、火鸡、鸽子等的前胃和食道（图 3-117），罕见于肠。

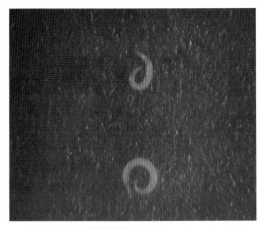

图 3-116　旋锐形线虫（*Acuaria spiralis*）
虫体（实物）

图 3-117　腺胃内的小钩旋锐形线虫
（*A. hamulosa*）

小钩锐形线虫前部有 4 条饰带，两两并列，呈不整齐的波浪形，由前向后延伸，几乎达虫体后部，但不折回，亦不相吻合。雄虫长 9～14mm，腔前乳突 4 对，腔后乳突 6 对。交合刺 1 对，不等长，左侧的纤细，右侧的扁平；雌虫长 16～19mm，阴门位于虫体中部的稍后方。寄生于鸡和火鸡的肌胃。

旋锐形线虫的虫卵被中间宿主等足类吞咽，在其体内发育为感染性幼虫。禽类吞食含有感染性幼虫的中间宿主而感染。小钩锐形线虫的生活史与旋锐形线虫相似，其中间

———118

宿主是蚱蜢（*Conocephalus saltator*）、拟谷盗虫（*Tribolium castaneum*）和象鼻虫（*Sitophilus oryzae*）。

禽类锐形线虫病轻度感染时不显致病力，严重感染时，有消瘦、下痢和贫血症状。剖检会发现胃部有溃疡、出血等炎症。诊断根据临床症状、粪便检查虫卵和剖检发现虫卵或虫体做出。治疗用噻苯唑或丙硫苯咪唑。

第二十六节 泡翼科（Physalopteridae）

属旋尾目（Spirurata）。虫体前端角质膜突起形成头领样结构。有两个侧唇，唇上有乳突。在唇的中央面有小齿。无咽。雄虫尾翼发达，前方与体腹面联合形成尾翼环。卵产出时已含已发育的幼虫。寄生于哺乳类、鸟类、爬行类的胃中。重要的有泡翼属（*Physaloptera*）。

泡 翼 线 虫 病

病原为泡翼属（*Physaloptera*）的包皮泡翼线虫（*P. praeputialis*）。主要寄生于猫及野生猫科动物的胃中，还可寄生于犬、狼、狐等肉食兽。

虫体坚硬（图 3-118），尾端的表皮向后延伸形成包皮样的鞘。有 2 个呈三角形的唇片，每个唇片的游离缘中部内面长有内齿，其外约同一高度处长有一锥状齿。雄虫长 13～40mm，尾翼发达，在泄殖腔前腹面会合。泄殖腔前有 4 对带柄乳突和 3 对无柄乳突，泄殖腔后有 5 对无柄乳突。交合刺 2 根，不等长。雌虫长 15～48mm，受精后阴门处被环状褐色胶样物质所覆盖。卵呈卵圆形，壳厚，光滑，大小为 49～58μm×30～34μm。

图 3-118 泡翼线虫（*Physaloptera* sp.）
虫体（实物）

发育为间接型。以直翅目和鞘翅目的昆虫如德国小蜚蠊（*Blatella germanica*）和蟋蟀（*Gryllus assimilis*）等为中间宿主。卵被中间宿主吞食后在其体内发育为感染性幼虫，终末宿主因吞食含有感染性幼虫的昆虫而感染。本种线虫世界性广泛分布，常导致病猫消瘦、贫血，被毛粗乱，食欲缺乏。重症粪便呈柏油色。剖检可见胃黏膜损伤和严重发炎，并有大量虫体。结合症状并从粪便中发现大量虫卵即可确诊。可用二硫化碳驱虫。

第二十七节 四棱科（Tetrameridae）

属旋尾目（Spirurata）。两性形态明显不同。雄虫线状，灰白色，交合刺不等长。雌虫红色，呈球形或螺旋形。重要的为四棱属（*Tetrameres*）。

四棱线虫病

病原为四棱属的美洲四棱线虫（*T. americana*）。寄生于鸡和火鸡的前胃。

雄虫长 5～5.5mm。雌虫长 3.5～4.5mm，宽约 3mm，呈亚球形，并在纵线部位形成 4 条深沟，其前端和后端自球体部突出，看上去好像是梭子两端的附属物（图 3-119）。

发育为间接发育。中间宿主包括一些直翅目昆虫如德国小蠊（*Blatella germanica*）和赤腿蚱蜢（*Melanoplus femurrubrum*）等。粪便中的卵被中间宿主吞食后发育为感染性幼虫，禽类因吞食含有感染性幼虫的昆虫而感染。虫体吸血，但最大危害是发生在幼虫移行到前胃壁时，造成明显的刺激和发炎，这种情况可引起鸡死亡。轻度感染无症状，严重感染有消瘦和贫血症状。剖检可从前胃的外面看到组织深处有呈暗黑色的成熟雌虫（图 3-120）。结合症状、虫卵检查或剖检发现大量虫体可作出诊断。可用噻咪唑或丙硫苯咪唑驱虫。

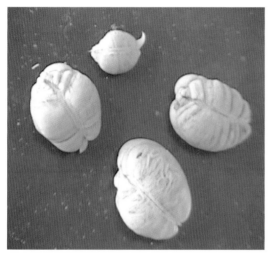

图 3-119　美洲四棱线虫（*Tetrameres americana*）雌虫（实物）

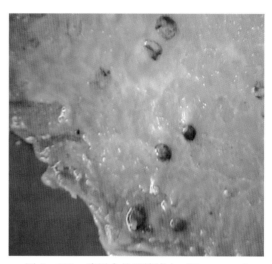

图 3-120　腺胃内的四棱线虫（*Tetrameres*）

第二十八节　吸吮科（Thelaziidae）

属旋尾目（Spirurata）。口囊发达，卵圆形或六角形。口孔周围有外圈乳突 4 个或 8 个，内圈乳突少。体表具有明显或不明显的角质环。雄虫尾翼有或无。交合刺等长或不等长。卵胎生。重要的有吸吮属（*Thelazia*）。

吸吮线虫病

病原为吸吮属的罗氏吸吮线虫（*T. rhodesii*）、大口吸吮线虫（*T. gulosa*）、斯氏吸吮线虫（*T. skrjabini*）、泪吸吮线虫（*T. lacrymalis*）和丽嫩吸吮线虫（*T. callipaeda*）。寄生于动物的眼结膜囊内。

罗氏吸吮线虫虫体呈乳白色，表皮上有明显的横纹。头端细小，有一小长方形的口囊。食道短，呈圆柱状。雄虫长 9.3～13.0mm，尾部弯曲，泄殖腔开口处不向外突出。左交合刺长，右交合刺短。有 17 对较小的尾乳突，14 对在泄殖腔前，3 对在泄殖腔后（图 3-121，图 3-122）。雌虫长 14.5～17.7mm，尾端钝圆，尾尖侧面上有一个小突起。阴门开口于虫体前部，开口处的角皮上无横纹，并略凹陷。胎生。分布于世界各地，是我国最常见的一种，寄生在牛、羊、山羊和水牛等的泪管结膜囊内。

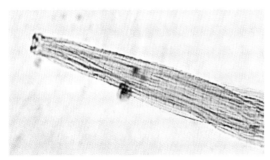

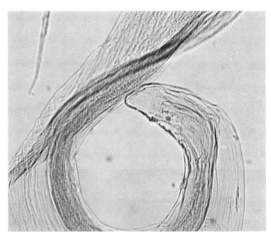

图 3-121　罗氏吸吮线虫（*Thelazia rhodesii*）前部

图 3-122　罗氏吸吮线虫（*T. rhodesii*）雄虫尾部

大口吸吮线虫虫体上有不明显的横纹，口囊呈碗状。雄虫长 6～9mm，两个交合刺不等长。有 18 对尾乳突，其中 4 对位于泄殖腔后。雌虫长 11～14mm，阴门开口于食道末端处，开口处的体表平坦。寄生于黄牛的结膜囊内。

斯氏吸吮线虫体表横纹极细，几乎不宜觉察，雄虫长 5.9mm，交合刺短，近于等长。雌虫长 11～19mm。寄生于黄牛眼内。

泪吸吮线虫虫体呈乳白色，角皮上无横纹。虫体长 8.7～14.4mm。头端细小，有一小而略呈长方形的口囊。食道短，呈圆柱形。雄虫尾部卷曲，左右两交合刺形状相似。雌虫尾端腹面有 1 对突起。通常寄生在马泪管里，很少发现于结膜囊，故平时不易发现。

丽嫩吸吮线虫虫体乳白色，表皮上有细横纹。雄虫长 7～11.5mm，有 11 个泄殖腔前乳突和 4 个泄殖腔后乳突。交合刺 2 根，左交合刺比右交合刺长 12 倍。雌虫长 7～17mm，阴门位于食道部。卵排出时已含幼虫，并迅速孵化，幼虫带鞘。寄生于犬瞬膜下。亦寄生于兔和人。

吸吮线虫的发育为间接发育，需要蝇作为中间宿主，如胎生蝇（*Musca larvipara*）、秋蝇（*M. autumnalis*）等。雌虫在结膜内产出幼虫，幼虫在蝇舔食终末宿主眼分泌物时被咽下，在其体内发育为感染性幼虫。带有感染性幼虫的蝇在舔食终末宿主眼分泌物时，感染性幼虫进入终末宿主体内，并最终发育为成虫。

本病的流行与蝇的活动季节有关，通常发生在温暖而潮湿的季节。各种年龄的宿主都易感染。临床上表现眼潮红、流泪和角膜浑浊等症状，病牛极度不安，摇头，常将眼部就其他物体上摩擦，食欲不振。确诊依靠在眼内发现吸吮线虫，也可用 3% 硼酸溶液，以强力冲洗第三眼睑和结膜囊，以肾形盘接取冲洗液，可在盘中发现虫体。治疗可用硼酸溶液、海群生溶液、左旋咪唑或甲氧嘧啶溶液滴眼驱虫。

第二十九节 | 筒线科（Gongylonematidae）

属旋尾目（Spirurata）。口具有 2 个不大的唇。体表面具有特别的角质板或片。重要的为筒线属（*Gongylonema*）。

筒 线 虫 病

病原为筒线属的美丽筒线虫（*G. pulchrum*）、多瘤筒线虫（*G. verrucosum*）和嗉囊筒线虫（*G. ingluvicola*）。感染多种动物。

美丽筒线虫（图 3-123）常回旋弯曲，状如锯刃。虫体前部有许多各种不同大小的圆形或卵圆形表皮隆起（图 3-124）。颈翼发达。唇小，咽短。雄虫长约 62mm，有尾翼膜，稍不对称。有许多排列不对称的尾乳突。左交合刺纤细，右交合刺粗短。有引器。雌虫长约 145mm，阴门开口于后部。虫卵内含成形的幼虫。寄生于绵羊、山羊、黄牛、猪、牦牛、水牛食道的黏膜中或黏膜下层，少见于马、驼、驴和野猪。有时见于反刍兽的第一胃。

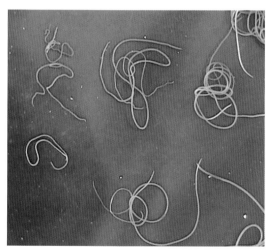

图 3-123　美丽筒线虫（*Gongylonema pulchrum*）虫体（实物）

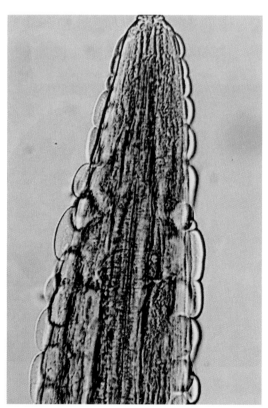

图 3-124　美丽筒线虫（*G. pulchrum*）头部

多瘤筒线虫新鲜虫体为淡红色，颈翼膜呈"垂花饰"状。表皮隆起仅见于虫体左侧。

雄虫长 32～41mm，左、右交合刺不等长；雌虫长 70～95mm。寄生于绵羊、山羊、牛和鹿的第一胃。

嗉囊筒线虫虫体粗壮，白色或黄色，角皮有横纹，体前部有纵行不规则排列的角皮隆起。雄虫长 17～20mm，左、右交合刺长差别极大；雌虫长 32～45mm。寄生于禽类嗉囊的黏膜下。

筒线虫的生活史是间接型。粪便中含有幼虫的卵在外界被中间宿主食粪甲虫吞食后，在其体内发育为感染性幼虫。终末宿主吞食了含有感染性幼虫的中间宿主而感染。最终发育为成虫。筒线虫的致病力不强或几乎无致病力。剖检可在黏膜面上看到呈锯刃形弯曲的虫体（图 3-125）。

图 3-125 寄生于黏膜片下的美丽筒线虫
（G. pulchrum）

通过镜检粪便中的虫卵或剖检发现虫体确诊。用哌嗪类药物驱虫。

第三十节 腹腔等处线虫病（丝状线虫病）

属丝虫目（Filariata）。成虫头部口周围有几丁质环，两侧有肩章样结构或有小齿。雌虫尾部长，有许多结节或 1 对侧突起。雄虫尾部也很长，无尾翼，有许多腹侧乳突。第一期幼虫前端有小棘围绕。在兽医学上重要的为丝状属（Setaria）。

丝 状 线 虫 病

病原为丝状属的马丝状线虫（S. equina）、鹿丝状线虫（S. cervi）［又称唇乳突丝状线虫（S. labiatopapillosa）］和指形丝状线虫（S. digitata），感染多种动物。

马丝状线虫（图 3-126）虫体呈乳白色线状。口孔周围有角质环围绕，环上有 2 个半圆形的侧唇、2 个乳突状的背唇和 2 个乳突状腹唇。头部有 4 对乳突，侧乳突较大，背、腹乳突较小。雄虫长 40～80mm，交合刺两根，不等长；雌虫长 70～150mm，尾端呈圆锥状。微丝蚴长 190～256μm。成虫寄生于马属动物的腹腔，有时也寄生于胸腔、盆腔和阴囊等处。幼虫可能出现于眼前房内，称浑睛虫，长可达 30mm。

鹿丝状线虫（图 3-127）口孔呈长形，角质环的两侧部向上突出成新月状

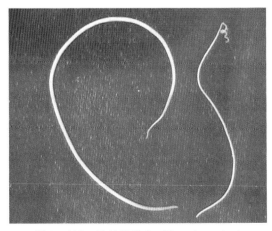

图 3-126 马丝状线虫（Setaria equina）
虫体（实物）

（较宽阔），背、腹面突起的顶部中央有一凹陷。雄虫长 40～60mm，交合刺两根，不等长；雌虫长 60～120mm，尾端为一球形的纽扣状膨大，表面有小刺。微丝蚴有鞘，长 240～260μm。寄生于牛、羚羊和鹿的腹腔。

指形丝状线虫（图 3-128）和鹿丝状线虫相似，但口孔呈圆形，口环的侧突起为三角形，且较鹿丝状线虫的为大。背、腹突起上有凹迹。雄虫长 40～50mm，交合刺两根，不等长；雌虫长 60～80mm，尾末端为一小的球形膨大，其表面光滑或稍粗糙。微丝蚴的大小与鹿丝状线虫相似。寄生于黄牛、水牛和牦牛的腹腔。

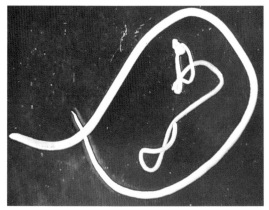 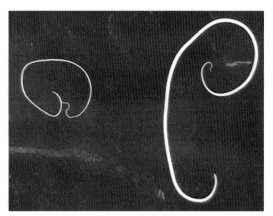

图 3-127　鹿丝状线虫（*S. cervi*）　　　　图 3-128　指形丝状线虫（*S. digitata*）
　　　　　　虫体（实物）　　　　　　　　　　　　　　　虫体（实物）

丝状线虫的发育属于间接型。中间宿主为吸血昆虫。马丝状线虫为埃及伊蚊（*Aedes aegypti*）、奔巴伊蚊（*A. pembaensis*）及淡色库蚊（*Culex pipiens*）。指形丝状线虫为中华按蚊（*Anopheles hyrcanus sinensis*）、雷氏按蚊（*A. hyrcanus lesteri*）、骚扰阿蚊（*Armigeres obturbans*）、东乡伊蚊（*A. togoi*）和淡色库蚊。鹿丝状线虫的可能是厩螫蝇或一些蚊类。成虫寄生于腹腔，并产生微丝蚴进入外周血液中。当中间宿主刺吸终末宿主血液时，微丝蚴进入中间宿主体内并发育为感染性幼虫，并移行到蚊的口器内。当蚊再次刺吸终末宿主的血液时，感染性幼虫进入终末宿主体内，发育为成虫。

成虫寄生于腹腔，致病作用不明显。但当指形丝状线虫的童虫错误地进入马属动物或羊体内时，可寄生于脑底部、颈椎和腰椎膨大部的硬膜下腔、蛛网膜下腔或蛛网膜与硬膜下腔之间，引起脑脊髓丝虫病，也称腰痿病。病畜早期症状是一侧或两侧后肢提举困难，蹄尖常拖地，后躯无力，感觉迟钝，无神。后期则沉郁，反射障碍，凝视，尾部摇动无力，后肢行走摇摆，易摔倒，有时肛门、直肠松弛而排粪困难，尿淋漓。当丝虫的童虫进入马、骡体内时，还能进入眼前房，引起浑睛虫病。马丝状线虫的幼虫也可引起牛的浑睛虫病。病畜畏光，流泪，眼房液浑浊，视力衰退。脑脊髓丝虫病难以治愈。浑睛虫病可观察到眼前房中有虫体游动。治疗以外科手术为主，即以刀尖或粗针头在距角膜下 0.2～0.3cm 处刺破角膜，虫体即随眼前房液流出。术后应以硼酸液冲洗并以抗生素滴眼。

第三十一节　丝虫科（Filaridae）

属丝虫目（Filariata）。口简单，成虫头部有几丁质环但无其他构造。在兽医学上重要的为恶丝虫属（*Dirofilaria*）和副丝虫属（*Parafilaria*）。

恶　丝　虫　病

病原为恶丝虫属的犬恶丝虫（*D. immitis*），寄生于犬的右心室和肺动脉，猫、狐、狼也能感染。

虫体（图 3 - 129）雄虫长 12～16cm，尾端螺旋状卷曲，有腔前乳突 5 对、腔后乳突 6 对，交合刺 2 根，不等长；雌虫长 25～30cm，尾部直，阴门开口于食道后端处。

雌虫产微丝蚴，出现于血液中。中间宿主为蚊。吸血时，微丝蚴进入蚊体内，发育为感染性幼虫，蚊再次吸血时，感染犬。

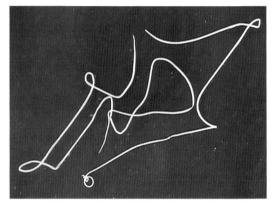

图 3 - 129　犬恶丝虫（*Dirofilaria immitis*）
虫体（实物）

患犬可发生慢性心内膜炎，心脏肥大及右心室扩张，严重时因静脉淤血导致腹水和肝肿大等病变。患犬表现为咳嗽、心悸，心内有杂音，腹围增大，呼吸困难。后期贫血增进，逐渐消瘦衰弱而死。患恶丝虫病的犬常伴有结节性皮肤病，以瘙痒和倾向破溃的多发性结节为特征。皮肤结节中心化脓，在其周围的血管内常见有微丝蚴。根据临床症状并在外周血液内发现微丝蚴即可确诊。治疗可用左旋咪唑、海群生。

副　丝　虫　病

病原为副丝虫属的多乳突副丝虫（*P. multipapillosa*）和牛副丝虫（*P. bovicola*）。寄生于动物的皮下组织和肌间结缔组织中。

多乳突副丝虫虫体丝状、白色，雄虫长 30mm，雌虫长 40～60mm。虫体表面布满横纹。重要的特征是虫体前端部，角皮的环纹上出现一些隔断，使环纹具有不规则间隔，并逐步成为一些乳突状的隆起，故称多乳突副丝虫。雄虫尾部短，尾端钝圆。泄殖腔前后均有一些乳突。交合刺 2 根。雌虫尾端钝圆，肛门靠近末端。阴门开口于接近前端的部位。雌虫产含幼虫的卵，虫卵大小为 50～55μm×25～30μm。寄生于马属动物的皮下组织和肌间结缔组织中。

牛副丝虫雄虫长 20～30mm，交合刺不等长。雌虫长 40～50mm，阴门开口于头端，肛门靠近尾端。与多乳突副丝虫的主要区别是：前部体表的横纹转化为角质脊，只在最后形成两列小的圆形结节。含幼虫的卵长 45～55μm，宽 23～33μm，孵出的幼虫长 215～

230μm，最大宽度 10μm。寄生于牛的皮下组织和肌间结缔组织中。

　　副丝虫的发育史尚未完全清楚。寄生于皮下和肌间结缔组织的雌虫移行到皮下时形成出血性小结，小结的出现多在温度不低于 15℃ 的季节。雌虫把前端穿入小结并把头部从小结顶部伸出，卵子随流出的血液附在马或牛的皮肤上，旋即孵出微丝蚴。微丝蚴被吸血昆虫舔食后，在中间宿主体内发育为感染性幼虫。吸血昆虫在终末宿主身上吸血时传播虫体。

　　感染副丝虫的马、牛寄生部位出现小结节，皮肤毛细管出血，出现所谓"血汗"现象。结节发生部位多在体上部，为半圆形肿块，周围毛竖起，结节充满血液。此后，小结破裂、出血，出血后的小结萎缩，辨认不清。体内的雌虫常转移位置产生新结节。破损的结节易受细菌的侵入产生组织化脓或组织坏死现象。诊断根据季节性、出血性结节及该创伤迅速消失的特点诊断牲畜的感染。从流出的血液里发现虫卵或微丝蚴可以确诊。可用海群生治疗。

第四章

棘头虫 （Acanthocephala）

一、一般形态

棘头虫属于棘头动物门（Acanthocephala）。虫体一般呈椭圆形、纺锤形或圆柱形等。大小为1~65cm，多数在25cm左右。虫体前体短，躯干较粗长。前端为一个可伸缩的吻突，上有许多角质的钩或棘，故称棘头虫。颈部较短，无钩或棘。躯干前部较宽，后部较细长。体表常有环纹，有的种有小刺，有假分节现象。呈红、橙、褐、黄或乳白色。

雄虫睾丸2个，圆形或椭圆形，前后排列，包裹在韧带囊中，附着于韧带索上。每个睾丸有一条输出管，汇合成一条输精管。睾丸的后方有黏液腺、黏液囊和黏液管。黏液管与射精管相连。虫体后端有一肌质囊状交配器官，其中包括有一个雄茎和一个可以伸缩的交合伞。

雌虫的生殖器官由卵巢、子宫钟、子宫、阴道和阴门组成。卵巢在背韧带囊壁上发育，以后逐渐崩解为卵球或浮游卵巢。子宫钟呈倒置的钟形，前端为一大的开口，后端的窄口与子宫相连；在子宫钟的后端有侧孔开口于背韧带囊或假体腔（当韧带囊破裂时）。子宫后接阴道；末端为阴门。

二、发　　育

棘头虫为雌雄异体，雌雄虫交配受精。受精卵在韧带囊或假体腔内发育。虫卵被吸入子宫钟内，未成熟的虫卵，通过子宫钟的侧孔流回假体腔或韧带囊中。成熟的虫卵由子宫钟入子宫，经阴道，自阴门排出体外。成熟的卵中含有幼虫，称棘头蚴（acanthor），其一端有一圈小钩，体表有小刺。棘头虫的发育需要中间宿主，中间宿主为甲壳类动物和昆虫。排到自然界的虫卵被中间宿主吞咽后，在肠内孵化，其后幼虫钻出肠壁，固着于体腔内发育，先变为棘头体（acanthella），而后变为感染性幼虫棘头囊（cystacanth）。终末宿主因摄食含有棘头囊的节肢动物而受感染。在某些情况下，棘头虫的生活史中可能有搬运宿主或贮藏宿主，它们往往是蛙、蛇或蜥蜴等脊椎动物。

第二节 | 少棘科（Oligacanthorhynchidae）

属寡棘吻目（Oligacanthorhynchida）。大型虫体，体表有许多横纹。吻突呈球形。吻囊相当短。睾丸细长，位于虫体前或后半部，8个黏液腺相当致密。虫卵为卵圆形。幼虫寄生于甲虫类昆虫，成虫寄生于鸟类和哺乳类。与兽医有关的为巨吻棘头属（*Macracanthorhynchus*）。

猪棘头虫病

病原为巨吻棘头属的蛭形巨吻棘头虫（*M. hirudinaceus*），寄生于猪、野猪、猫、犬及人的小肠，在我国普遍流行。

虫体（图4-1）长圆柱形，乳白色或淡红色，前部较粗，向后逐渐变细，体表有环状皱纹。头端有一个可伸缩的吻突，吻突上有5～6列强大向后弯曲的小钩，每列6个。雄虫长7～15cm，呈长逗点状；雌虫长30～68cm。虫卵长椭圆形，平均大小为91～47μm，深褐色，两端稍尖，卵壳由4层组成：外层薄而无色；第二层呈褐色，有细皱纹，两端有小塞样构造；第三层为受精膜，第四层不明显。卵内含有一幼虫称棘头蚴，头端有4列小棘（图4-2）。

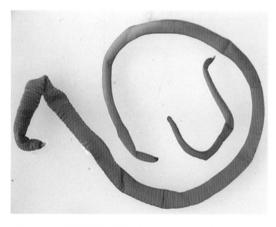

图4-1 蛭形巨吻棘头虫（*Macracanthorhynchus hirudinaceus*）虫体（实物）

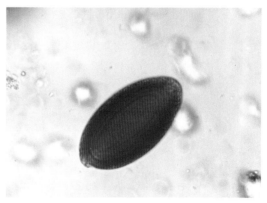

图4-2 蛭形巨吻棘头虫（*M. hirudinaceus*）虫卵

棘头虫的发育为间接发育，蛭形巨吻棘头虫的中间宿主为金花龟属（*Cetonia*）和鳃角金龟属（*Melolontha*）的金龟子（图4-3）及其他甲虫。粪便中的虫卵被中间宿主吞食后，棘头蚴在中间宿主内发育为棘头囊。终末宿主吞食含有棘头囊的中间宿主而感染。棘头囊在消化道中发育为成虫。

本病呈地方性流行，8～10月龄的猪感染率可高达60%～80%。金龟子一类的甲虫为感染来源。每年夏季为感染季节，与甲虫幼虫出现于早春至7月有密切关系。仔猪感染率低，后备猪感染率高。放牧猪比舍饲猪感染率高。

感染猪剖检见肠黏膜发炎，浆膜上虫体吸着部位有暗红色的小结节，甚至造成肠

图 4-3 蛭形巨吻棘头虫（*M. hirudinaceus*）中间宿主金龟子成虫及幼虫

壁穿孔（图 4-4）。严重感染棘头虫病的猪体温升高，食欲减退，下痢，粪便带血，多以死亡告终。幼年猪死亡率高于成年猪。少量感染时，病猪表现贫血、消瘦和生长发育停滞。诊断依靠粪便检查虫卵和剖检发现虫体。治疗可用噻咪唑、丙硫苯咪唑。

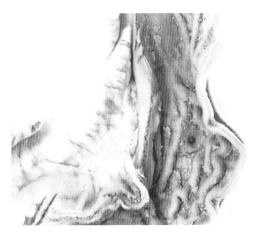

图 4-4 蛭形巨吻棘头虫（*M. hirudinaceus*）感染引起的肠道穿孔

第三节 多形科（Polymorphidae）和细颈科（Filicollidae）

属多形目（Polymorphida）。多形科体形小，体表有刺，吻突为卵圆形。吻囊壁双层，黏液腺 2~6 个，少数 8 个，一般为管状。寄生于脊椎动物，尤其是鸟类和哺乳类。与兽医有关的为多形属（*Polymorphus*）。

细颈科虫体不呈球状，但前面有刺，颈细长、黏液腺梨状或肾状至管状，卵壳中层膜无极状突起。为水禽类寄生虫。与兽医有关的为细颈属（*Filicollis*）。

鸭多形棘头虫与细颈棘头虫病

　　病原为多形属（*Polymorphus*）的大多形棘头虫（*P. magnus*）、小多形棘头虫
（*P. minutus*）、腊肠状多形棘头虫（*P. botulus*）及细颈科细颈属的鸭细颈棘头虫
（*F. anatis*）。主要感染禽类。

　　大多形棘头虫（图4-5，图4-6）虫体前端大，后端狭细，呈纺锤形。吻突小，上
有吻钩16～18列，每列8～10个。吻囊呈圆柱形。雄虫长9.2～11mm，睾丸卵圆形，斜
列，位于吻囊后方。睾丸后方有4条肠状并列的黏液腺。交合伞呈钟形，内有小的阴茎。
雌虫长12.4～14.7mm。卵呈长纺锤形，大小为113～129μm×17～22μm。在棘头蚴两端
有特殊的突出物。寄生于鸭、野鸭的小肠，主要流行于广东、四川和贵州。

图4-5　鸭多形棘头虫（*Polymorphus* sp.）虫体　　　图4-6　鸭多形棘头虫（*Polymorphus* sp.）头端

　　小多形棘头虫虫体较小，纺锤形。雌雄虫大小相似，均为2.79～3.94mm，前部体表
具有56～60纵列小棘，每列18～20个。吻突卵圆形，上有钩16列，每列7～8个（7个
多见）。吻囊发达，双层构造。雄虫睾丸为球形，斜列，位于吻囊后方。黏液腺腊肠状，
4条。生殖孔开口于虫体亚末端。虫卵细长，大小107～111μm×18μm，具有三层卵膜。
寄生于鸭小肠，分布于我国台湾等地。

　　腊肠状多形棘头虫虫体圆柱形，吻突卵圆形，上有小钩12～16列，每列7～8个。颈
部细长，前部体表具小棘。雄虫长13.0～14.6mm，宽3.08～3.70mm。吻突长0.65mm，
宽0.57mm。睾丸椭圆形，斜列，位于中部靠前。虫卵长椭圆形，大小71～83μm×
30μm，有三层同心圆的外壳。寄生于鸭小肠，分布于我国福建。

　　鸭细颈棘头虫虫体白色或黄白色，吻突上吻钩细小，体壁薄而呈膜状。雌雄虫大小
差异大。雄虫体小，体长68mm，宽1.4～1.5mm。颈短。吻突亚圆形，上有小钩18
列，每列有10～11个钩。睾丸卵圆形，斜列，位于虫体中部。黏液腺6个，肾形。末端
具有钟形交合伞。雌虫长20～26mm，宽44.3mm，具有细长的颈部，吻突球形。吻钩细
小退化，分布于吻突顶端，放射状排列。体表棘细小。虫卵卵圆形，大小75～84mm×
27～31mm。卵膜三层；外层膜薄；中层厚而致密，具光泽；内层薄。棘头蚴全身有小
棘。寄生于鸭等水禽小肠中段。分布于我国江苏、贵州等地。

　　生活史与蛭形巨吻棘头虫相似。大多形棘头虫的中间宿主为湖沼沟虾（*Gammarus lacustris*）、小多形棘头虫的中间宿主为蚤形沟虾（*G. pulex*）、河虾（*Potamobius astacus*）和罗氏钩虾（*Carinogammarus roeselli*），腊肠状棘头虫以岸蟹（*Carcinus moenus*）为中间宿主，鸭细颈棘头虫以等足类的栉水虱（*Asellus aquaticus*）为中间宿主。

　　致病作用与蛭形巨吻棘头虫相似，主要是以吻钩破坏肠黏膜的完整性（图4-7），引起肠黏膜发炎和黏膜深层组织溃疡，并形成结节。有时可造成肠穿孔，引发腹膜炎而死亡。

　　症状与蛭形巨吻棘头虫感染相似。诊断依靠粪便检查虫卵和死后剖检发现虫体。治疗可用噻咪唑、丙硫苯咪唑。

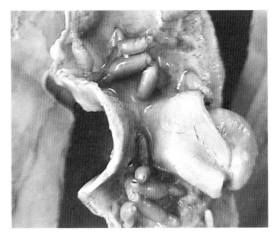

图4-7　小多形棘头虫（*P. minutus*）附着在肠黏膜上

第五章

蜱　螨（Acarina）

5

第一节 | 蜱螨的形态特征与发育

一、一般形态

属蛛形纲（Arachnida），蜱螨目（Acarian）。躯体呈椭圆形或圆形，分头胸和腹两部，或者头、胸、腹融合。口器为假头，突出在躯体前或位于躯体前端腹面。体表上部分几丁质硬化为板。幼虫有 3 对足，成虫为 4 对足。

蜱螨的身体分为假头和躯体。假头突出于躯体的前端。假头的基部称假头基（basis capitulum）。假头基的前方为口器。蜱螨的口器一般由一对居两侧的须肢（palp）和在其背侧的一对螯肢（chelicera）及腹侧的一个口下板（hypostome）组成。螯肢和口下板之间为口。

蜱螨躯体的腹面前部两侧有 4 对足，每足由体侧向外分为基节、转节、股节、胫节、后跗节和跗节。跗节末端有 2 爪，爪间有爪间突，有些种类的爪间突变为吸盘。蜱类跗节上有哈氏器（Haller's organ）。躯体的背面或腹面常有几丁质构成的板。肛门多位于躯体腹面的后部，生殖孔也在腹面，但其位置各有不同。

二、发　　育

蜱螨类的生活史为不完全变态，可分为卵、幼虫、若虫和成虫四个时期。若虫除身体较小且无生殖孔以外，其余和成虫相似。

硬蜱雌性成蜱吸饱血后离开宿主，经过一段时间才开始产卵。卵产出后孵化出幼蜱。幼蜱孵出后经过几天的休止期，开始寻找宿主吸血，饱血后蜕变为若蜱。若蜱经过吸血再蜕变为成蜱。在饥饿状态下蜱寿命最长，一般可生活一年。饱血后的成蜱寿命较短，雄蜱一般可活 1 个月左右，雌蜱产完卵后 1～2 周死亡。有的蜱生活史各期均在一个宿主上度过，称为一宿主蜱。有的幼蜱和若蜱在同一宿主上吸血，若蜱饱血后落地，蜕变为成蜱，成蜱再寻找另一宿主吸血，称为二宿主蜱。有的幼蜱、若蜱和成蜱在 3 个不同的宿主上吸血，称为三宿主蜱。

软蜱多在夜间吸血，之后脱落，隐藏在宿主的居处。疥螨和痒螨均营终生寄生生活，离开宿主就会死亡。

第二节　硬蜱科（Ixodidae）

属蜱螨亚目（Acarina）蜱亚目（后气门亚目，Ixodides），硬蜱科（Ixodidae）。呈红褐色，背腹扁平，躯体呈卵圆形，背面有几丁质盾板，眼 1 对或缺。气门板 1 对，发达，位于足基节Ⅳ后外侧。虫体芝麻至米粒大，雌虫吸饱血后可膨胀达蓖麻籽大。硬蜱头、胸、腹融合在一起，分为假头与躯体两部分。

假头（图 5 - 1）位于躯体前端。假头基呈矩形、六角形、三角形或梯形。雌蜱假头基背面有一对孔区。假头基背面外缘和后缘的交接处有发达程度不同的基突，假头基腹面前部侧缘有 1 对耳状突。须肢位于假头前方两侧，左右成对，分 4 节，第 1 节较短小，第 2、3 节较长，第 4 节短小。螯肢可从背面看到，分为螯杆和螯趾，螯杆包在螯鞘内，螯趾分为内侧的动趾和外侧的定趾。口下板位于螯肢的腹方，与螯肢合拢形成口腔。螯肢腹面有纵列的逆齿（denticle），为吸血时穿刺与附着的重要器官。

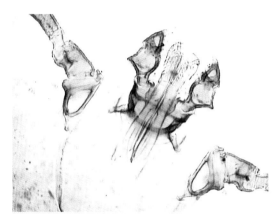

图 5 - 1　硬蜱（Ixodidae）假头

躯体为连接在假头基后的扁平蜱体部分，呈卵圆形，体壁革质。饱血的硬蜱，雌、雄虫体的大小相差悬殊。

躯体背面最明显的构造为盾板。雄蜱的盾板大，几乎覆盖躯体整个背面；雌蜱的盾板小，仅占躯体背面前部的小部分。盾板的色泽各不相同。盾板有点窝状刻点（punctation）。盾板前缘靠假头基处凹入部称为缘凹（emargination），其两侧向前突出形成肩突（scapula）。有的具眼，位于盾板的侧缘。盾板上有沟。多数硬蜱在盾板或躯体的后缘具方块状的结构称为缘垛（festoon），通常有 11 块，正中的一块有时较大，称为中垛，有的种类末端突出，形成尾突。

躯体腹面有足、生殖孔、肛门、气门和几丁质板等。生殖孔（genital opening）位于前部或靠中部正中。在生殖孔前方及两侧，有 1 对向后伸展的生殖沟。肛门（anus）位于后部正中，是一纵行裂口。在肛门之后或肛门之前有或无肛沟，一般为半圆形或马蹄形。有的种雄蜱腹面还有几块几丁质板，其数目因蜱属不同而异。典型的硬蜱属有腹板 7 块，生殖前板1块（图5-2），位于生殖孔之前。中板1块（图5-3），位于生殖孔与肛门之间。肛侧板1对，位于体侧缘的内侧。肛板1块（图5-4），位于肛门的周围，紧靠中板之后。副肛侧板1对（图5-5），位于肛侧板的外侧。有的种腹侧面有气门板1对，位于第4对足基节的后外侧，形状各异，呈圆形、卵圆形、逗点形成或其他形状，有的向后延伸成背突。

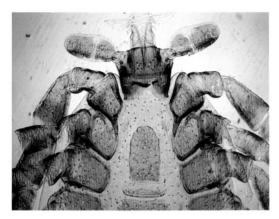

图5-2 硬蜱（Ixodidae）假头、
生殖前板、生殖孔

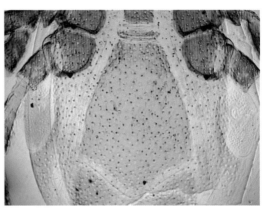

图5-3 硬蜱（Ixodidae）中板

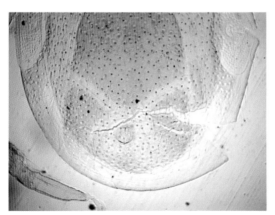

图5-4 硬蜱（Ixodidae）肛板

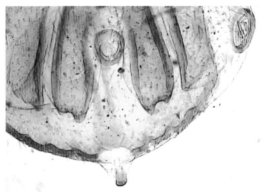

图5-5 硬蜱（Ixodidae）的肛孔、肛侧板、
副肛侧板、气门和尾突

足共4对，着生于腹面两侧。基节固定于腹面体壁，不能活动。其上通常着生距，靠后内角的称内距，靠后外角的称外距。转节及以下各足节均能活动。跗节末端具爪1对。第一对足跗节接近端部的背缘有哈氏器（Haller's organ）（图5-6）。

幼蜱的主要特征为有3对足（图5-7）。

在兽医学上重要的为硬蜱属（*Ixodes*）、璃眼蜱属（*Hyalomma*）、血蜱属（*Haemaphysalis*）、扇头蜱属（*Rhipicephus*）、革蜱属（*Dermacentor*）、牛蜱属（*Boophilus*）和花蜱属（*Amblyomma*）。

图 5-6 硬蜱（Ixodidae）哈氏腺

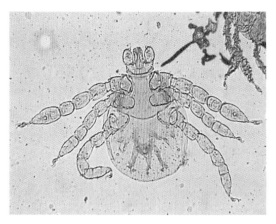

图 5-7 硬蜱（Ixodidae）幼虫腹面

硬 蜱 属

家畜的外寄生虫。

虫体特征为有肛前沟，盾板无花纹，无眼，无缘垛。气门板圆形或卵圆形。须肢和假头基的形状不一。雄性有盾板 7 块，即生殖前板 1 块、中板 1 块、肛板 1 块、肛侧板和副肛侧板各 1 对（图 5-8，图 5-9）。通常为三宿主蜱。

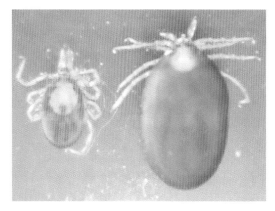

图 5-8 雌雄硬蜱（Ixodes sp.）的背面（实物）

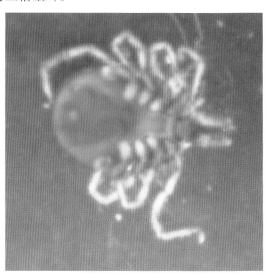

图 5-9 未吸血的硬蜱（Ixodes sp.）腹面（实物）

我国已有 16 个种，其中主要有全沟硬蜱（I. persulcatus），小型蜱。形态特征为，无缘垛，无眼，肛沟围绕肛门前方。假头基宽，五边形，腹面有钝齿状的耳状突，须肢长而宽扁。雄蜱腹面有 7 块板，中板后缘弧度较深。基节 I 内距细长，雌蜱末端达基节 II 前 1/3，雄蜱末端略超过基节 II 前缘。三宿主蜱。在东北地区成蜱在 4～7 月份活动，幼蜱和若蜱 4～10 月份活动，6 月和 9 月呈现两次高峰。一般 3 年完成一代，有时延长至 4 年或 5 年完成一代，以未吸血的幼蜱、若蜱和成蜱在自然界过冬。分布于东北各省、山西、新疆（阿勒泰）、西藏（普兰、亚东）。本蜱是牛巴贝斯虫、森林脑炎和莱姆病的主要传播媒介。不仅在越冬期能保存病原体，并能经变态期及经卵传递。

此外，还有中华硬蜱（*I. sinensis*），分布于安徽、浙江、福建各地。硬蜱同其他蜱一样，除了传播疾病外，还大量吸食动物的血液。寄生量大时，可以引起贫血、消瘦、发育不良、皮毛质量降低、产乳量下降等（图 5 - 10）。某些种的雌蜱唾液腺可分泌神经毒素，抑制肌神经接头处乙酰胆碱的释放，造成运动性纤维的传导障碍，引起急性上行性的肌萎缩性麻痹，称为"蜱瘫痪"。防治可采用：（1）消灭畜体上的蜱，可用手捉。也可用化学灭蜱，常用的药物有拟除虫菊酯类，如溴氰菊酯（商品名倍特 Butox）；有机磷类，如二嗪农（商品名螨净，Diazinon）；咪基类，如双甲醚（商品名特敌克，Tektic）等。可根据使用季节和对象，选用喷涂、药浴或粉剂涂洒等。（2）消灭畜舍内的蜱，可用有机磷杀虫药溶液进行喷洒，同时应堵塞缝隙。（3）消灭自然界的蜱。可采用清除杂草、灌木、翻耕土地和捕杀野生动物等。

图 5 - 10　羊眼周围的硬蜱（*Ixodes* sp.）

血　蜱　属

也称盲蜱。家畜的外寄生虫。

形态特征为，有肛后沟，盾板无花斑，无眼，有缘垛。假头基呈矩形，须肢宽短，第二节外侧突出，常超过假头基侧缘。雄虫腹面无几丁质板、气门板，雄虫呈卵形或逗点形，雌虫呈卵形或圆形（图 5 - 11）。为三宿主蜱。

图 5 - 11　雌雄血蜱（*Haemaphysalis* sp.）背面（实物）

在我国发现有 25 个种。兽医上有重要意义的有以下几个种。

长角血蜱（H.longicornis），为小型蜱。无眼，有缘垛，假头基矩形，须肢外缘向外侧中度突出，呈角状，第二节背面有三角形的短刺，腹面有一锥形的长刺。口下板齿式5/5。基节Ⅱ～Ⅳ内距稍大，超出后缘。盾板上刻点中等大，分布均匀而较稠密。寄生于牛、马、羊、猪、犬等家畜。三宿主蜱。在华北地区，一年发生一代；成虫 4～7 月份活动，6 月下旬为盛期；若虫 4～9 月份活动，5 月上旬最多，幼虫 8～9 月份活动，9 月上旬最多，以饥饿若虫和成虫越冬。主要生活于次生林或山地，分布于我国大多数地区。

二棘血蜱（H.bispinosa），形态与长角血蜱相似，区别点为较小，盾板刻点细而较少，基节Ⅱ～Ⅳ内距较短。寄生于马、牛、羊、猪、犬、猫及一些野生动物。主要生活于山野和农区，活动季节为 4～9 月份，以 6 月份最多。是犬吉氏巴贝斯虫的传播者，还可传播 Q 热。

青海血蜱（H.qinghaiensis），形态特征为须肢外缘不明显凸出，呈弧形而不呈角状，各跗节（尤其跗节Ⅳ）较粗短。雄蜱气门板长逗点形，雌蜱椭圆形。主要寄生于绵羊、山羊。三宿主蜱。一年一次变态，3 年完成 1 代。成蜱和若蜱 4～7 月份活动，5 月份最多，9 月份又出现，11 月份消失。生活于山区草地或灌木丛，是我国西北地区常见种。已被证实是羊泰勒虫病及牦牛瑟氏泰勒虫病的传播媒介。防治参见硬蜱病。

革 蜱 属

家畜的外寄生虫（图 5-12）。在我国重要的种有以下几种。

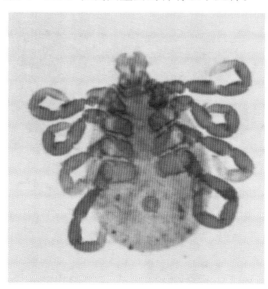

图 5-12　革蜱（Dermacentor sp.）雄虫腹面

草原革蜱（D.nuttalli）为大型蜱，形态特征为盾板有银白色珐琅斑，有缘垛，有眼，假头基矩形，转节Ⅰ背距钝圆。雌蜱基节Ⅳ外距不超过后缘。雄蜱气门板背突达不到边缘。成虫寄生于牛、马、羊等家畜及大型野生动物，幼虫和若虫寄生于啮齿类及小型兽类。三宿主蜱。分布于我国东北、华北、西北等地。一年发生一代，成虫活动季节主要在 3～6 月份，秋季也有少数成蜱侵袭动物。本蜱在我国是弩巴贝斯虫、马巴贝斯虫、布鲁氏菌的传播媒介。

　　森林革蜱（*D. silvarum*）（图5-13）形态与草原革蜱相似，区别点为转节Ⅰ背距显著突出，末端尖细。雄蜱假头基基突发达，约等于其基部之宽。末端钝。气门板长逗点形，背突向背面弯曲，末端伸达盾板边缘。雌蜱基节Ⅳ外距末端超出该节后缘。成虫寄生于牛、马等家畜，若虫、幼虫寄生于小啮齿类。主要生活在森林地区。分布于我国东北、华北、西北等省区。为三宿主型。自然界中一年发生一代。成蜱自2月末开始活动，3、4月数量最多，6月以后很少发现。幼蜱出现于6～8月，若蜱于7月上旬出现，8月中旬高峰，9月下旬消失，在自然界中主要以饥饿成蜱越冬。当年9月到第二年1月在宿主体上均能采到少量雄蜱。革蜱同其他蜱一样，除了传播疾病外，可以大量吸食动物的血液。该蜱在我国是驽巴贝斯虫、马巴贝斯虫及森林脑炎病毒的传播媒介。本属蜱的防治参见硬蜱病。

图5-13　雌雄森林革蜱（*D. silvarum*）背面（实物）

璃眼蜱属

　　家畜的外寄生虫。

　　本属蜱的特征为，有肛后沟；有眼，大而明显，呈半球形，突出，其周围略凹陷。假头基近于三角形，须肢窄长。多数虫种有缘垛，少数无缘垛。气门板形状各异，但雌虫常为逗点形。雄虫有肛侧板和副肛侧板各1对，有些种尚可见肛下板1～2对（图5-14，图5-15，图5-16，图5-17）。

图5-14　牛的璃眼蜱（*Hyalomma* sp.）背面（实物）

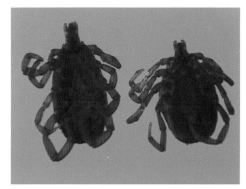

图5-15　牛的璃眼蜱（*Hyalomma* sp.）腹面（实物）

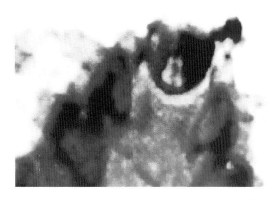

图 5-16 牛的璃眼蜱（*Hyalomma* sp.）的眼　　图 5-17 牛的璃眼蜱（*Hyalomma* sp.）的眼放大

在我国已发现有 8 种。其中残缘璃眼蜱（*H. detritum*）大型蜱，形态特征为：须肢窄长。盾板表面光滑，刻点稀少，眼相当明显，半球形。足细长，褐色或黄褐色，背缘有浅黄色纵带，各关节处无淡色环带。雄蜱背面中垛明显，淡黄色或与盾板同色；后中沟深，后缘达到中垛；后侧沟略呈长三角形。腹面肛侧板略宽，前端较尖，后端圆钝，副肛侧板末端圆钝，肛下板短小，气门板大，曲颈瓶形，背突窄长，顶突达到盾板边缘。雌蜱背面侧沟不明显；气门逗点形，背突向背方明显伸出，末端渐窄而稍向前。主要寄生于牛，在马、羊、骆驼等家畜也有寄生。二宿主蜱。主要生活在家畜的圈舍及停留处。一年发生一代。在内蒙古地区成虫 5 月中旬至 8 月中旬出现，以 6、7 月份数量最多，成虫在圈舍的地面，墙上活动，陆续爬到宿主体上吸血。交配后，饱血雌虫落地产卵。至 8、9 月间，幼虫孵化，爬到宿主身上吸血。尔后蜕变为成虫。在华北地区也有一部分幼虫在圈舍墙缝附近过冬，到 3～4 月份侵袭宿主。分布于北方各省，是牛泰勒原虫和驽巴贝斯原虫的主要传播者。

边缘璃眼蜱（*H. marginatum*）分布于四川，也是二宿主蜱，可传播牛泰勒原虫病和马巴贝斯原虫病。

小亚璃眼蜱（*H. anatolicum*）分布于新疆，是三宿主蜱，同样可传播牛泰勒原虫病和马巴贝斯原虫病。

亚东璃眼蜱（*H. asiaticum*）分布于内蒙古和西北地区。特征为足各关节有明显的淡色环；雄蜱后中沟达不到中垛，后中沟与后侧沟之间有稠密的细刻点，气门板背突细长呈曲颈瓶形。生活在荒漠或半荒漠草原，为三宿主蜱。成蜱 3～10 月份均见活动，春、夏季较多，一年发生一代，饥饿成蜱在自然界过冬。成蜱寄生于大型家畜和野生动物，幼蜱、若蜱寄生于小型野生动物。本属蜱的防治参见硬蜱病。

扇 头 蜱 属

重要的种为镰形扇头蜱（*R. haemaphysaloides*）（图 5-18，图 5-19，图 5-20）。寄生于水牛、黄牛、羊、犬、猪等家畜。家畜的外寄生虫。特征为雄蜱肛侧板呈镰刀形，内缘中部强度凹入，其下方凸角明显，后缘与外缘略直或微弯；副肛侧板短小，末端尖细。三宿主蜱。3～8月份在宿主体上发现成虫。常见于我国南方各地农区或山林野地。已被确定为水牛巴贝斯虫、马巴贝斯虫、吉氏巴贝斯虫的传播媒介。本属蜱的防治参见硬蜱病。

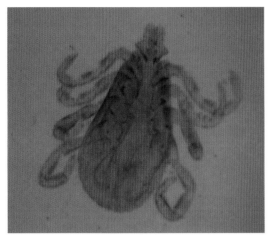

图5-18　扇头蜱（*Rhipicephalus* sp.）雄虫腹面

图5-19　镰形扇头蜱（*R. haemaphysaloides*）（实物）

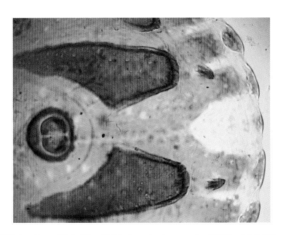

图5-20　扇头蜱（*Rhipicephalus* sp.）后部，示肛门、肛后沟、肛侧板、肛下板和缘垛

牛　蜱　属

　　也称方头蜱。重要的种为微小牛蜱（*B. microplus*）（图5-21，图5-22）。家畜的外寄生虫。主要寄生于黄牛和水牛。小型蜱。形态特征为：无缘垛，无肛沟，有眼，但很小，假头基六角形；须肢很短，第2、3节有横脊；雄虫有尾突，腹面有肛侧板与副肛侧板各1对。为一宿主蜱，整个生活周期仅需50天，每年可发生4～5代。主要生活于农区，在华北地区出现于4～11月份。全国均有分布，为我国常见种。已证实它是我国双芽巴贝斯虫、牛巴贝斯虫的传播媒介。防治参见硬蜱病。澳大利亚已有基因工程疫苗上市，效果较确实。

图 5－22　微小牛蜱（*B. microplus*）
腹面（雄虫实物）

图 5－21　微小牛蜱（*Boophilus microplus*）
背面（雌虫实物）

属蜱螨目（Acarina）蜱亚目（后气门亚目，Ixodides），软蜱科（Argasidae）。软蜱雌雄异形性不明显。虫体扁平，卵圆形或长卵圆形，体前端较窄。未吸血前为黄灰色，饱血后为灰黑色。饥饿时较小，饱血后体积增大，但不如硬蜱明显。

假头隐于虫体腹面前端的头窝内，从背面看不到。头窝两侧有 1 对叶片称为颊叶。假头基小，近方形，无孔区。须肢为圆柱状，游离，共分 4 节，可自由转动。口下板不发达，其上的齿较小，靠近基部有 1 对口下板毛。螯肢结构与硬蜱相同。

躯体体表大部分为适于舒张的革质表皮，雄蜱较厚而雌蜱较薄，有明显的皱襞。背腹面均无盾板和腹板。表皮或具皱纹状或颗粒状或乳突状的小结节，或有圆陷窝。大多数无眼，个别有 1～2 对。生殖孔和肛门的位置与硬蜱同。雌蜱的生殖孔呈横沟状，而雄蜱呈半月状。躯体背腹两面也有各种沟。气门板小。

足的结构与硬蜱相似。但基节无距。跗节（有时后跗节）背缘具几个瘤突或亚端瘤突，一般比较明显。爪垫退化或付缺。

幼蜱和若蜱的形态与成蜱相似，但生殖孔尚未形成，幼蜱有 3 对足。

有锐缘蜱属（*Argas*）和钝缘蜱属（*Ornithodoros*）。

波斯锐缘蜱病

病原为锐缘蜱属的波斯锐缘蜱（*Argas persicus*）（图 5－23，图 5－24）。家禽的外寄生虫。主要寄生于鸡，也侵袭人。成虫无眼，淡黄色，呈卵圆形，前部稍窄。体缘薄，由许多不规则的方格形小室组成。背面表皮有无数细密的弯曲皱纹。栖息于禽舍、鸟巢及其附近房舍和树木的缝隙内。有群居性。白昼隐伏，夜间叮咬在鸡的腿趾无毛部分吸血。幼虫活动不受昼夜限制，在鸡的翼下无毛部附着吸血，可连续附着 10 余天。侵袭部位呈褐色结痂。成虫活动季节为 3～11 月份，以 8～10 月份最多。幼虫于 5 月份大量出现活动。世界各地均有分布。我国各地均有分布，华北、西北最为常见。雄虫每年吸血一次。雌虫每次产卵前必吸血一次。耐饿性强。寄生时可吸食大量血液，致宿主消瘦，生产能力降低。尚可传播某些疾病。袭击人时有发生速发型变态反应的病例。防治应根据其栖居于畜、禽房舍墙缝等隐蔽处的特点，用药物进行杀灭。药物参见硬蜱病。

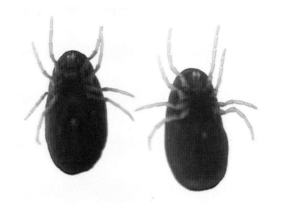

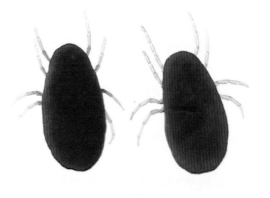

图 5-23　波斯锐缘蜱（*Argas persicus*）
腹面（实物）

图 5-24　波斯锐缘蜱（*A. persicus*）背面（实物）

第四节 | 疥螨科（Sarcoptidae）

属蜱螨目（Acarina）疥螨亚目（无气门亚目，Sarcoptiformes），疥螨科（Sarcoptidae）。主要特征为成螨体小，呈圆球形，体部无明显的横缝，盾板有或无，假头背面后方有 1 对粗短的垂直刚毛或刺。足粗短，后 2 对足不突出体缘。足末端有爪间突、吸盘或长刚毛，吸盘柄不分节。雄螨无性吸盘和尾突。可寄生于很多哺乳动物。兽医学上重要的有疥螨属（*Sarcoptes*）、背肛螨属（*Notoedres*）。

疥　螨　病

病原为疥螨属的疥螨（*Sarcoptes scabiei*）（图 5-25），可以感染马、牛、羊、驼、猪、犬等多种家畜以及狐狸、狼、虎、猴等野生动物，寄生于宿主表皮下，是家畜重要的螨病。每一种动物寄生的为一个变种；如马疥螨（*Sarcoptes scabiei* var. *equi*）、牛疥螨（*S. scabiei* var. *bovis*）、骆驼疥螨（*S. scabiei* var. *cameli*）、猪疥螨（*S. scabiei* var. *suis*）、山羊疥螨（*S. scabiei* var. *caprae*）、绵羊疥螨（*S. scabiei* var. *ovis*）及犬疥螨（*S. scabiei* var. *canis*）等。各个变种形态十分相似。

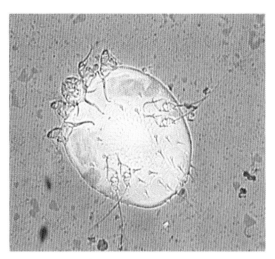

图 5 – 25　疥螨（*Sarcoptes* sp.）腹面（雌虫）

　　成虫身体呈圆形，微黄白色。大小不超过 0.5mm，体表多皱纹。有肢 4 对，2 对伸向前方，另 2 对伸向后方，均粗短。向后的 2 对短小，不超过体缘。

　　发育呈不完全变态，有卵、幼虫、若虫、成虫四个阶段。成虫在宿主皮肤中挖隧道，并在其中产卵和孵化成幼虫。幼虫也潜入皮下寄生，并转变为若虫和成虫。

　　疥螨病通过直接接触而传播，也可通过污染本虫的畜舍和用具而间接传播。寒冷季节和家畜营养不良时均促使本病发生和蔓延。

　　虫体寄生时首先在寄生局部出现小结节，而后变为小水疱，病变部奇痒。由于擦痒，使表皮破损，皮下渗出液体，形成痂块，被毛脱落，皮肤增厚，病变逐渐向四周蔓延扩张。各种家畜中马、猪、山羊、骆驼、兔等患病严重。

　　诊断根据症状，并在病变边缘采集病料，镜检螨虫。畜群中发现本病后应先将病畜隔离。隔离的病畜应及时用蝇毒磷、倍硫磷、溴氰菊酯（商品名倍特，Butox）、二嗪农（商品名螨净，Diazinon）、双甲脒（商品名特敌克，Tektic）等进行治疗，或用伊维菌素皮下注射。大群治疗以药浴法效果较好。

背 肛 螨 病

　　亦称耳疥螨病。病原为背肛螨属的螨，主要感染猫和兔，多寄生于耳、鼻、嘴、面部和颈部背面，严重时可蔓延全身。形态与疥螨相似，但肛门位于虫体背面，离后缘较远，肛门周围有环形角质皱纹。发育经卵、幼虫、若虫、成虫四个阶段，全部在宿主皮内完成。治疗同疥螨。

〔第五节〕　膝螨科（Cnemidocoptidae）

　　属无气门亚目（Astigmata），膝螨科（Cnemidocoptidae）。形态与疥螨十分相似，寄生于鸟类。主要有膝螨属（*Cnemidocoptes*）。

膝 螨 病

病原为膝螨属的螨，主要感染鸡。

虫体近圆形，背面无鳞片和棒状刚毛。第一对足基节上的支条延伸到背面。雄虫足端有吸盘，雌虫足端无。肛门位于虫体末端。

膝螨的生活史与疥螨属相同，全部生活史都在鸡体上进行。兽医上重要的有两个种，即突变膝螨（*C. mutans*）（图 5‐26，图 5‐27）和鸡膝螨（*C. gallinae*），前者卵圆形，寄生于鸡和火鸡腿上无羽毛处，引起鸡的"石灰脚"。后者较小，多寄生于鸡的背部和双翅，在羽毛根部寄生，造成剧痒和毛根发炎，使鸡自啄羽毛而形成脱羽病。治疗同疥螨。

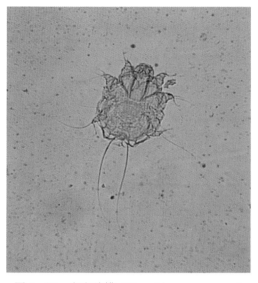

图 5‐26　突变膝螨（*Cnemidocoptes mutans*）
　　　　　腹面（雄虫）

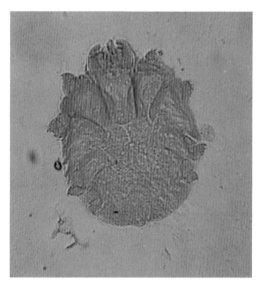

图 5‐27　突变膝螨（*C. mutans*）腹面（雌虫）

第六节 | 痒螨科（Psoroptidae）

属无气门亚目（Astigmata），痒螨科（Psoroptidae）。主要特征是成螨比疥螨大，躯体呈长椭圆形。假头背面后方无垂直刚毛。躯体后部有大而明显的盾板。足较长，4 对足均突出体缘。足末端具爪间突、吸盘或长刚毛，吸盘位于分节的柄上。雄螨有性吸盘和尾突。重要的有痒螨属（*Psoroptes*）、足螨属（*Chorioptes*）和耳痒螨属（*Otodectes*）。

痒 螨 病

病原为痒螨属的螨，是寄生于家畜皮肤表面的一类永久性寄生虫，多寄生于绵羊、牛、马、水牛、山羊和兔等家畜，以绵羊、牛、兔最为常见。多种动物均可感染，且以寄生动物种类的不同来命名之。它们形态上很相似，但彼此不易交互感染，有严格的宿主特异性。本属内也认为仅有马痒螨（*Psoroptes equi*）一个种，但多主张根据宿主不同而分为痒螨的不同亚种（变种），如绵羊痒螨（*Psoroptes communis* var.*ovis*）、牛痒螨（*P.communis* var.*bovis*）、马痒螨（*P.communis* var.*equi*）、水牛痒螨（*P.communis* var.*natalensis*）、山羊痒螨（*P.communis* var.*caprae*）和兔痒螨（*P.communis* var.*cuniculi*）等。痒螨对绵羊的危害性特别严重。

各种痒螨形态特征相似，共同特点为，长圆形，体长0.5～0.9mm。肉眼可见。口器长，呈圆锥形。肛门位于躯体末端。第1和第2对足伸向侧前方，第3和第4对足伸向侧后方，均露出于体缘外侧。足的末端有时着生有带柄的吸盘。雄虫末端有两个向后突出的大结节，上有长毛数根，腹后部有两个性吸盘（图5-28至图5-35）。

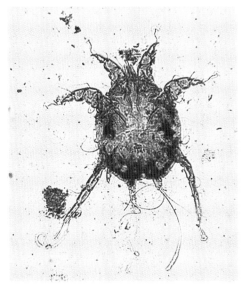

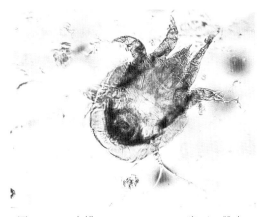

图5-29　痒螨（*Psoroptes* sp.）腹面（雌虫）

图5-28　痒螨（*Psoroptes* sp.）腹面（雄虫）

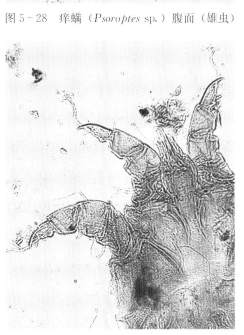

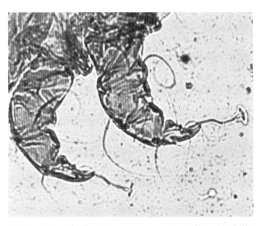

图5-31　痒螨（*Psoroptes* sp.）足部，柄分节

图5-30　痒螨（*Psoroptes* sp.）头部

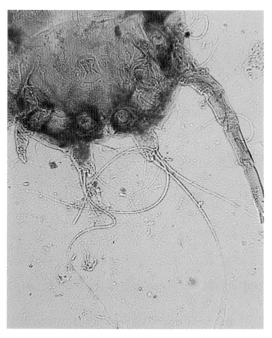

图 5-32　痒螨（*Psoroptes* sp.）尾部（雄虫）

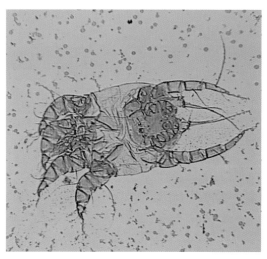

图 5-33　兔痒螨（*P. communis* var. *cuniculi*）
　　　　腹部（雄虫）

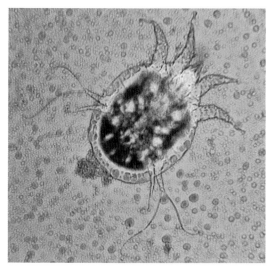

图 5-34　兔痒螨（*P. communis* var. *cuniculi*）
　　　　背部（雌虫）

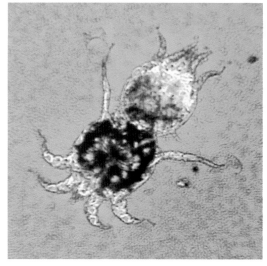

图 5-35　兔痒螨（*P. communis* var. *cuniculi*）
　　　　2 只交配

　　虫体卵生，卵经幼虫和若虫阶段变为成虫，发育的全过程均在家畜体表完成。以吸取体液为营养。直接接触或通过管理用具间接接触而传播。

　　寄生时，首先皮肤奇痒，进而出现针头大到米粒大的结节，然后形成水疱和脓疱。由于擦痒而引起表皮损伤，被毛脱落。患部渗出液增多，最后形成浅黄色痂皮（图 5-36，图 5-37）。病畜营养障碍，消瘦贫血，全身被毛脱光，最后死亡。各种家畜体表寄生的痒螨虽形态相似，但有宿主特异性，不相互传染。家畜中以绵羊发病最严重。

图 5 - 36　兔痒螨病耳部病变　　　　　　图 5 - 37　兔痒螨病耳部病变放大

诊断一般可根据症状和在患部刮取皮屑在显微镜下发现螨虫而确诊。痒螨病多发生于秋、冬季节，但夏季有潜伏性的痒螨病，病变比较干燥，常见于肛门周、阴囊、包皮、胸骨处、角基、耳朵及眼眶下窝。诊断、治疗此类型的疾病十分重要。治疗可用蝇毒磷、倍硫磷、溴氰菊酯（商品名倍特，Butox）、二嗪农（商品名螨净，Diazinon）、双甲醚（商品名特敌克，Tektic）、碘硝酚等。根据使用季节和对象，选用喷涂、浇泼或药浴，也可以用伊维菌素皮下注射。

足　螨　病

病原为足螨属的螨，多寄生于马、牛、绵羊、山羊和兔等家畜四肢的球节部等的皮肤表面，根据寄生宿主的不同而有不同的命名。牛足螨（*Chorioptes symbiotes* var. *bovis*）寄生于牛尾根、肛门周围和蹄部，马足螨（*C. symbiotes* var. *equi*）寄生于马球节部，绵羊足螨（*C. symbiotes* var. *ovis*）寄生于绵羊蹄部和腿外侧，山羊足螨（*C. Symbiotes* var. *caprae*）寄生于山羊耳部、颈部和尾根，兔足螨（*C. symbiotes* var. *cuniculi*）寄生于兔外耳道。

各种动物的足螨形态都很相似，被看做是牛足螨的亚种。它们形态与痒螨相似，虫体卵圆形，口器较短，圆锥形。足 4 对，分别伸向侧前方和侧后方。足端吸盘的柄不分节。雄虫体末端有两个结节和两个性吸盘。采食脱落的上皮细胞，如皮屑、痂皮。致病性不强，主要引起瘙痒。控制和扑灭足螨病的措施，与其他螨病相似。

耳　痒　螨　病

家畜的耳痒螨病是由耳痒螨属的犬耳痒螨（*Otodectes cynotis*）引起的。多寄生于犬、猫的耳内，故有人分别将其分为犬耳痒螨（*Otodectes canis*）和猫耳痒螨（*O. cati*）。世界性分布，犬、猫感染较为普遍，还可感染雪貂和红狐。

雄虫体后的结节不发达，每个结节上有两长和两短的刚毛。雌虫第 4 对足不发达，不能伸出体边缘，比第三对足短 3 倍。雌虫第三、四对足无吸盘。

生活史与痒螨和足螨相似，也经过卵、幼螨、若螨和成螨四个阶段。仅寄生于动物的皮肤表面，采食脱落的上皮细胞。整个生活史需 18～28 天。通过直接接触进行传播。犬、猫之间也可相互传播。

耳痒螨病具有高度传染性，主要症状有：剧烈瘙痒，犬、猫常以前爪挠耳，造成耳部淋巴外渗或出血，常见耳部血肿和淋巴液积聚于皮肤下。病犬或猫甩头，耳部发炎或出现过敏反应，外耳道内有厚的棕黑色痂皮样渗出物堵塞。

诊断可根据病史以及同群动物有无发病；临床症状；耳内皮屑检查，查出螨或螨卵即可确诊。治疗要在麻醉状态下清除耳道内渗出物，耳内滴注杀螨药，最好为专门的杀螨滴耳剂，同时配以抗生素滴耳液辅助治疗。也可全身用杀螨剂，但必须杀死耳部的螨。同时要隔离患病犬、猫，并对同群的所有动物进行药物预防。

第七节　蠕形螨科（Demodicidae）

属前气门亚目（Prostigmata），蠕形螨科（Demodicidae）。主要特征为成螨体小而长，呈蠕虫状，半透明乳白色，体表有明显的环纹。虫体分为颚体、足体和后体三部分。假头呈不规则四边形，由 1 对细针状的螯肢，1 对分 3 节的须肢及一个延伸为膜状构造的口下板组成。刺吸式口器。4 对足，呈乳突状，基部较粗，位于足体部。后体部窄长，有横纹。雄性生殖孔位于胸部背面第 1、2 对背足体毛之间的长圆形突起上，阴茎末端膨大呈毛笔状。雌性阴门为一狭长裂口，位于腹面第 4 对基节片之间的后方。永久性小型寄生螨类。多寄生于犬、牛、猪、羊、马等动物及人类。虫体寄生于皮肤的毛囊和皮脂腺内。重要的为蠕形螨属（Demodex）。

蠕　形　螨　病

亦称毛囊虫病。病原为蠕形螨属（Demodex）的螨，又称脂螨或毛囊虫。寄生于家畜（狗、牛、猪、羊、马等）及人的毛囊和皮脂腺内，引起皮肤病。各种家畜有其专一的蠕形螨寄生。如犬蠕形螨（Demodesx canis）和猫蠕形螨（D. cati）。犬最多发。世界分布。

虫体细长，呈蠕虫状，一般体长 250～300μm，宽约 40μm。外形上可分为颚体、足体和后体三部分。较粗端前方为假头，咀嚼型口器，其后为足体。足体有 4 对很短的足。后体长，有横纹。雄虫的阴茎在背面的前部。雌虫的生殖孔位于第 4 对足之间。虫卵呈纺锤形。卵、幼虫、若虫、成虫阶段均在宿主体表完成，整个生活史共需 24 天。直接接触传播。

感染后可引起皮炎、毛囊炎、皮脂腺炎（图 5 - 38）。亦有带虫而不表现症状者。一般正常的犬、猫体表有少量蠕形螨存在，当机体应激或抵抗力下降时，大量繁殖，引发疾病。传播方式不完全清楚，动物之间的直接接触可能是传播方式之一。病变多发生在眼、唇、耳和前腿内侧的无毛处，局部有小的红斑，和周围界限分明的病变。本病是一种可以使动物致死的外寄生虫病，严重时身体大面积脱毛、浮肿、出现红斑、皮脂溢出和脓性皮炎。

图 5-38 蠕形螨（*Demodex* sp.）感染病变

诊断可根据病史和临床症状，确诊要看到虫体。可进行体表皮肤刮取物镜检，方法与疥螨病诊断相同。对局部病变的治疗可在局部应用杀螨剂，如鱼藤酮、苯甲酸苄酯或过氧化苯甲酰凝胶，一直用到长出新毛为止。当有深部化脓存在时，应用抗生素。可以用消毒药进行药浴，用洗发香波清洗。双甲脒只用于犬。4月龄以下的犬用药后，不能交配、繁殖。硫黄石灰水溶液用于猫的药浴。也可用伊维菌素治疗。预防要注意犬、猫舍内环境卫生。

第六节 皮刺螨科（Dermanyssidae）

属中气门亚目（Mesostigmata），皮刺螨科（Dermanyssidae）。成螨大多数是专性吸血种类，若虫和成虫吸血后虫体都能膨大。背腹扁平。虫体分为假头和躯体两部分。头盖骨呈长舌状，前端尖。螯肢长，呈鞭状或剪状。雄螨螯肢演变为导精趾。螯钳很小。盾板仅1块，少数2块，后方较小。气门沟细长，一般都超过足基节Ⅲ。雌螨腹面有几块几丁质板，生殖板和腹板常愈合为生殖腹板。胸板常具2～3对刚毛，肛板具3对刚毛。雄螨腹面的几丁质板往往愈合成为一整块。雌螨的生殖孔位于胸板后方，而雄螨生殖孔位于胸板前缘。成螨对宿主有一定的选择性，常寄生于鼠类、禽类和鸟类。有皮刺螨属（Dermanyssus）和禽刺螨属（Ornithonyssus）。

皮 刺 螨 病

又称红螨、鸡窝螨或夜袭螨。病原为皮刺螨属的螨，常侵袭鸡、鸽、金丝雀和一些野鸟。有时也吸人血。

常见的是鸡皮刺螨（*D. gallinae*），虫体长椭圆形，后部略宽。呈淡红色或棕灰色，视吸血多少而异。雌虫体长0.72～0.75 mm，宽0.4mm，吸饱血的雌虫可达1.5mm；雄虫体长0.6 mm，宽0.32mm，假头长，刺吸式口器，有足4对，很长，有吸盘。

皮刺螨属不完全变态的节肢动物，其发育过程包括卵期、幼虫期、两个若虫期和成虫期四个阶段。侵袭鸡只的雌虫多栖息于鸡舍内，夜出吸血，吸血后返回栖息处产卵，卵孵出幼虫。幼虫不吸血，24～48h后变为若虫，若虫吸血后蜕化为成虫。受严重侵袭时，引起家禽瘙痒，日见衰弱，贫血，产蛋量下降；还可传播禽螺旋体病和禽霍乱及脑炎病毒。防治主要为清扫禽舍，用杀虫药如蝇毒磷、倍硫磷、溴氰菊酯等喷洒鸡体、鸡舍等。

第九节 恙螨科 (Trombiculidae)

属前气门亚目 (Prostigmata)，恙螨科 (Trombiculidae)。本科螨类鉴定特征均以幼虫形态为准。主要形态特征为幼虫呈卵圆形或椭圆形、囊状。若虫和成虫的躯体中段有腰，呈葫芦状。幼虫体毛稀疏可数，成虫和若虫体毛长而稠密。口器刺吸式。跗节着生于须胫节腹面，呈拇指状，可与须爪对握夹持食物。躯体背面前部中央有盾板。幼虫盾板大，外围有盾板毛。成虫盾板小，呈心状，外围无毛。幼虫营寄生生活，成虫和若虫营自由生活。兽医学上重要的为新棒恙螨属 (*Neoschoxngastia*)。

鸡新棒恙螨病

病原为新棒恙螨属的鸡新棒恙螨 (*N. gallinarum*) 的幼虫，寄生于鸡及其他鸟类，主要寄生部位是翅膀内侧、胸肌两侧和腿的内侧皮肤上。分布于全国各地，为禽的重要外寄生虫病之一。

鸡新棒恙螨又称鸡新勋恙螨，其幼虫纤小，不易发现，饱食后呈橘黄色。长0.421mm，宽0.321mm。分头、胸、腹三部，足3对。

成虫自由生活于潮湿草地上。雌虫产卵于土中，孵出幼虫，移至鸡体吸血寄生。在鸡体寄生时间达1个月，饱食后落地，在地面发育为若虫而后变为成虫。寄生时患鸡局部奇痒，出现痘状病灶。病鸡贫血，消瘦。在病灶处发现虫体即可确诊。治疗可局部应用70%酒精、碘酊或硫黄软膏及伊维菌素等。

第六章

昆 虫 (Insecta)

一、一般形态

昆虫隶属于节肢动物门（Arthropods），昆虫纲（Insecta）。种类多、分布广。其主要特征是身体两侧对称，附肢分节，身体分为头、胸、腹三部，头上有触角1对，胸部有足3对，腹部末端的附肢变为外生殖器，无肢，用气门及气管呼吸。生活方式各有不同，大多数营自由生活；有一部分营寄生生活，可寄生于动物的体内或体表，直接或间接地危害人类和畜禽。

头部有眼、触角和口器。

昆虫有复眼1对，系有许多六角形小眼组成。还有很多昆虫尚有单眼。复眼为主要视觉器官。

触角由许多节组成，着生于头部前面的两侧。第一节为柄节，第二节为梗节，其余各部分统称为鞭节。触角的形状和节的数目随昆虫种类不同而异。

口器是昆虫的摄食器官，由上唇、上咽、上颚、下颚、下咽或小舌及下唇六个部分组合而成。兽医昆虫主要有咀嚼式、刺吸式、刮舐式、舐吸式及刮吸式五种口器。

胸部分前胸、中胸和后胸，各胸节的腹面均有足一对，分别称前足、中足和后足。足分节，由基部起依次分为基节、转节、股节、胫节和跗节，跗节又分1～5节不等，跗节末端有爪，爪间有爪间突和爪垫等。

多数昆虫的中胸和后胸的背侧各有翅1对，分别称前翅和后翅。双翅目昆虫仅有前翅，后翅退化。有些昆虫翅完全退化。

在前胸和中胸与中胸和后胸之间各有气门1对。

腹部由8节组成，但有些昆虫的腹节互相愈合。腹部最后数节变为雌雄外生殖器。第1～8腹节的两侧各有1对气门。

体被为几丁质，有保护内部器官、防止水分蒸发和支持躯体的作用，也称为外骨骼。由于体被坚硬而不膨胀，所以每当虫体发育长大时必须蜕去旧表皮，称为蜕皮。

二、发　　育

昆虫由卵孵化到发育为成虫的整个过程中，往往在形态上经过一系列不同程度的变化，称为变态。昆虫变态主要有完全变态和不完全变态两类。完全变态类昆虫在发育过程中经历卵、幼虫、蛹和成虫四个阶段；幼虫期与成虫期在形态上和生活习性上完全不同。不完全变态昆虫发育过程有卵、若虫和成虫三个阶段；若虫和成虫在形态上很相似，仅是体形大小、性器官尚未完全发育成熟或翅尚未发生的区别。若虫生活习性与成虫相同。

第二节　皮蝇（Hypodermatidae）

　　属双翅目（Diptera），皮蝇科（Hypodermatidae）。体表被有色长绒毛，形似蜂。幼虫寄生于背部皮下。仅有皮蝇属（*Hypoderma*）。

牛 皮 蝇 蛆 病

　　牛皮蝇蛆病是皮蝇属的牛皮蝇（*H. bovis*）和纹皮蝇（*H. lineatum*）的幼虫寄生于牛、牦牛或鹿等动物的皮下组织内所引起的一种慢性外寄生虫病。本病在我国西北、东北、内蒙古牧区广为流行。

　　牛皮蝇和纹皮蝇形态相似，都属完全变态。成蝇较大，体表密生有色长绒毛，形似蜂。复眼不大，离眼式，有3个单眼。触角芒简单，无分支。口器退化，不能采食，也不能叮咬牛只。牛皮蝇成虫体长约15mm。第二期幼虫长3～13mm；第三期幼虫长约28mm，分11节，腹面有疣状带刺的结节，但最后二节无刺、无口前钩（图6-1，图6-2，图6-3）。

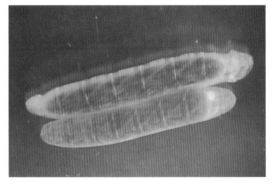

图6-1　牛皮蝇（*Hypoderma bovis*）二期幼虫（实物）

图6-2　牛皮蝇（*H. bovis*）三期幼虫（实物）

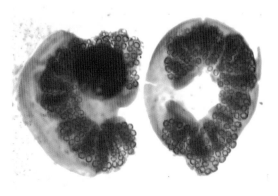

图6-3　牛皮蝇（*H. bovis*）三期幼虫后气孔

纹皮蝇成虫体长约 13mm。体表被毛与牛皮蝇相似，但稍短，虫体略小。胸部的绒毛为淡黄色，胸背除有灰白色绒毛外，还显示出有 4 条黑色发亮的纵纹。第二期幼虫的气门板色较浅而小。第三期幼虫体长可达 26mm，最后一节的腹面无刺。气门板浅平（图 6 - 4）。

图 6 - 4　纹皮蝇（*H. lineatum*）三期幼虫腹面（实物）

牛皮蝇与纹皮蝇的生活史基本相似。属于完全变态，整个发育过程须经卵、幼虫、蛹和成虫四个阶段。成蝇系野居，营自由生活。成蝇产卵于毛和皮肤，孵出幼虫钻入皮下组织。牛皮蝇幼虫经椎管硬膜的脂肪组织移行到皮肤。纹皮蝇幼虫经食道（图 6 - 5）移行至背部皮肤。穿孔后落地化蛹，再羽化为成蝇。整个发育期约需一年。在同一地区，纹皮蝇出现的季节一般在每年 4～6 月份，牛皮蝇为 6～8 月份。

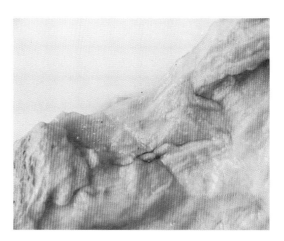

图 6 - 5　纹皮蝇（*H. lineatum*）二期幼虫寄生于食道

夏季雌蝇产卵时，引起牛只不安、奔跑、影响采食和休息，导致牛只消瘦。幼虫在机体内移行，使组织损伤。第三期幼虫集中在牛背部皮下，使局部皮肤隆起、穿孔、内部化脓，使皮张贬值（图 6 - 6）。幼虫出现于背部皮下时易于诊断，以在牛背部皮肤摸到长圆形硬节、观察到小孔和在结缔组织囊内找到幼虫为确诊。防治主要是消灭寄生在牛背部皮下的幼虫。可用蝇毒磷、皮蝇磷、倍硫磷等药物浇背，也可用伊维菌素皮下注射。

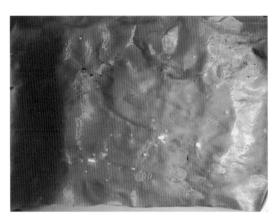

图 6-6　驯鹿皮蝇幼虫感染的皮肤病变

第三节 | 狂蝇（Oestridae）

属双翅目（Diptera），狂蝇科（Oestridae）。成虫口器退化，第4纵脉折向前，居翅尖之前，而第5纵脉折向后，连翅后缘。幼虫寄生于鼻腔内。重要的有狂蝇属（*Oestrus*）、喉蝇属（*Cephalopsis*）和鼻狂蝇属（*Rhinoestrus*）。

羊 狂 蝇 蛆 病

羊狂蝇蛆病病原是羊狂蝇（*Oestrus ovis*）的幼虫，寄生于绵羊的鼻腔及附近的腔窦。呈现慢性鼻炎症状。山羊及驯鹿也可寄生。本病在我国北方广大地区较为常见，流行严重的地区感染率可高达80％。

羊狂蝇亦称羊鼻蝇。成虫体长10～12mm，外形如蜂，体色淡灰，有黑色斑纹。头大，带黄色，口器退化。翅透明。第三期幼虫长约30mm，前端有两个口前钩，后端呈刀切状，有2个黑色气门板（图6-7，图6-8，图6-9，图6-10）。

图 6-7　羊狂蝇（*O. ovis*）二期幼虫（实物）

图 6-8　羊狂蝇（*O. ovis*）三期幼虫腹面（实物）

图6-9　羊狂蝇（*O. ovis*）幼虫口前钩

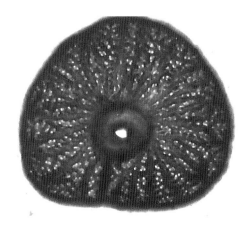

图6-10　羊狂蝇（*O. ovis*）幼虫的后气孔

成蝇不采食不营寄生生活，出现于每年的5～9月，尤以7～9月较多。雌雄交配后，雄蝇即死亡。雌蝇生活至体内幼虫形成后，在炎热晴朗无风的白天活动，遇羊时即突然冲向羊鼻，将幼虫产于羊的鼻孔内或鼻孔周围，产完幼虫后死亡。刚产下的一期幼虫以口前钩固着于鼻黏膜上，爬入鼻腔，并渐向深部移行，在鼻腔、额窦或鼻窦内经两次蜕化变为第三期幼虫。幼虫在鼻腔和额窦等处寄生9～10个月。到翌年春天，发育成熟的第三期幼虫由深部向浅部移行，当患羊打喷嚏时，幼虫被喷落地面，钻入土内化蛹，后羽化为成蝇。

本病绵羊的感染率比山羊高。成虫在侵袭羊群产幼虫时，羊只不安，互相拥挤，频频摇头、喷鼻，或以鼻孔抵于地面，或以头部埋于另一羊的腹下或腿间，严重扰乱羊的正常生活和采食，使羊生长发育不良且消瘦。当幼虫在羊鼻腔内固着或移动时，以口前和体表小刺机械地刺激和损伤鼻黏膜，引起黏膜发炎和肿胀，有浆液性分泌物，后转为黏液脓性，间或出血。鼻腔流出浆液性或脓性鼻液，鼻液在鼻孔周围干涸，形成鼻痂，并使鼻孔堵塞，呼吸困难。患羊表现为打喷嚏、摇头、甩鼻子、磨牙、磨鼻、眼睑浮肿、流泪、食欲减退、日益消瘦。数月后症状逐步减轻，但到发育为第三期幼虫，虫体变硬，增大，并逐步向鼻孔移行，症状又有所加剧。少数第一期幼虫可能进入鼻窦，虫体在鼻窦中长大后，不能返回鼻腔，而致鼻窦发炎，甚或累及脑膜，此时可出现神经症状，最终可导致死亡。

根据症状、流行病学和尸体剖检，可作出诊断。为了早期诊断，可用药液喷入鼻腔，收集用药后的鼻腔喷出物，发现死亡幼虫即可确诊。出现神经症状时，应与羊多头蚴症和莫尼茨绦虫病相区别。治疗可用伊维菌素、氯氰柳胺等。

骆驼喉蝇蛆病

骆驼喉蝇蛆病是由喉蝇属的骆驼喉蝇（*C. titillator*）的幼虫寄生于骆驼的鼻腔、鼻窦及咽喉部所引起的一种慢性疾病。在我国内蒙古和西北地区相当普遍，骆驼深受其害。

骆驼喉蝇成虫的形态与狂蝇属蝇类相似。体长8～11mm。头大，呈黄色。胸部背面呈黄褐色，有黑色斑点。腹部也有随光而变的银灰色板块和痣形的小斑点。口器退化。翅透明，翅基旁带黄褐色。雄蝇第5腹板呈梯形。第三期幼虫（图6-11）呈白色，长30～32mm。腹面稍平。虫体前端较平齐，向后逐渐变细。头端有1对强大弯曲的口钩。

体节上有锥状向后伸的大角质刺。虫体后端有深凹窝，其内有 1 对深色的肾形气门。

图 6-11　骆驼喉蝇（*Cephalopsis titillator*）三期幼虫（实物）

　　成虫出现于每年 4～9 月，活动规律似羊鼻蝇。雌蝇产幼虫时，骆驼的反应不甚强烈。第一期幼虫沿鼻腔移行至鼻窦或咽喉内，寄生约 10 个月，经 2 次蜕化变为第三期幼虫。至次年春，第三期幼虫发育成熟后，再移至鼻腔，引起骆驼喷嚏。被喷出落地的成熟幼虫，入土变蛹，经大约 1 个月羽化为成蝇。成蝇寿命 4～15 天。

　　喉蝇幼虫通常对骆驼的鼻腔黏膜没有显著的破坏，但有时鼻孔流出浆液性或脓性鼻液，有时混有血液。骆驼的感染率和感染强度都很大。严重感染时，由于慢性鼻炎和咽喉炎，使骆驼精神不安、呼吸困难、吞咽时疼痛或吞咽困难。病驼消瘦，体力衰退，工作能力减低。

　　防治本病的重点是消灭骆驼鼻腔、鼻窦和咽喉内的幼虫。可使用伊维菌素皮下注射，或用其他治疗羊狂蝇的药物。

马 鼻 蝇 蛆 病

　　马鼻蝇蛆病是由鼻狂蝇属的紫鼻狂蝇（*R. purpureus*）和宽额鼻狂蝇（*R. latifrons*）的幼虫寄生于马、驴的鼻腔，鼻窦及额窦内引起的，表现为慢性鼻炎症状。呈地方性流行，在我国内蒙古、东北、西北等地较为普遍，江苏曾有报道。

　　紫鼻狂蝇成虫的形态与羊狂蝇相似。体长 8～11mm，羽化时头、胸有明显的紫色，故得此名。头顶和额侧为深棕色，中胸有许多隆起的小结节，上有细毛。口器退化。胸部呈深棕色，中胸背板上有四条黑色纵纹和许多有毛的小结节。翅透明。第一期幼虫呈梭形，长约 1mm。第三期幼虫呈白色，长梭形，两端窄，中部宽。体长约 17mm。背面无深色横纹。前端有 1 对强而弯曲的黑色口前钩。腹面各节生有 3～4 列小刺。后端有肾形后气门 1 对（图 6-12，图 6-13）。

　　虫体的发育似羊鼻蝇。成蝇出现于每年 6～9 月。雌蝇飞袭马鼻，向鼻腔内产幼虫，每次能产 8～40 个幼虫。幼虫以口前钩固着在鼻腔黏膜上，然后向深部移行，在鼻内经两次蜕化变为三期幼虫。幼虫在鼻腔和额窦等处寄生 9～10 个月。第三期幼虫成熟后落地变蛹，经大约一个月羽化为成蝇。成蝇不采食，寿命 10～25 天。雌蝇产完幼虫后死亡。

　　成虫在侵袭产幼虫时，引起马匹不安，成群拥挤。幼虫引起的症状及表现类似羊鼻蝇

图 6-12　阔额鼻狂蝇（*Rtinoestrus latifrons*）
　　　　　三期幼虫腹面（实物）

图 6-13　紫鼻狂蝇（*R. purpureus*）
　　　　　三期幼虫（实物）

幼虫感染羊的症状和表现。根据症状和尸体剖检时在鼻腔及额窦内发现幼虫进行诊断。治疗可用伊维菌素或氯氰柳胺等。

第四节　胃蝇（Gasterophilidae）

属双翅目（Diptera），胃蝇科（Gasterophilidae），胃蝇属（*Gasterophilus*）。胸部只有一对翅，后翅退化为平衡棒。口器为刺吸式或舐吸式。成虫口器退化。发育为完全变态。幼虫寄生于马属动物的消化道内，红色或淡黄色，体表有刺。

马胃蝇蛆病

本病是由胃蝇属幼虫寄生于马、骡、驴的胃肠道内所引起的一种慢性寄生虫病。我国各

图 6-14　马胃蝇（*Gasterophilus* sp.）
　　　　　雄性成蝇（实物）

图 6-15　马胃蝇（*Gasterophilus* sp.）
　　　　　雌性成蝇（实物）

地普遍存在，主要流行于西北、东北、内蒙古等地。常见的有肠胃蝇（*Gastrophilus intesti-nalis*）、红尾胃蝇（*G. haemorrhoidalis*）、兽胃蝇（*G. pecorum*）、鼻胃蝇（*G. nasalis*）。

　　成蝇形似蜜蜂，全身密布有色绒毛。口器退化。两复眼小而远离。触角小。翅透明，有褐色斑纹或不透明呈烟雾色（图 6 - 14，图 6 - 15）。雌虫尾部有较长的产卵管，弯向腹下。卵呈浅黄色或黑色，前端有一斜的卵盖。

　　第三期幼虫粗大，长度因种而异（图 6 - 16～图 6 - 22），13～22mm。有口前钩。虫体有 11 节。每节前缘有刺 1～2 列，刺的多少因种而异。虫体末端齐平，有 1 对后气门。鼻胃蝇三期幼虫每节前缘仅有 1 列小刺，其余 3 种每节有 2 列小刺。肠胃蝇前列刺明显大于后列刺，第 9 节背面中央缺刺，第 10 节缺刺更多，假头表面具有 2 组小刺。兽胃蝇第 1 列刺略大于第 2 列刺，第 6、7、8 节背部中央缺刺，第 9 节两侧具有 1～2 个小刺，假头表面具有 3 组小刺突。红尾胃蝇有小刺 2 列，但均较小，第 7、8 节中央缺刺，第 9 节亦仅两侧有 1～2 个小刺，假头表面有 2 组小刺突。

图 6 - 16　马胃蝇（*Gasterophilus* sp.）
二期幼虫（实物）

图 6 - 17　马胃蝇（*Gasterophilus* sp.）
三期幼虫（实物）

图 6 - 18　马胃蝇（*Gasterophilus* sp.）
三期幼虫的口前钩

图 6 - 19　烦扰胃蝇（*G. veterinus*）三期幼虫（实物）

图 6 - 20 肠胃蝇 （*G. intestinalis*）
三期幼虫（实物）

图 6 - 21 红尾胃蝇 （*G. haemorrhoidalis*）
三期幼虫（实物）

图 6 - 22 兽胃蝇 （*G. pecorum*）三期幼虫（实物）

马胃蝇属完全变态，每年完成一个生活周期。以肠胃蝇为例：雌虫产卵在马的肩部、胸、腹及腿部被毛上，每根毛上附卵 1 枚，约经 5 天形成幼虫。幼虫在外力作用下逸出，在皮肤上爬行。马啃咬时食入第一期幼虫，在口腔黏膜下或舌的表层组织内寄生约 1 个月，蜕化为二期幼虫并移入胃内，发育为三期幼虫。到翌年春季幼虫发育成熟，随粪便排至外界落入土中化蛹（图 6 - 23），后羽化为成蝇。成蝇活动季节多在 5～9 月份，以 8～9 月份最盛。各种胃蝇产卵部位不同。肠胃蝇产卵于前肢球节及前肢上部、肩、尾等处的毛上（图 6 - 24）。鼻胃蝇产卵于下颌间隙。红尾胃蝇产卵于口唇周围和颊部。兽胃蝇产卵于地面草上。

成虫产卵时，骚扰马匹休息和采食，马胃蝇幼虫在整个寄生期间均有致病作用。病情轻重与马匹体质和幼虫数量及虫体寄生部位有关。幼虫在寄居于胃肠道的整个时期（图 6 - 25，图 6 - 26，图 6 - 27），刺激胃黏膜，使胃的运动、营养和分泌机能障碍，造成疝痛、消化不良和贫血。幼虫分泌物有毒素作用。本病无特殊症状，主要以消化扰乱和消瘦为主。

诊断应考虑发病季节，确诊需在皮肤上检出蝇卵和患病期在口腔黏膜上找到幼虫，亦可作驱虫性诊断。防治可用伊维菌素等。

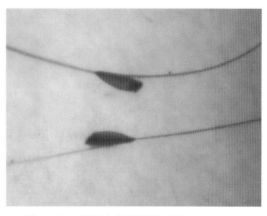

图 6 - 24　尾毛上的肠胃蝇（*G. intestinalis*）
卵（实物）

图 6 - 23　马胃蝇（*Gasterophilus* sp.）蛹（实物）

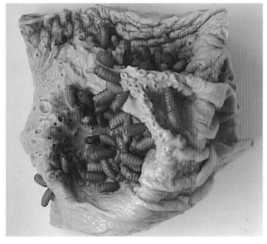

图 6 - 26　寄生于马胃的马胃蝇（*Gasterophilus*
sp.）幼虫放大

图 6 - 25　寄生于马胃的马胃蝇（*Gasterophilus*
sp.）幼虫

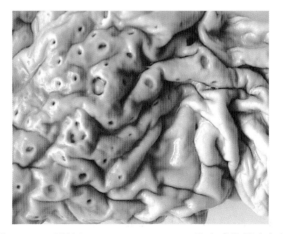

图 6 - 27　马胃蝇（*Gasterophilus* sp.）幼虫感染所致病变

第五节 | 蝇（Muscidae）

属双翅目（Diptera），蝇科（Muscidae）。虫体呈黑色至黑灰色。触角芒呈羽毛状，翅的第四纵脉和第三纵脉在翅缘接近。有蝇属（Musca）、厕蝇属（Fannia）、螫蝇属（Stomoxys）和角蝇属（Lyperosia）。

家　蝇

家蝇属于蝇属（Musca），种类很多，在国内已记载有 25 种，其中以南方家蝇（M. vicina）（舍蝇）和家蝇（M. domestica）为最常见。分布遍及全国各地。家蝇不仅能携带各种致病的病原体，传播疾病，而且还可以作为家畜某些蠕虫病的中间宿主，对人、畜为害十分严重。

家蝇（图 6 - 28，图 6 - 29）为非吸血性蝇类，体中型，躯体黑色。复眼具纤毛或微毛。刮舐式口器，有 4～10 对喙齿。触角芒末节基部膨大，芒上两侧具有长毛直达芒尖。胸部背板有 4 条纵纹。翅脉上的第 4 翅脉急剧弯曲成角度，末端在翅缘与第 3 翅脉接近。腹黄色，背面中央有一暗色纵纹。

家蝇属完全变态昆虫，性喜光亮，白天活动。家蝇除骚扰人、畜外，其足、爪垫、唇瓣和体表细毛都沾染细菌，机械地传播多种疾病，同时还能通过呕吐和排粪传播疾病，如家畜的一些肠道传染病、炭疽、布鲁氏菌、结膜炎、痢疾、蛔虫病和鞭虫病等。家蝇还能作为柔线虫和吸吮线虫的中间宿主。化学药物是控制蝇的最有效的方法，及时清除粪便也有助于蝇的控制。

图 6 - 28　家蝇（M. domestica）（实物）

图 6 - 29　蝇（Muscidae）（制片）

螫　蝇

螫蝇属于螫蝇属。国内常见的为厩螫蝇（S. calcitrans）。螫蝇是夏、秋两季较为常见的一种吸血蝇类，主要吸食牛、马、羊等家畜的血液，偶尔叮人吸血。

厩螫蝇（图 6 - 30）外形略似家蝇，体中型，灰色或暗灰色，体长 5～8mm。口器刺吸式，喙细长，唇瓣小而角质化，喙从口器窝向前伸出，静止时不缩入口器窝内。下颚须一节，其长度不及中喙的一半。触角芒仅上侧具长纤毛。胸部背板具黑条斑。第四纵脉向上呈轻度的弧状弯曲。前胸基腹片向前扩展，两侧具刚毛，前胸侧片中央凹陷处有纤毛。

螫蝇系完全变态昆虫。雌、雄蝇皆吸血。雌蝇产卵成堆，产于畜禽粪中、垃圾中和烂草及其他腐败的植物上。第三期幼虫发育成熟后，钻入土内变蛹。经 6～25 天羽化为成蝇，成蝇寿命 3～4 周。以幼虫或蛹越冬。螫蝇喜在晴朗的白天活动。其数量大，反复侵袭家畜而使家畜失血。

图 6 - 30　厩螫蝇（S. calcitrans）（实物）

能机械地传播牛、马伊氏锥虫病和家畜炭疽病等疾病，并可作为马柔线虫和牛丝状线虫的中间宿主。防治方法同家蝇。

角　　蝇

角蝇（图 6 - 31）属于角蝇属，在国内有三种，即东方角蝇（*Lyperosia exigua*）、西方角蝇（*L. irritans*）和截脉角蝇（*L. titillans*），以东方角蝇最为常见。角蝇分布遍及全国各地。成蝇出现于春、夏、秋三季，以夏季最多。成蝇以吸食牛血为主，也吸马血，但很少叮人。喜群集栖息于牛角上和其附近短毛处，故称角蝇。

成虫呈灰黑色，体型比螫蝇小，长 3～5mm。口器为刮吸式。东方角蝇的体长 3～5mm。腋瓣黄白色，具有淡黄色、白色或淡棕色缘。

角蝇为完全变态昆虫。角蝇雌雄均吸食血液，骚扰牛只；还能机械地传播牛、马伊氏锥虫病。防治方法同家蝇。

图 6 - 31　角蝇（*Lyperosia* sp.）（实物）

第六节 | 虱蝇（Hippoboscidae）

属双翅目（Diptera），虱蝇科（Hippoboscidae）。体扁平，革质膜，触角单节，具刺吸式口器，爪强大，胎生。有虱蝇属（*Hippobosca*）和蜱蝇属（*Melophagus*）。

国内常见的有以下几种。

羊蜱蝇（*M.ovinus*）（图6-32，图6-33），也称绵羊虱蝇，寄生于绵羊的体表，为永久性寄生虫，分布于西北、内蒙古及东北等地。

图6-32 绵羊虱蝇（*Melophagus ovinus*）

图6-33 绵羊虱蝇（*Melophagus ovinus*）（制片）

好望角虱蝇（*H.capensis*）（图6-34），也称犬虱蝇，主要叮咬犬等，偶尔也叮人，分布于全国各地。

图6-34 好望角虱蝇（*Hippobosca capensis*）（实物）

此外，还有马虱蝇（*H.equina*）、牛虱蝇（*H.rufipes*）和骆驼虱蝇（*H.camelina*）等（图6-35）。

羊蜱蝇体长4～6mm，棕色，翅退化。头短而宽。刺吸式口器。无单眼。触角短，位于复眼前的触角沟内。肢粗短，有1对发达的爪。胎生，为完全变态发育，直接接感

图 6-35 马虱蝇（*H. equina*）（实物）

染。成蝇吸血，引起病畜不安、消瘦、贫血、脱毛等，使羊毛质量下降。犬虱蝇成蝇吸
血时引起病犬不安。防治参见硬蜱和虱。

第七节 蚊（Culicidae）

属双翅目（Diptera），蚊科（Culicidae）。头部球形，有 1 对大复眼，喙细长，口器刺吸式。触须 1 对，分 3~5 节。触角 1 对，细长，分 15~16 节。翅上有翅脉和鳞片。重要的有按蚊属（*Anophele*）、库蚊属（*Culex*）、伊蚊属（*Aedes*）等（图 6-36，图 6-37，图 6-38）。

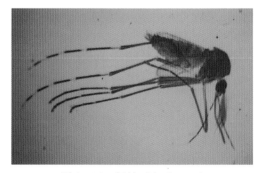

图 6-36 伊蚊（*Aedes* sp.）

图 6-37 雄性库蚊（*Culex* sp.）

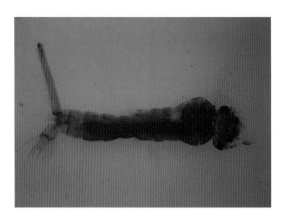

图 6-38　库蚊（*Culex* sp.）的幼虫

　　我国记载的有 300 多种。发育属完全变态，包括卵、幼虫、蛹和成虫四个阶段。卵产于水中，经 4~8 天孵化出幼虫（孑孓），约经 3 次蜕化变为蛹。蛹不食但能活动。蛹期 1~3 天，羽化为成蚊。伊蚊多在白天活动。库蚊、按蚊多在夜间活动。雌蚊吸血，雄蚊则以花蜜和植物汁液为食。雌蚊吸血的对象包括人、哺乳动物、鸟类、爬行类和两栖类。

　　蚊虫吸食人、动物血液，叮咬部位发生红肿、剧痒，使人和动物不能很好休息。

　　蚊虫还可以传播马丝状线虫、指形丝状线虫、犬恶丝虫和马流行性脑脊髓炎等。

　　灭蚊应以消灭孑孓为主。可以在水中喷洒各种杀虫剂。消灭成蚊可以安装纱窗，在纱窗上喷洒长效接触性杀虫药，室内喷洒杀虫药气雾剂等。

第八节　蠓（Ceratopogonidae）

　　属双翅目（Diptera），蠓科（Ceratopogonidae）。虫体细小，黑色。头部近于球形，复眼 1 对。触角分为 13~15 节，细长。口器短，为刺吸式。翅短宽，翅膜上常有明斑与暗斑，密布细毛。足 3 对，发达，中足较长，后足较粗。腹部 10 节，各体节表面着生细毛。我国兽医上有重要性的为库蠓属（*Culicoides*）、细蠓属（*Leptoconops*）和拉蠓属（*Lasiohelea*）等。

　　蠓的种类极多，全世界已知有 4 000 种之多。蠓属完全变态，因种的不同选择不同的环境产卵。卵经 3~6 天孵出幼虫。幼虫细长，生活于水底等处，经 3~5 周或者更长时间化为蛹。蛹期一般只有 3~5 天。羽化为成虫后，雌雄虫进行交配。之后，雌蠓开始叮咬人畜。蠓对人畜无绝对的选择性，但有偏嗜性。成蠓寿命 1 个月左右。每年可以繁殖两代。

　　雌蠓在白天和黄昏，在野外和舍内均能侵袭畜、禽，大量出现时，使畜、禽不安，被叮咬处红肿、剧痒，皮下水肿，有明显的皮炎症状。一些种可以传播盘尾丝虫、住白细胞虫和血变虫，是它们的中间宿主。还是牛、羊的蓝舌病的主要传播者。此外，尚可传播多种病毒病和细菌病。

防治主要应消除蠓的滋生地，或在幼虫滋生处喷洒杀虫药。

第九节　蚋（Simuliidae）

属双翅目（Diptera），蚋科（Simuliidae）。体小而粗壮，黑色。头部半球形，复眼发达。足短。背驼。翅宽，前部脉粗，后部脉细。触角短，分9～11节，每节均有短毛。口器为刺吸式。足粗短（图6-39）。在我国，具有兽医重要性的为蚋属（*Simulium*）、原蚋属（*Prosimulium*）、维蚋属（*Wilhelmia*）和真蚋属（*Eusimulium*）。

图6-39　蚋成虫（Simuliidae）（实物）

蚋属完全变态昆虫，交配后，雌蚋在水中产卵，经4～12天孵出幼虫。幼虫经3～10周发育成熟，而后化为蛹。蛹期2～10天，羽化为成虫。成蚋寿命，雌蚋1～2个月，雄蚋1周左右。成蚋开始以植物汁液和花蜜为食物，待雌蚋唾液腺发育成熟后，开始吸血。雄蚋不吸血。蚋出现于春、夏、秋三季，以夏季最多。多数成蚋吸血无选择性，人、畜、禽均为攻击对象。蚋多在白天活动。

蚋吸血，不但引起被吸血动物不安，且唾液中含有毒素，引起吸血部位红肿、剧痒，皮肤柔嫩部位发生水肿，有时还可以形成水疱或溃烂。蚋可以传播盘尾丝虫和住白细胞虫。

蚋的防治应考虑蚋的习性。可以用烟熏驱除，或者在体表涂抹昆虫驱避剂。消灭蚋的滋生地，可以减少蚋的密度，可以在水中投入倍硫磷或除虫菊酯类药物，可以有效杀灭幼虫。

第十节　虻（Tabanidae）

属双翅目（Diptera），虻科（Tabanidae）。虻的形态一般相近似（图6-40，图6-41），体壮而粗大，体长1～4 cm，呈黄、黑或灰黑色。头部较大，大部分被复眼所占，触角分三节。口器为刮舐式。胸部由三节组成，其两旁固定有坚强的翅。翅透明或有色斑，翅脉复杂。腹部较扁平，分七节。胸、腹部或翅上具有不同的色彩。在我国兽医学上有重要意义的为虻属（*Tabanus*）、麻虻属（*Chrysozona*）和斑虻属（*Chrysops*）。已记载的有150多种。

图 6-40　虻（Tabanidae）（实物）

图 6-41　虻（Tabanidae）背面观（实物）

　　虻属完全变态发育。虫卵产于水边的植物或其他物体上，很快发育为幼虫，经数月或一年，在干土地上化蛹，经半月化为成虫。虻的活动季节依地区及种类不同而异，在我国南方地区一般为 4～10 月份，北方地区为 5～8 月份。

　　成虻在晴朗的白天活动。雌虻不吸血。雄虻刺吸牛、羊、马等家畜血液，偶尔也吸人的血液。其唾液含有毒素，引起皮肤痛、痒、出血和肿胀，牛马常受惊，失去控制。可传播锥虫病、边虫病、马传染性贫血、炭疽、土拉伦斯菌病及人的罗阿丝虫病等。

　　虻的防治可采取定期用蝇毒磷等喷洒畜体和虻的孳生地，或排水消除孳生地，及利用天敌除虻等综合防治措施。

第十一节　兽虱（Anoplura）

　　又称吸血虱。属虱目（Anoplura），颚虱科（Linognathidae）和血虱科（Haematopinidae）。共同特征为，体扁无翅，头部较胸部为窄，呈圆锥形。口器刺吸式。触角短，3～5 节。复眼退化或无眼，单眼无。胸部小，三节融合，全为膜状。腹部大，9 节，背腹面每节至少有一行毛，一般有多行毛。足粗短，3 对，中、后腿比前腿大得多。为家畜体表的永久性寄生虫。

　　两科的主要区别在于血虱科腹部具侧板，且常具背板与腹板，而颚虱科缺。重要的有血虱属（*Haematopinus*）和颚虱属（*Linognathus*）。有关的种血虱属有猪血虱（*H. suis*）、牛血虱（*H. eurysternus*）、水牛血虱（*H. tuberculatus*）及驴血虱（*H. asini*），均因畜主特异性而区分（图 6-42 至图 6-46）。颚虱属有牛颚虱（*L. vituli*）、绵羊颚虱（*L. ovillus*）、山羊颚虱（*L. stenopsis*）等（图 6-47）。

图6-42　血虱（*Haematopinus* sp.）头部

图6-43　雌性猪血虱（*H. suis*）

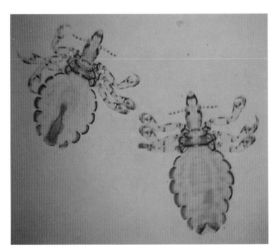

图6-44　猪血虱（*H. suis*）

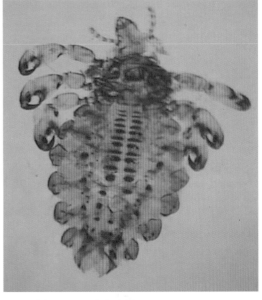

图6-45　水牛血虱（*H. tuberculatus*）

图 6-46　水牛血虱（*H. tuberculatus*）

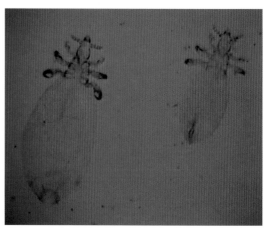

图 6-47　山羊颚虱（*L. stenopsis*）

兽虱为不完全变态发育，有卵、若虫和成虫三个阶段。家畜直接接触或间接接触传染。兽虱吸血，唾液内含有毒素，使吸血部发痒，引起动物不安，影响采食和休息。病畜表现消瘦、脱毛、贫血、生长发育不良、乳量减少，甚至皮肤继发感染。

在皮肤上检到虱或虱卵即可确诊。治疗用杀虫剂喷洒动物躯体。药物有溴氰菊酯、氰戊菊酯、蝇毒磷、倍硫磷等，伊维菌素皮下注射效果也很好。防治应搞好畜舍及畜体的清洁卫生，保持通风干燥及定期消毒杀虫等。

第十二节　羽虱和毛虱（Mallophaga）

属食毛目（Mallophaga），毛虱科（Trichodectidae）、长角羽虱科（Philopteridae）和短角羽虱科（Menoponidae）。主要特征为体长较虱目小，0.5～1mm，体扁无翅，多扁而宽，少数细长，头钝圆，宽大于胸部。咀嚼式口器。触角3～5节。胸部分前胸、中胸和后胸。中胸常有不同程度的融合，每一胸节着生1对足。足短粗，爪不甚发达。

寄生于禽类羽毛上的称为羽虱，寄生于哺乳动物毛上的称为毛虱。每一种虱均有一定的宿主，具有宿主特异性，而一种动物可以寄生多种。每种虱有特定的寄生部位。寄生于家禽的常见种有长角羽虱科（Philopteridae）和短角羽虱科（Menoponidae）的长羽虱属（*Lipeurus*）、圆羽虱属（*Goniocotes*）、角羽虱属（*Goniodes*）和鸡虱属（*Menopon*）的多个种（图6-48至图6-52）。寄生于家畜的有毛虱科（Trichodectidae）的毛虱属（*Damallinia*）的多个种（图6-53至图6-57）。为体表的永久性寄生虫。

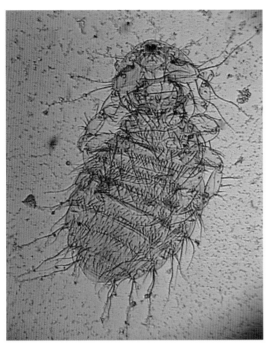

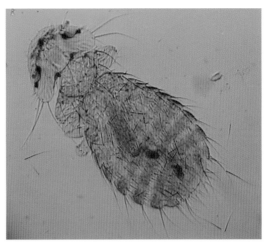

图 6-49　短角羽虱（*Menacanthus* sp.）

图 6-48　草黄短角羽虱（*Menacanthus stramineus*）

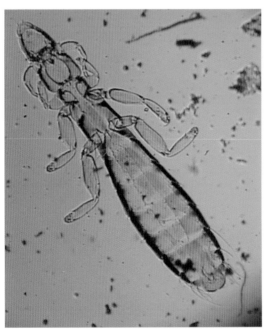

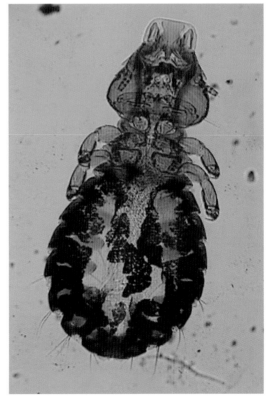

图 6-50　长羽虱（*Lipeurus* sp.）

图 6-51　大角羽虱（*Goniodes* sp.）

图 6-52　鸡虱（*Menopon* sp.）

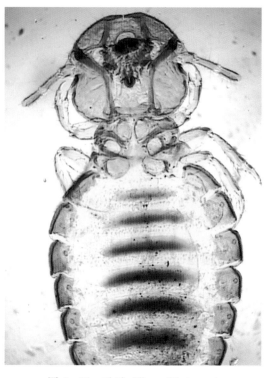

图 6-53　毛虱（*Damallinia* sp.）

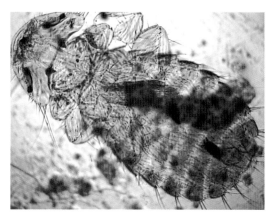

图 6-54　毛虱（*Damallinia* sp.）

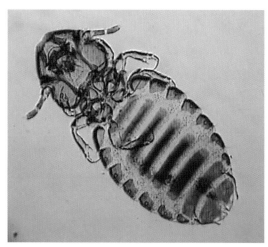

图 6-55　牛毛虱（*D. bovis*）

图6-57　犬毛虱（*Damallinia* sp.）

图6-56　山羊毛虱（*D. caprae*）

　　发育和传播方式与兽虱基本相似，为不完全变态发育（图6-58）。畜禽通过直接接触或间接接触而感染。由于羽虱和毛虱以嚼食羽毛、皮屑为营养，引起脱毛、发痒，进而消瘦、贫血、生长发育停滞、产蛋下降，严重者死亡。诊断与防治参见兽虱。

图6-58　黏附在毛上的虱卵

第十三节　蚤（Siphonaptera）

　　属蚤目（Siphonaptera），蠕形蚤科（Vermipsyllidae）和蚤科（Pulicidae）。

　　蠕形蚤科重要的种为羚蚤属（*Dorcadia*）的尤氏羚蚤（*D. ioffi*），又称尤氏独卡特蚤，以及蠕形蚤属（*Vermipsylla*）的花蠕形蚤（*V. alacurt*）（图6-59）。二者常统称为蠕形蚤。虫体为小型、无翅昆虫，身体左右扁平，棕褐色，头三角形，触角3节，较短。刺吸式口器。雌雄蚤均有发达的节间膜。下唇须节数均甚多，蠕形蚤有9～15节，羚蚤有20～30节。胸部小，3节，肢3对，粗大。腹部10节，前7节清晰可见，后3节变为外生殖器。吸血后，雌虫腹部体积显著变大。

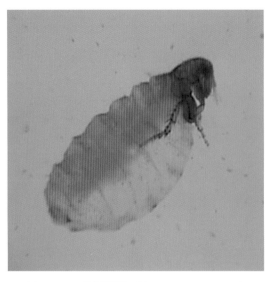

图 6 - 59　花蠕形蚤（*Vermipsylla alacurt*）

　　为完全变态发育。成虫侵袭动物，其他发育阶段在地面完成。通过接触感染。主要吸食牦牛、绵羊、马和驴等家畜的血液。多见于秋末冬初，呈地方性流行。在我国西北、内蒙古和东北等地较为普遍。蚤在严寒的冬季生活在宿主体表，隐藏在毛间，在气候寒冷，营养较差的情况下，尤易发病，损失很大。家畜表现皮肤发痒、脱毛、消瘦、贫血、水肿，最后可衰竭死亡。皮肤上发现大量蠕形蚤寄生时可以确诊。防治参见虱。

　　蚤科常见的蚤有栉首蚤属（*Ctenocephalide*）的犬栉首蚤（*C. canis*）（图 6 - 60）和猫栉首蚤（*C. felis*）。虫体基本形态与前述相同，但吸血后雌蚤腹部不膨大。

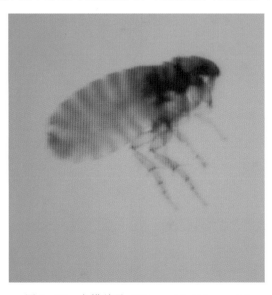

图 6 - 60　犬栉首蚤（*Ctenocephalides canis*）

猫栉首蚤主要寄生于犬、猫，有时也见于其他多种温血动物。犬栉首蚤只限于犬及野生犬科动物，两者均为世界分布，发育为完全变态。成虫寄生于动物体表，其他阶段均在动物活动场所的地面或犬、猫窝内完成。

犬、猫通过直接接触或进入有成蚤的地方而发生感染。叮咬吸血，引起瘙痒，犬、猫蹭痒引起皮肤擦伤、贫血、过敏性皮炎。一般可见脱毛，被毛上有蚤的排泄物，皮肤破溃，下背部和脊柱部位有粟粒大小的结痂。是犬复孔绦虫和缩小膜壳绦虫的中间宿主。

根据临床症状可初诊，体表发现蚤和蚤排泄物时可确诊。许多杀虫剂都可杀死犬、猫的蚤，但杀虫剂都有一定的毒性，猫对杀虫剂比犬敏感，用时要小心。可选择有机磷酸盐、氨基甲酸酯、除虫菊酯类、伊维菌素类药物治疗或用药物性除虫项圈预防。

第七章

原 虫 (Protozoa)

一、一般形态

原虫是单细胞动物，整个虫体由一个细胞构成。分类上属于原生生物界（Kingdom Protista），原生动物亚界（Protozoa）。同高等动物的细胞一样，原虫具有细胞膜、细胞质和细胞核等主要细胞结构。

电镜下，原虫细胞膜是三层结构的单位膜，中间层为脂质层，内外两层均为蛋白质层。原虫的细胞核也有双层单位膜，膜上有小孔。其他一些膜性细胞器，如内质网、线粒体、高尔基体、各种膜空泡等均与真核生物相似。此外，原虫还有膜性小体，称微体。

细胞中央区的细胞质称内质，周围区的称外质。内质呈溶胶状态，承载着细胞核、线粒体、高尔基体等；外质呈凝胶状，在光学显微镜下较为透明，起着维持虫体结构刚性的作用。鞭毛、纤毛的基部及其相关纤维结构均包埋于外质中。

光镜下，原虫细胞核外表变化很大，除纤毛虫外，大多数均为囊泡状，其特征为染色质分布不均匀，在核液中出现明显的清亮区，染色质浓缩于核的周围区域或中央区域。有一个或多个核仁。核内体明显易见，与核仁相似，但在有丝分裂过程中不消失。

原虫有运动器官4种，分别是鞭毛、纤毛、伪足和波动嵴（undulating ridges）。

鞭毛（flagella）很细，呈鞭子状。鞭毛全长的大部分可能包埋在虫体一侧延伸出来的细胞膜中，从而形成一个鳍状波动膜。整个鞭毛基部包在一个长形的盲囊中，称鞭毛囊。鞭毛轴丝起始于细胞质中的一个小颗粒，称基体（kinetosome）。纤毛（cilia）的结构与鞭毛相似，但数目更多。伪足（pseudopodia）是肉足鞭毛亚门虫体的临时性器官，它们可以引起虫体运动以捕获食物。波动嵴（undulating ridges）是孢子虫定位的器官，只有在电镜下才能观察到。

一些原生动物还有一些特殊细胞器，即动基体和顶复合器。

动基体（kinetoplast）为动基体目原虫所有。光镜下动基体嗜碱性，位于基体后，呈点状或杆状。Feulgen反应阳性。电镜下可见四周为双层膜，中央是DNA纤维形成的高电子致密度片层样结构。与基体相邻但不相连。

顶复合器（apical complex）是顶复门虫体在生活史的某些阶段所具有的特殊结构，只有在电镜下才能观察到。典型的顶复合器一般含有一个极环（polar ring）、多个微线体（microneme）、数个棒状体（rhoptry）、多个表膜下微管（subpellicular tuble）一个或多个微孔（micropore）、一个类锥体（conoid）。顶复合器与虫体侵入宿主细胞有着密切的关系。

二、发　育

原虫的生殖方式有无性和有性生殖两种。无性生殖方式有以下几种：

二分裂（binary fission），即一个虫体分裂为两个。分裂顺序是先从基体开始，而后动基体、核，再细胞。有纵二分裂和横二分裂。

裂殖生殖（schizogony），也称复分裂。细胞核和其基本细胞器先分裂数次，而后细胞质分裂，同时产生大量子代细胞。裂殖生殖中的虫体称为裂殖体（schizont）后代称裂殖子（schizozoite 或 merozoite）。一个裂殖体内可包含数十个裂殖子。

孢子生殖（sporogony），是在有性生殖配子生殖阶段形成合子后，合子所进行的复分裂。经孢子生殖，孢子体可以形成多个子孢子（sporozoite）。

出芽生殖（budding），即先从母细胞边缘分裂出一个小的子个体，逐渐变大。

内出芽生殖（internal budding），又称内生殖（endodyogeny），即先在母细胞内形成两个子细胞，子细胞成熟后，母细胞被破坏。如经内出芽生殖法在母体内形成两个以上的子细胞，称多元内生殖（endopolygeny）。

有性生殖有结合生殖和配子生殖两种基本类型。

接合生殖（conjugation），多见于纤毛虫。两个虫体并排结合，进行核质的交换，核重建后分离，成为两个含有新核的虫体。

配子生殖（syngamy），是虫体在裂殖生殖过程中，出现性的分化，一部分裂殖体形成大配子体（雌性），一部分形成小配子体（雄性）。大小配子体发育成熟后，形成大、小配子。一个小配子体可以产生许多个小配子，一个大配子体只产生一个大配子。小配子进入大配子内，结合形成合子（zygote）。合子可以再进行孢子生殖。

第二节　锥虫（Trypanosoma）

分类上属于肉足鞭毛门（Sarcomastigophora）、鞭毛虫亚门（Mastigophora）、动物鞭毛虫纲（Zoomastigophorea）、动体目（Kinetoplastida）、锥体亚目（Trypanosomatina）、锥体科（Trypanosomatidae）、锥虫属（*Trypanosoma*）。

典型虫体为叶状，但也可能为圆形。锥虫科虫体可寄生于脊椎动物，但多数寄生于昆虫中。另一些为异宿主型，生活史的一部分在脊椎动物中完成，另一部分在无脊椎动物中完成。在整个生活史中，可发生形态的改变，主要变化为虫体形状、基体和动基体的位置及鞭毛的发育程度。

锥鞭毛体（trypmastigote）是最高级形式。动基体和毛基体靠近虫体后端，鞭毛与身体之间形成波动膜，沿虫体一侧一直延续到前端。

后鞭毛体（opisthomastigote）的动基体和毛基体靠近后端，鞭毛沿虫体一侧延伸至前端，无波动膜。

短膜虫体（epimastigote）的动基体和毛基体位于核与前端之间，波动膜由此向前延伸。

前鞭毛体（promastigote）的动基体和毛基体位于核前，靠近虫体前端，无波动膜。

无鞭毛体（amastigote）的虫体呈圆形，鞭毛退化为细短纤维或不存在。

伊 氏 锥 虫 病

本病又称为苏拉（Surra）病。病原为锥虫属（*Trypanosoma*）的伊氏锥虫（*Trypanosoma evansi*），是马属动物、牛、水牛、骆驼的常见病。虫体寄生在动物的血液（包括淋巴液）和造血器官中。

在姬氏染色的血片中，虫体呈柳叶状，单形型，长 18～34μm，宽 1.5～2.5μm，中央有椭圆形的核。虫体后端有动基体，光镜下动基体嗜碱性，呈点状或杆状，电镜下可见四周为双层膜，中央是 DNA 纤维形成的高电子致密度片层样结构。有的虫株无动基体。靠近动基体有生毛体，其上着生一根鞭毛，以波动膜与虫体相连并伸向虫体前方（图 7-1，图 7-2，图 7-3，图 7-4）。

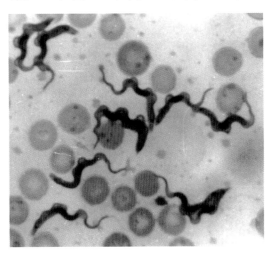

图 7-1 伊氏锥虫（*Trypanosoma evansi*）动基体株

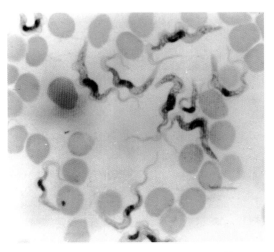

图 7-2 伊氏锥虫（*T. evansi*）无动基体株

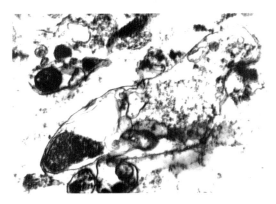

图 7-3 伊氏锥虫（*T. evansi*）动基体株
电镜照片（示动基体 DNA）

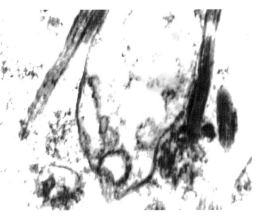

图 7-4 伊氏锥虫（*T. evansi*）无动基体株
电镜照片

伊氏锥虫病在我国长期流行，宿主极为广泛，病原除了寄生于马、牛、驼、猪、犬等家畜，还能寄生在鹿、兔、象、虎等动物，人工感染也可寄生于豚鼠、大鼠、小鼠等实验动物。其中马属动物和犬易感性最强。由吸血昆虫（虻和吸血蝇类）吸食病畜血液而传播。目前有两个疫区，一个在新疆、甘肃、宁夏、内蒙古阿拉善盟和河北北部一带，主要以感染骆驼为主；另一个在秦岭-淮河一线以南，主要以感染黄牛、水牛、奶牛、马属动物和其他动物为主。对两疫区虫株的分子生物学研究表明，南方疫区存在动基体和无动基体两个株，北方疫区尚未发现无动基体株。两疫区虫株致病力的比较研究表明，北方疫区虫株的致病力显著低于南方疫区虫株。我国南方气候温暖，吸血昆虫几乎一年四季都有，但以 7~9 月为多发季节。

锥虫在血液中迅速增殖，产生大量的有毒的代谢产物，宿主也产生溶解锥虫的抗体，使虫体溶解而释放出毒素。毒素作用于中枢神经系统，使其受到损害，引起体温升高、运动障碍、造血器官损伤、红细胞溶解，出现贫血与黄疸。血管壁的损伤导致皮下水肿。肝脏的损伤及虫体对糖的大量消耗，造成低血糖症和酸中毒现象。

各种动物易感性的不同，临床症状和病变表现也不同。但是皮下水肿和胶样浸润为本病的显著症状之一，浮肿多见在胸前、腹下等部位。马感染后，多呈急性，潜伏期 2~8 天，体温突然升高，血液中出现虫体，高热稽留 3~10 天后，体温恢复正常，3~6 天后再度上升，如此反复。随体温的升高，病畜出现精神沉郁，眼结膜充血，后贫血并黄染，有时有小米大出血斑。身体下垂部浮肿，心跳、呼吸加快，食欲减退。病畜迅速消瘦。病末出现运动障碍，衰竭而死。骆驼和牛感染本虫后，多呈慢性经过，常在冬季发病，情况与马相似。常见耳尖、尾尖干性坏死。

诊断应根据症状和流行情况，采血做压滴标本，在显微镜下检查虫体。亦可采血接种于实验小鼠，做动物接种实验。每隔 1~2 天采小鼠血液检查一次，连续半个月。此外，尚可用间接血凝试验、补体结合反应、琼脂扩散试验和酶联免疫吸附试验等血清学反应。治疗可用萘磺苯酰脲（Sulphonated naphthylamine）（商品名为苏拉明，Suramin 或拜尔 "205"）、喹嘧胺（Quinapyraroine）（商品名为安锥赛，Antrycide）、三氮脒（Diminazene aceturate）（商品名为贝尼尔，Berenil，国产品名为血虫净）和氯化氮胺菲啶盐酸盐（Isometamidium chloride）（商品名为沙莫林，Samorin）。需要注意的是，许多抗锥虫药是以动基体为作用靶标的，无动基体株的存在，在一定程度上会影响药物的作用效果。预防主要在疫区检出带虫动物，及时给以药物治疗，亦可用喹嘧胺氯化物作药物预防。此外，还要依靠广大饲养员、放牧人员，经常注意观察家畜采食和精神状态，发现异常时，及时进行临床和实验室检查病原。

马 媾 疫

亦称道淋（Dourine）。病原为锥虫属的马媾疫锥虫（*Trypanosoma equiperdum*），主要感染马属动物。分布于我国西北、东北、内蒙古、河南、安徽等地。目前发生较少。

马媾疫锥虫形态与伊氏锥虫无明显区别。虫体长柳叶形，单形型，长 18~26μm，宽 2~2.5μm，中央有椭圆形的核，并有动基体、鞭毛、波动膜。病原仅寄生于马属动物泌尿生殖道黏膜，其他动物无易感性。该病通过交配由病马传给健马，未严格消毒的人工授精器械、用具也可传播。虫体以二分裂方式增殖。

本病潜伏期为 8~20 天，病程分三期：（1）水肿期：外生殖器肿胀，公马一般先从包皮前端开始发生水肿，随后蔓延到阴囊和阴茎，甚至到股内侧，尿频，性欲亢进。母马阴唇水肿，从阴道排黏稠分泌物，黏膜上有小结节或小水疱。（2）皮肤病变期：病马于4～6周后，在颈、胸、腹、臀等特别是两侧肩部皮肤出现无热无痛的银元疹，短期内自行消失。（3）麻痹期：病畜出现某一局部的神经麻痹而呈现跛行、颜面歪斜、吞咽麻痹等症状。整个病程中，体温只一时性升高，后期有些病马有稽留热。病后期出现贫血，消瘦，最后死亡。死亡率可达50%～70%。

　　诊断本病，应参考症状进行病原检查。检查病原应采取从银元疹挤出皮下组织液或尿道、阴道黏膜的刮取物，做成压滴标本或染色后显微镜检查。此外，也可用补体结合反应和血清学反应。治疗参见伊氏锥虫病。预防应加强检疫，检出病畜，严禁自然交配。并开展人工授精和药物预防等工作。

第三节　利什曼原虫（Leishmania）

　　分类上属于肉足鞭毛门（Sarcomastigophora）、鞭毛虫亚门（Mastigophora）、动物鞭毛虫纲（Zoomastigophorea）、动体目（Kinetoplastida）、锥体亚目（Trypanosomatina）、锥体科（Trypanosomatidae）、利什曼属（*Leishmania*）。

　　利什曼属所有种形态十分相似，无鞭毛体阶段呈卵形或球形，大小通常为2.5～5.0μm×1.5～2.0μm。在染片中，一般只能看到核和动基体，有时可见到内纤维（鞭毛）遗迹。电镜下可看到鞭毛和基体。体外培养和无脊椎动物中可见前鞭毛体，呈纺锤形，大小14～20μm×1.5～3.5μm。传播媒介为白蛉。

利什曼原虫病

　　病原为利什曼属的虫体。热带利什曼原虫（*L. tropica*），引起的疾病称东方疖（Orientalosore）；杜氏利什曼原虫（*L. donovani*），引起的疾病称黑热病（Kala-azar）。寄生于人和犬，属于人畜共患病。

　　利什曼原虫在哺乳类宿主体内为利什曼型，呈圆形或卵圆形，大小约4μm×2μm，虫体一侧有一球形的核；此外，还有动基体和基轴线（图7-5）。在传播媒介白蛉体内除利什曼型外，还有细滴型。

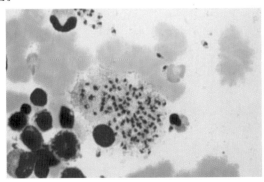

图7-5　利什曼原虫（*Leishmania* sp.）（巨噬细胞内）

利什曼原虫最初感染野生动物，尤其是啮齿类，人只是偶然情况下受感染。犬是利什曼原虫的天然宿主，是人感染热带利什曼原虫和杜氏利什曼原虫的感染源。本病通过白蛉属（Phlebotomus）的昆虫作为媒介而传播。

虫体寄生于网状内皮细胞内。犬感染利什曼原虫数月后出现临床症状，表现为贫血、消瘦、衰弱，口角及眼睑发生溃烂，开始由于眼睛周围脱毛形成特殊的"眼镜"，然后体毛大量脱落。慢性病例则见全身皮屑性湿疹和被毛脱落。

诊断要依靠在血、骨髓或脾的涂抹片中检查到利什曼原虫，有时在病犬的皮肤溃疡边缘刮取病料也可查到病原。治疗本病可用葡萄糖酸锑钠、戊脘脒（Pentamidine）、锑制剂等。我国目前已基本消灭本病，但由于人畜共患，因此一旦发现新发病犬，以扑杀为宜。

第四节 贾第虫（Giardia）

属动物鞭毛虫纲（Zoomastigophorea）、双滴目（Diplomonadida）、双滴亚目（Diplomonadina）、六鞭科（Hexamitidae）、贾第属（Giardia）。

虫体有滋养体和包囊两种形态。滋养体呈梨形到椭圆形，两侧对称。前半呈圆形，后部逐渐变尖，长 9～20μm，宽 5～10μm。腹面扁平，背面隆起，有 2 个核，4 对鞭毛，分别称为前、中、腹、尾鞭毛。体中部有两个细长中体。包囊呈卵圆形，内有 2～4 个核或更多的核。滋养体以二分裂法增殖，随粪便以包囊形式排出体外。传播方式为吃入成熟包囊。

贾 第 虫 病

本病的病原为贾第属的虫体，寄生于动物的肠道。

本属的原虫形态均相似，但有宿主特异性，根据宿主的不同分为不同的种，如牛贾第虫（G. bovis）、山羊贾第虫（G. caprae）、犬贾第虫（G. canis）、人的蓝氏贾第虫（G. lamblia）等。

虫体有滋养体和包囊两种形态。滋养体状如对切的半个梨形，前半呈圆形，后部逐渐变尖，长 9～20μm，宽 5～10μm，腹面扁平而背面隆起。腹面有 2 个吸盘，有 2 个核，4 对鞭毛，按位置分别称为前、中、腹、尾鞭毛。体中部尚有 1 对中体（median rods）（图 7-6）。包囊呈卵圆形，长 9～13μm，宽 7～9μm，囊内可见到 2 个或 4 个核，有的具有更多的核。

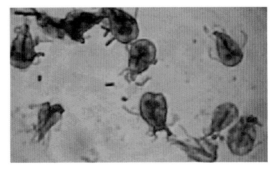

图 7-6 蓝氏贾第虫（G. lamblia）滋养体

兽医临床上具有重要意义的是犬的疾病。虫体以包囊的形式传播。包囊随粪便排出体外，污染食物和饮水，健康犬吃到污染的食物或饮水而遭受感染。虫体在十二指肠内脱囊而出变为滋养体，在十二指肠和胆囊内大量繁殖而引起肠炎。滋养体落入肠腔，随后到达肠管后段并形成包囊排出体外。幼犬发病主要表现为下痢，粪便灰色，带有黏液或血液；精神沉郁，消瘦，进而脱水。成年犬仅表现排出多泡的糊状粪便，其他无症状。

诊断本病可检查粪便，能够见到活的虫体，如以硫酸锌漂浮法，也可查到包囊。免疫学诊断可选用酶联免疫吸附试验（ELISA）或间接荧光抗体试验（IFA）。治疗本病可以用灭滴灵、甲硝磺酰咪唑、丙硫苯咪唑（Albendazole），也可用阿的平，均有效。

第五节 毛滴虫（Tritrichomonas）

属动物鞭毛虫纲（Zoomastigophorea）、毛滴目（Trichomonadida）、毛滴虫科（Trichomonadidae）。本科虫体 4～6 根鞭毛，一根向后与波动膜相连。有肋和轴干。毛基体是由一个小体和一根或多根纤丝联合组成。兽医上重要的为三毛滴虫属（*Tritrichomonas*）。

牛 毛 滴 虫 病

牛毛滴虫病的病原为三毛滴虫属的胎儿三毛滴虫（*T. foetus*），寄生于牛的生殖道内。世界性分布，我国也有发生。

新鲜阴道分泌物中，胎儿三毛滴虫呈梨形，长 10～25μm，宽 3～15μm。前鞭毛 3 根，另一根鞭毛以波动膜与虫体相连，末端游离。体内有一轴柱，核位于虫体前部。运动活泼（图 7-7，图 7-8）。病料放时间过长时，虫体缩短，近似圆形，不易辨认。以二分裂增殖。

图 7-7 胎儿三毛滴虫（*Tritrichomonas foetus*）

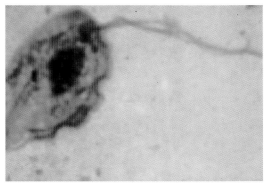

图 7-8 胎儿三毛滴虫（*T. foetus*）

公牛多寄生于包皮鞘内，母牛则寄生于生殖道（主要是阴道、子宫）和胎儿，多见于胎儿的第四胃内。本病通过交配传播，而人工授精工具消毒不彻底也可间接传播。感染后母牛最常见的症状是流产，流产多发于怀孕后 1～16 周。流产后可自愈，也可继续不孕。有时有死胎并出现子宫积脓。公牛的症状是包皮肿胀，不愿交配，包皮黏膜表面有分泌物，并有红色小结节。

诊断常根据病史、病状和虫体检查做出。虫体过少难以查到时要依靠体外培养。治疗可用0.1%黄色素（又称锥黄素，Acriflavinum）、0.2%碘液或1%血虫净（三氮脒，Diminazene）溶液冲洗生殖道。预防应开展人工授精和加强检疫工作。目前，我国已很少发病，但国外时有发生。引进奶牛和种牛精液时应加强检疫。

第六节｜组织滴虫（Histomonas）

属动物鞭毛虫纲（Zoomastigophorea）、毛滴目（Trichomonadida）、单毛滴虫科（Monocercomonadidae）。

本科虫体3～5根前鞭毛，向后的鞭毛全部游离或在近端有一段黏附于背部的体表。没有肋，有盾。副基体为杆形、盘形或V形。兽医上重要的为组织滴虫属（Histomonas）。

组织滴虫病

亦名黑头病或传染性盲肠肝炎。病原为组织滴虫属的火鸡组织滴虫（H.meleagridis），感染火鸡、鸡、孔雀、雉、珍珠鸡、鹧鸪及鹌鹑等。虫体寄生于肝脏和盲肠。

虫体为多形性虫体，大小不一，近圆形或变形虫形，伪足钝圆。盲肠腔内的虫体长8～15μm，有一根鞭毛（图7-9）。肠和肝组织中的虫体无鞭毛，但是有伪足，虫体较小。火鸡组织滴虫以二分裂方式增殖。

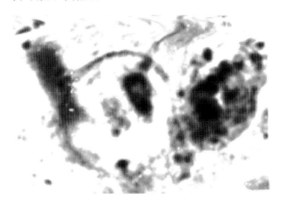

图7-9　火鸡组织滴虫（Histomonas meleagridis）

自然情况下，火鸡最易感，尤其是3～12周龄的雏火鸡。自然感染情况下，鸡死亡率较低。寄生于盲肠的火鸡组织滴虫被鸡异刺线虫吞食，继而进入其卵而得到保护，能在虫卵和幼虫体内长期存活。当鸡感染异刺线虫时，同时感染组织滴虫。

本病潜伏期7～12天。火鸡最敏感。病禽呆立，翅下垂，羽毛粗乱，排出硫黄色粪便。雏禽易感，死亡率高。部分病禽冠、髯发绀，呈黑色，因而有"黑头"之称。剖检的特征性病变为盲肠黏膜溃疡，增厚肿大，含有灰色或绿色的干酪样内容物，有时盲肠壁穿孔。肝表面有黄绿色圆形坏死灶（图7-10，图7-11）。

图 7 - 10　火鸡组织滴虫（*H. meleagridis*）
感染的火鸡

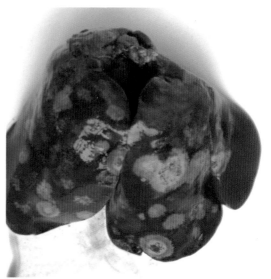

图 7 - 11　火鸡组织滴虫（*H. meleagridis*）
感染的肝脏病变

　　诊断主要依据症状和特征性的病变，确诊要检查活的组织滴虫，方法用加温 40℃生理盐水稀释盲肠黏膜刮下内容物，进行镜检。防治可用灭滴灵（甲硝达唑，Metronidazole），有良好的治疗效果，还可选用二甲硝咪唑（Dimetridazole）、异丙硝达唑、洛硝达唑等。同时应定期进行异刺线虫的驱虫工作。

第七节　巴贝斯虫（Babesia）

　　属顶复器门（Apicomplexa）、孢子纲（Sporozoea）、梨形虫亚纲（Piroplasmia）、梨形虫目（Piroplasmida）、巴贝斯科（Babesiidae）。

　　本科虫体呈梨形、圆形或卵圆形，寄生于哺乳动物红细胞。顶复器退化为极环、棒状体、微线体和膜下微管。传播媒介为蜱。本科只有巴贝斯属（*Babesia*），本属有科的特征。宿主为哺乳动物、鸟类和爬行动物。

双芽巴贝斯虫病

　　病原为巴贝斯属的双芽巴贝斯虫（*B. bigemina*），感染黄牛、奶牛、水牛、牦牛，虫体寄生于红细胞内。本病广泛分布于中南美洲、南欧、北非、南非、南亚、澳大利亚等地，我国的甘肃、陕西、河南、山东、安徽、辽宁、浙江、江苏、云南、贵州、湖北、湖南、江西、福建、广西、广东、西藏、台湾等地也均有报道。

　　牛双芽巴贝斯虫为大型虫体，其长度大于红细胞半径，呈圆环形、椭圆形、单梨子形、双梨子形和不规则形，血液涂片以姬姆萨染色，虫体的原生质呈浅蓝色，核为深紫色，往往位于虫体边缘，染色质为两团，圆形的核有时从虫体中逸出，虫体中心呈空泡状，不着色而透明，典型的双梨子形虫体两尖端多以锐角相连，其长度4～5μm。圆环形虫体的直径为2～3μm（图7-12）。

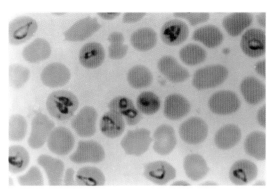

图7-12　双芽巴贝斯虫（B. bigemina）

传播媒介为多种蜱，包括微小牛蜱（B. microplus）、无色牛蜱（B. decoloratus）、环形牛蜱（B. annulatus）、外翻扇头蜱（R. evertsi）、囊形扇头蜱（R. bursa）、附尾扇头蜱（R. appendiculatus）、刻点血蜱（H. punctata）。在我国已证实的仅有微小牛蜱，经卵传递，次代若蜱和成蜱传播病原。蜱吸食动物血液时吸入病原体，虫体进入蜱肠上皮细胞中发育，而后进入血淋巴内，再进入马氏管，经复分裂后移居蜱卵内。当幼蜱孵出发育时，进入肠上皮细胞再进行复分裂，然后进入肠管和血淋巴。当幼蜱蜕化为若蜱后，进入蜱的唾液腺。若蜱叮咬动物时传播虫体。微小牛蜱血淋巴中成熟大裂殖子（虫样体）大小为7.0～19.0μm×1.5～4.0μm，平均为12.49μm×2.75μm（图7-13至图7-16）。

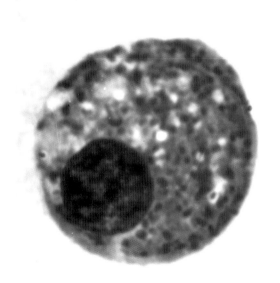

图7-13　双芽巴贝斯虫（B. bigemina），初期
　　　　裂殖体（在微小牛蜱雌血淋巴中）

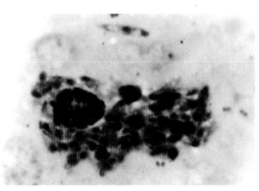

图7-14　双芽巴贝斯虫（B. bigemina），未成熟
　　　　裂殖体（在微小牛蜱雌血淋巴中）

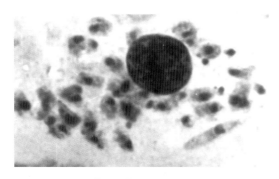

图7-15 双芽巴贝斯虫（*B. bigemina*），成熟
裂殖体（在微小牛蜱雌血淋巴中）

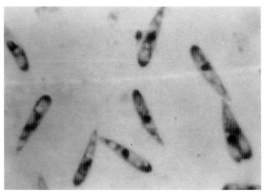

图7-16 双芽巴贝斯虫（*B. bigemina*），游离
大裂殖子（在微小牛蜱雌血淋巴中）

微小牛蜱幼蜱叮咬后8～14天，可在牛的末梢血液涂片中查到虫体，随着虫体的出现和数目增多，牛的体温也急剧上升，可达40～42℃，高温稽留4～5天，伴随体温升高，牛只表现精神沉郁，食欲减退，反刍减少或停止，便秘或腹泻，随着病程延长，病牛迅速消瘦、贫血，心跳和呼吸加快，可视黏膜苍白和黄染，由于红细胞受到大量破坏，血红蛋白随尿排出而出现明显的血红蛋白尿，尿液呈红色或黑红色。血液稀薄，血红蛋白和红细胞数下降。如不治疗或治疗不及时，重症病例可在4～8天内死亡。

剖检可见尸体消瘦，结缔组织和脂肪呈黄色胶冻样，可视黏膜苍白，血液稀薄且凝固不全，肠系膜淋巴结肿大；脾脏肿大，表面有出血点；肝脏肿大，表面有出血点；胆囊肿大，胆液稀薄；肾脏肿大、有出血点和黄色浸润；心肌柔软，心室和心房有出血斑，房室瓣更为严重。肺脏淤血、水肿、往往呈现肉样病变。膀胱积尿、有出血点。真胃和结肠黏膜水肿并有点状出血。

诊断应结合流行病学资料、症状、病原体检查综合做出。虫体检查一般是采血涂片经染色后镜检，发现虫体即可确诊。也可以免疫学方法进行辅助诊断。

治疗可用锥黄素（吖啶黄、黄色素、Acriflavine）、三氮脒（Diminazene aceturate，贝尼尔 Berenil）、咪唑苯脲（Imidocarb，Imizol）等。预防的关键是灭蜱和防止蜱叮咬动物。除常规方法预防外，咪唑苯脲缓释注射液可收到良好的预防效果，可使牛只在4个月内不发病，3个月内不受双芽巴贝斯虫感染。

牛巴贝斯虫病

病原为巴贝斯属的牛巴贝斯虫（*B. bovis*），感染黄牛、獐、红鹿。寄生于红细胞内。分布于南欧、中东、前苏联、澳大利亚、墨西哥等中南美洲国家，在我国的河北、河南、陕西、安徽、湖北、湖南、福建、西藏、贵州、云南、四川、江苏、江西、辽宁等地都曾有过报道。

红细胞内的梨形虫为小型虫体，呈梨籽形、圆形和不规则形。虫体长度均小于红细胞半径，成双的梨籽形虫体两尖端相对，排列成钝角，有的几乎两尖端相向呈一字形排列。圆形虫体的染色质分布在一边，中央透亮呈"戒指"状，一般位于红细胞中央。梨籽形虫体的大小为1.8～2.8μm×0.8～1.2μm；圆形虫体直径为1.3～1.7μm（图7-17）。

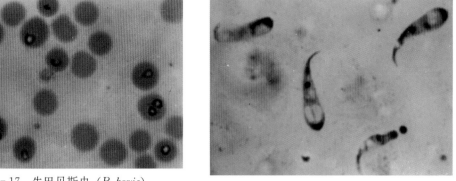

图 7-17　牛巴贝斯虫（*B. bovis*）

图 7-18　牛巴贝斯虫（*B. bovis*），游离大裂
殖子（在微小牛蜱雌血淋巴中）

微小牛蜱饱血雌蜱血淋巴中的成熟大裂殖子大小为 $9.0 \sim 22.0 \mu m \times 1.5 \sim 6.0 \mu m$，平均 $13.76 \mu m \times 3.14 \mu m$。（图 7-18）。

传播媒介为篦子硬蜱（*I. ricinus*）、全沟硬蜱（*I. persulcatus*）、微小牛蜱（*B. microplus*）、环形牛蜱（*B. annulatus*）、澳大利亚牛蜱（*B. australis*）、盖氏牛蜱（*B. geigyi*）、囊形扇头蜱（*R. bursa*）。在我国已证实的仅微小牛蜱，经卵传递，次代幼蜱传播病原。

幼蜱叮咬感染牛的潜伏期为 9～12 天；新鲜、冷冻含虫血接种牛的潜伏期均为 8 天。试验牛的虫体反应轻微，被蜱叮咬的牛，其染虫率一般不超过 1%，染虫率最高也仅为 2.55%，脑膜微血管中观察到存在大量虫体。试验牛于出现虫体后 5～7 天染虫率达到高峰，然后逐渐下降至带虫水平，时有时无，有时血片中极难查到虫体。

试验牛于出现虫体后 3 天左右体温迅速升高，稽留 3～8 天；随体温升高，出现精神沉郁，食欲减退，消瘦，结膜苍白，腹泻或便秘，呼吸粗厉，心律不齐，有轻微黄疸。随着病程的延长，极度消瘦，卧地不起，食欲废绝，交替便秘和腹泻，最后体温降至 36℃ 以下，衰竭而死。有的牛在出现虫体 10 天以后，体温恢复正常，逐渐自愈。

试验牛随着体温的升高，红细胞数和血红蛋白含量下降，白细胞数在病初正常或略有减少，以后迅速增加。病程越长，血液学变化越明显；反之亦然。

诊断和防治参照双芽巴贝斯虫病。

东方巴贝斯虫病

病原为巴贝斯属的东方巴贝斯虫（*B. orientalis*），主要感染水牛。寄生于红细胞内。本种报道于中国湖北，在福建、江西报道的水牛巴贝斯虫也可能与本种相同，但未进行过比较研究。

虫体呈梨形、环形、椭圆形、圆点形及杆状。梨形虫体，单梨形多于双梨形，双梨形虫体两尖端相连呈钝角，极个别的呈锐角或平行排列，虫体大小为 $1.2 \sim 1.5 \mu m \times 2.0 \sim 2.6 \mu m$，平均为 $1.3 \mu m \times 2.2 \mu m$，位于红细胞中间；环形虫体呈指环形；圆点形虫体呈圆球形，色深蓝，虫体位于红细胞边缘或近中央处，大小为 $1.0 \sim 1.1 \mu m \times 1.1 \sim 1.2 \mu m$；椭圆形虫体两端钝圆，大小为 $1.6 \sim 1.8 \mu m \times 2.1 \sim 2.4 \mu m$；杆形虫体一端略粗，另一端细长，或两端粗细接近，染色质位于一端或两端，大小为 $2.8 \sim 3.7 \mu m \times 0.6 \sim 0.8 \mu m$（图 7-19）。

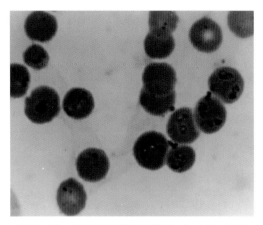

图 7 - 19　东方巴贝斯虫（*Babesia orientalis*）

传播媒介为镰形扇头蜱（*R. haemaphysaloides*），已证实，经卵传递，次代成蜱具有传播病原的能力。

一般水牛无明显临床症状，但切脾后可呈现症状。

卵形巴贝斯虫病

病原为巴贝斯属的卵形巴贝斯虫（*B. ovata*），主要感染黄牛。寄生于红细胞内。分布于日本、韩国，在我国最初分离自河南，现在见有文字报道的还有贵州、吉林、甘肃。

虫体形态具有多型性的特征，呈卵形、圆形、出芽形、阿米巴形、单梨子形、双梨子形及退化型，虫体内有 1～2 个深紫色球形或不规则的染色质团，有时分布于虫体边缘，形成前端较宽的带状核质。虫体的中央往往不着色，形成空泡，这种虫体大多集中于血液涂片的末端。球形核的外逸现象较常见，可观察到正在外逸或刚刚逸出的球形核，核逸出之后，虫体呈现出空泡。双梨子形虫体较宽大，一般大于红细胞半径，位于红细胞中央，两尖端成锐角或不相连。在疾病发展过程中，双梨子形虫体往往发生蜕变，变得窄而小，有时排列成钝角，或两尖端相向，颇像牛巴贝斯虫。感染红细胞一般寄生 1～2 个虫体，个别可寄生 4 个。典型单梨子形和双梨子形虫体大小范围为 2.3～3.9μm×1.1～2.1μm，平均为 3.57μm×1.71μm（图 7 - 20）。

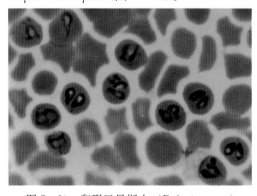

图 7 - 20　卵形巴贝斯虫（*Babesia ovata*）

在长角血蜱饱血雌蜱的肠管、血淋巴、卵巢（包括输卵管）和卵中观察到了卵形巴贝斯虫的多种发育形态（图7-21至图7-26）。

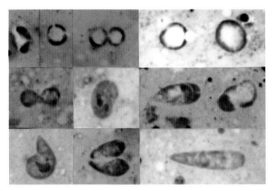

图7-21　卵形巴贝斯虫（*B. ovata*），长角血蜱饱血雌蜱肠管内发育形态

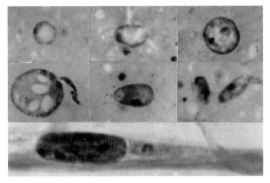

图7-22　卵形巴贝斯虫（*B. ovata*），长角血蜱饱血卵巢（包括输卵管）内的发育形态

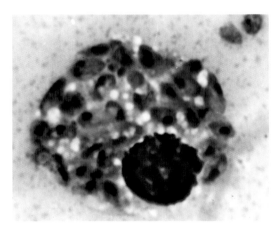

图7-23　卵形巴贝斯虫（*B. ovata*），长角血蜱血淋巴中的未成熟裂殖体

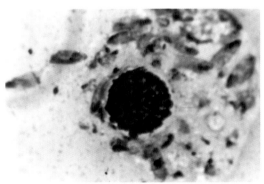

图7-24　卵形巴贝斯虫（*B. ovata*），长角血蜱血淋巴中的成熟裂殖体

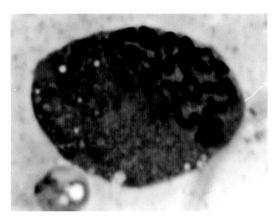

图7-25　卵形巴贝斯虫（*B. ovata*），侵入长角血蜱饱血雌蜱血淋巴中的大裂殖子

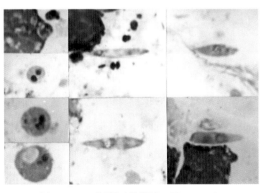

图7-26　卵形巴贝斯虫（*B. ovata*），长角血蜱卵内的发育形态

传播媒介为长角血蜱（*H. longicornis*）。经卵传递，次代幼蜱、若蜱和成蜱均有传播病原的能力。

一般牛的临床症状较轻，但其慢性消耗性病程使试验牛濒临死亡。

诊断参照双芽巴贝斯虫病。本种病原性较弱，除脾牛临床症状较轻微，一般可以耐过自愈，但在应激状态、长途运输、营养不良等情况下可引起发病。由于本种与瑟氏泰勒虫有共同的媒介蜱，所以在自然界两个种往往呈混合感染，治疗可采用磷酸伯氨喹和咪唑苯脲交替使用。

驽巴贝斯虫病

病原为巴贝斯属的驽巴贝斯虫（*B. caballi*），感染马、骡、驴、斑马。寄生于红细胞内。分布于亚洲、非洲、南欧、前苏联、中美洲和南美洲。在我国的黑龙江、吉林、辽宁、内蒙古、新疆、青海、甘肃、宁夏、山西、河南、云南都曾有过报道。

病原为大型虫体，类似于双芽巴贝斯虫。红细胞内的虫体呈梨籽形、圆环形、卵圆形和不规则形。成对的双梨籽形虫体两尖端相连成锐角排列，或不相连，有的两个梨籽形虫体并行排列。典型双梨籽形虫体的长度为 $2\sim5\mu m$，圆形虫体的直径为 $1.5\sim3\mu m$。姬姆萨染色，虫体细胞质为淡蓝色，核质为红色或紫红色（图7-27）。

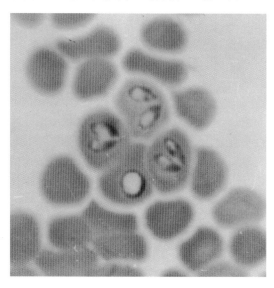

图7-27 驽巴贝斯虫（*B. caballi*）

在草原革蜱饱血雌蜱的肠管、血淋巴和卵内观察到了驽巴贝斯虫的多种发育形态（图7-28至图7-32）。

传播媒介为边缘革蜱（*D. marginatus*）、网纹革蜱（*D. reticulatus*）、森林革蜱（*D. silvarum*）、闪光革蜱（*D. nitens*）、银盾革蜱（*D. niveus*）、草原革蜱（*D. nuttalli*）、中华革蜱（*D. sinicus*）、小亚璃眼蜱（*H. anatolicum*）、边缘璃眼蜱（*H. marginatum*）、伏尔加璃眼蜱（*H. volgense*）、嗜驼璃眼蜱（*H. dromedarii*）、囊形扇头蜱（*R. bursa*）、血红扇头蜱（*R. sanguineus*）、图兰扇头蜱（*R. turanicus*）。传播方式为经卵传递，但也

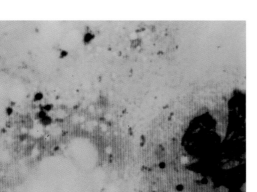

图 7 - 28　驽巴贝斯虫（*B.caballi*）在草原革蜱
　　　　　　饱血雌蜱肠管中的发育形态

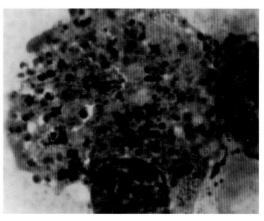

图 7 - 29　驽巴贝斯虫（*B.caballi*）在草原革蜱
　　　　　　饱血雌蜱血淋巴中的发育形态
　　　　　　——未成熟裂殖体

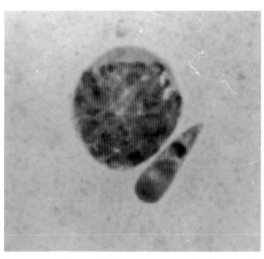

图 7 - 30　驽巴贝斯虫（*B.caballi*）在草原革蜱
　　　　　　饱血雌蜱血淋巴中的发育形态
　　　　　　——游离裂殖体

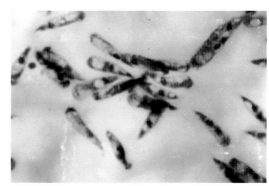

图 7 - 31　驽巴贝斯虫（*B.caballi*）在草原革蜱
　　　　　　饱血雌蜱血淋巴中的发育形态
　　　　　　——游离大裂殖子

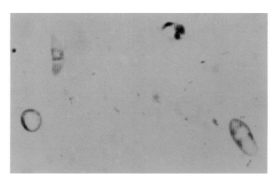

图 7 - 32　驽巴贝斯虫（*B.caballi*）在草原革蜱卵内的发育形态

有报道个别蜱种也能进行阶段性传播。我国已查明草原革蜱、森林革蜱、银盾革蜱、中华革蜱对本种具有传播能力。

临床症状表现为发病初期体温升高，精神不振，食欲减退，眼结膜充血或稍黄染。随后体温逐渐升高，可达 41.5℃，呈稽留热型。随之呼吸、心跳加快，精神沉郁，可视黏膜黄疸明显，或有出血点，血液稀薄（严重脱水时血液黏稠发黑）。本病最具特征性的症状是黄疸，但血红蛋白尿少见。随着病程的进展，病马食欲废绝，心搏动亢进，心律不齐；呼呼急迫，肺泡音粗厉，鼻孔流出呈泡沫状的浆性鼻液。若不及时治疗，往往因心力衰竭并发肺水肿而死亡。

诊断、治疗和预防参照双芽巴贝斯虫病。

莫氏巴贝斯虫病

病原为巴贝斯属的莫氏巴贝斯虫（B. motasi），感染绵羊、山羊。寄生于红细胞内。分布于非洲、欧洲、中东、前苏联、越南。在我国四川、云南（仅见于寄生虫名录）、甘肃有过报道。

虫体形态具有多型性，有双梨籽形、单梨籽形、圆环形、棒状、逗点形、三叶形和不规则形。典型双梨籽形虫体的大小为 $1.8\sim2.5\mu m\times0.9\sim1.8\mu m$，平均为 $2.21\times1.17\mu m$。在不同报道中对虫体的量度差异较大，有的文献记载，梨籽形虫体的大小为 $2.5\sim4.0\mu m\times2.0\mu m$（图 7-33）。

传播媒介为刻点血蜱（H. punctata）、长角血蜱（H. longicornis）、青海血蜱（H. qinghaiensis）、耳部血蜱（H. otophila）、囊形扇头蜱（R. bursa）、森林革蜱（D. silvarum）、篦子硬蜱（I. ricinus）。其中长角血蜱和青海血蜱作为莫氏巴贝斯虫的传播媒介系首次证实。

临床症状表现为病羊极度消瘦，口腔黏膜苍白，舌色白，舌质软而收缩无力。眼结膜苍白。体表淋巴结肿大 1～2 倍，在发病初期几天内体温高达 40～42℃，心跳 120～160 次/min，呼吸 80～110 次/min。高度贫血，有的病羊有血红蛋白尿。急性病例，发病后2～5 天死亡；慢性病例，延长至 1 个月左右死亡，有的可耐过自愈。

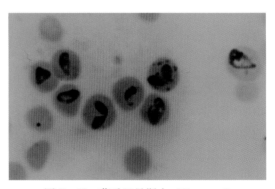

图 7-33　莫氏巴贝斯虫（B. motasi）

关于莫氏巴贝斯虫的致病力，国外报道的不尽一致，有的认为本种没有病原性或病原性弱，但也有的认为有较强的致病力，可以引起羊只的发病和死亡。

诊断、治疗和预防参照双芽巴贝斯虫病。

吉氏巴贝斯虫病

病原为巴贝斯属的吉氏巴贝斯虫（B. gibsoni），感染犬、狐、豺、獴。寄生于红细胞内。分布于非洲、欧洲、美洲、亚洲的印度、斯里兰卡、马来西亚、韩国、日本，在我国的河南、江苏有过报道。

病原初期红细胞内的虫体为圆点状，核质约占虫体的一半，随后虫体逐渐空泡化，形成戒指形，随着病程的进展，虫体出现多型性，但以圆形和卵圆形虫体最为多见，虫体中央空泡化，核常位于虫体边缘。还有椭圆形、梨籽形、杆形虫体，偶尔也可见到类似十字架形的四分裂虫体。圆形虫体的直径为

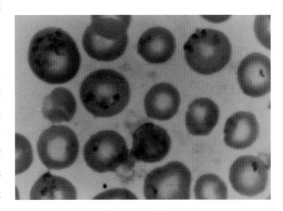

图 7 - 34　吉氏巴贝斯虫（*B. gibsoni*）

0.82～0.91μm，单梨籽形虫体的长度为 1.25～1.5μm。本种为小型虫体，但出芽增殖时的不规则形虫体几乎可以充满整个红细胞。红细胞内的虫体数目 1～13 个不等，多为 1～2 个虫体（图 7 - 34）。

传播媒介为血红扇头蜱（*R. sanguineus*）、镰形扇头蜱（*R. haemaphysaloides*）、二棘血蜱（*H. bispinosa*）、长角血蜱（*H. longicornis*）。

临床症状主要表现为，外来犬感染本种有的呈急性型，发病后 1～2 天内死亡，临床上无明显症状，但本病一般呈慢性经过。病初精神沉郁，喜卧厌动。体温升到 40～41℃，持续 3～5 天，经一段正常期后又升温，呈不规则的间歇热型。病犬呈现渐进性贫血，结膜和黏膜苍白，轻度黄染。随着病程的发展，食欲废绝，卧地不起，营养不良，明显消瘦，心跳和呼吸加快。触诊肝、脾肿大。尿呈红褐色，有的出现血尿。

诊断、治疗和预防参照双芽巴贝斯虫病。

犬巴贝斯虫病

病原为巴贝斯属的犬巴贝斯虫（*B. canis*），感染犬、狼、豺、狐等，寄生于红细胞内。分布于美洲、南欧、前苏联、亚洲、非洲等地。

病原为大型虫体。常见成对的梨籽形虫体，长度为 4～5μm，阿米巴形虫体一般有数个空泡，直径为 2～4μm（图 7 - 35）。

传播媒介有血红扇头蜱（*R. sanguineus*）、网纹革蜱（*D. reticulatus*）、李氏血蜱（*H. leachi*）。安氏革蜱（*D. andersoni*）和边缘璃眼蜱（*H. marginatum*），可以实验性传递。

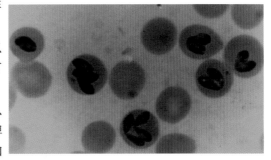

图 7 - 35　犬巴贝斯虫（*B. canis*）

病原致病力强，可引起犬的发病和死亡。

症状、诊断、治疗可参照吉氏巴贝斯虫病。

分歧巴贝斯虫病

病原为巴贝斯属的分歧巴贝斯虫（*B. divergens*），感染牛，偶尔感染人。寄生于红细胞内。分布于欧洲、前苏联等地。

病原为一种小型虫体，比牛巴贝斯虫（*B. bovis*）还要小。本种特征性的虫体形态是成对的梨籽形虫体，呈钝角，而且角度很大，有的几乎两尖端相向，常位于红细胞的边缘。梨籽形虫体的大小为 2.4μm×1.0μm，圆形虫体的直径为 2.0μm（图 7 -36）。

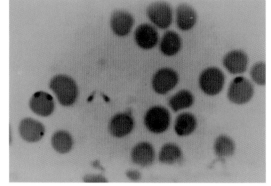

图 7 - 36　分歧巴贝斯虫（*B. divergens*）

传播媒介为篦子硬蜱（*I. ricinus*）、全沟硬蜱（*I. persulcatus*）。

致病力较强。

诊断、治疗和预防参照双芽巴贝斯虫病。

大巴贝斯虫病

病原为巴贝斯属的大巴贝斯虫（*B. major*），感染黄牛。寄生于红细胞内。分布于北非、欧洲、前苏联等地。

病原为大型虫体，梨籽形虫体的长度为 2.71 ～ 4.21μm，小于双芽巴贝斯虫（*B. bigemina*）但却大于卵形巴贝斯虫（*B. ovata*），成对的梨籽形虫体与这两个种有些相似，圆形虫体的直径为 1.8μm，虫体一般位于红细胞中央（图 7 - 37）。

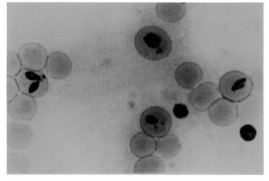

图 7 - 37　大巴贝斯虫（*B. major*）

传播媒介为刻点血蜱（*H. panctata*）、环形牛蜱（*B. annulatus*）。病原致病性较弱。

绵羊巴贝斯虫病

病原为巴贝斯属的绵羊巴贝斯虫（*B. ovis*），感染绵羊、山羊、摩弗伦羊、盘羊。寄生于红细胞内。分布于欧洲、前苏联、中东和一些热带和亚热带地区。

病原为小型虫体。大多数虫体为圆形，一般位于红细胞边缘。成对的梨形虫体之间呈钝角排列，长度 1～2.5μm（图 7 - 38）。

传播媒介为囊形扇头蜱（*R. bursa*）。图兰扇头蜱（*R. turanicus*）、篦子硬蜱（*I. ricinus*）、全沟硬蜱（*I. persulcaratus*）也可能是传播媒介。

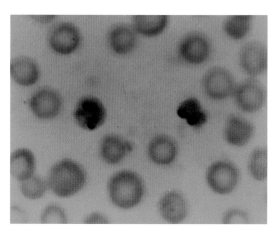

图 7 - 38 绵羊巴贝斯虫（*B. ovis*）

致病力强，可引起发烧、贫血、黄疸和血红蛋白尿。急性病例大多在发病后 2～5 天死亡。诊断、治疗和预防参照双芽巴贝斯虫病。

第八节 | 泰勒虫（Theileria）

属顶复器门（Apicomplexa）、孢子纲（Sporozoea）、梨形虫亚纲（Piroplasmia）、梨形虫目（Piroplasmida）、泰勒科（Theileriidae）。

本科虫体为小型虫体、圆点状、环状、卵圆形、不规则形或杆状，出现于红细胞内，也出现于其他细胞内。裂殖生殖在淋巴细胞、组织细胞、成红细胞或其他细胞里，后侵入红细胞。红细胞内虫体不分裂。顶复器缺类锥体，仅有棒状体，无极环和类锥体；通常无膜下微管。传播媒介为硬蜱。蜱体内出现二分裂和裂殖生殖。宿主为哺乳动物。本科仅有泰勒属（*Theileria*）。

环形泰勒虫病

病原为泰勒科的环形泰勒虫（*T. annulata*），感染黄牛、水牛、瘤牛、牦牛、犏牛。寄生于红细胞和其他细胞内。分布于阿尔及利亚、埃及、利比亚、摩洛哥、苏丹、突尼斯、前苏联南部、伊拉克、以色列、伊朗、土耳其、巴基斯坦、印度、保加利亚、罗马尼亚、塞浦路斯、希腊、意大利、南斯拉夫。我国内蒙古、山西、河北、宁夏、陕西、甘肃、新疆、河南、山东、黑龙江、吉林、辽宁、广东、湖北、重庆、西藏曾有过报道。

病原红细胞期虫体小，具多型性，有圆环形、卵圆形、梨籽形、杆形、逗点形、三叶形、圆点形、十字架形、不规则形，其中以圆环形和卵圆形为主，约占虫体总数的 70%～80%，染虫率达高峰期所占比例最高，发病后的不同时期，各种形态的虫体所占比例有所不同。圆环形虫体的直径为 $0.6～1.6\mu m$，卵圆形虫体的大小为 $0.8～1.8\mu m\times 0.5～1.5\mu m$（图 7 - 39）。

寄生于巨噬细胞和淋巴细胞内进行裂殖生殖，所形成的多核虫体为裂殖体。裂殖体呈圆形、椭圆形或肾形，位于淋巴细胞或巨噬细胞内或散在细胞外。用姬氏法染色，虫体胞浆淡蓝色，其中含有许多紫红色颗粒状的核。裂殖体分大裂殖体（图7-40）和小裂殖体（图7-41）两种类型，内含数目不等的大小裂殖子。

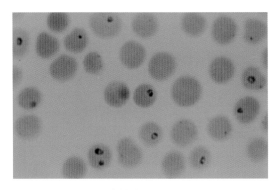

图7-39　环形泰勒虫（*Theileria annulata*）

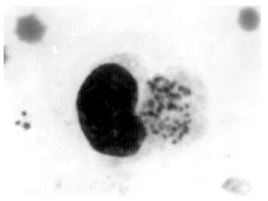

图7-40　环形泰勒虫（*T. annulata*）大裂殖体

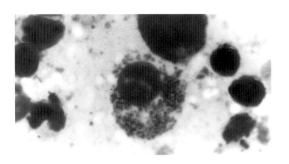

图7-41　环形泰勒虫（*T. annulata*）小裂殖体

传播媒介为璃眼蜱属的数种蜱，已证实的媒介蜱有残缘璃眼蜱（*H. detritum*）、小亚璃眼蜱（*H. anatolicum*）、图兰璃眼蜱（*H. turanicum*）、边缘璃眼蜱（*H. marginatum*）、亚洲璃眼蜱（*H. asiaticum*）、嗜驼璃眼蜱（*H. dromedarii*）。在我国，本种的主要媒介蜱是残缘璃眼蜱。另一种是小亚璃眼蜱，报道仅见于新疆南部。虫体在蜱体内进行发育和增殖。

临床症状表现为牛只发病后出现食欲减退，精神沉郁，被毛逆立，鼻镜干燥，反刍减少或消失。肩前和股前淋巴结高度肿大，体温升高，呈稽留热型，体温可达41.8℃。呼吸加快，每分钟80～110次，心跳加快，每分钟100～130次。眼结膜贫血黄染，有出血斑点和流泪现象，尾根和少毛部位的皮肤上出现溢血斑点。先便秘、后腹泻，或便秘与腹泻交替出现，或有血便。血液稀薄，红细胞减至200万～160万/mm³，血红蛋白降至30%～15%，血沉加快，红细胞大小不匀，带嗜碱性颗粒的红细胞增多。濒死前体温降至常温以下，卧地不起，头向后弯，全身震颤，发出痛苦的叫声。

病理剖检可见尸体消瘦，尸僵完全，血液凝固欠佳。皮肤及可视黏膜苍白并略带黄色，皮肤少毛部位有出血斑点；皮下胶样浸润，黄染，有出血点；全身淋巴结肿大，体表淋巴结尤为明显，多有出血点；肺脏有出血斑点，部分组织气肿或肝变；心包积液稍肿大，内外膜有大小不等的出血点，心肌松软脆弱；胆囊高度肿大，充满胆汁，黏膜有出血点；脾脏肿大，边缘钝圆，被膜上有出血点，脾髓软化；肾脏表面和膀胱内膜有出血点。瓣胃内容物干硬，呈薄板状，真胃黏膜肿胀，有大小不等的出血斑点和黄白色结节，有的结节糜烂并形成溃疡，有的病例溃疡面可达 2/3 以上；大小肠黏膜肿胀，有些部位充血或溢血。

诊断方法基本与巴贝斯虫相同。此外，还可以进行淋巴结穿刺检查裂殖体。治疗目前尚无特效药，可以使用磷酸伯氨喹啉（Primaquine）、三氮脒（贝尼尔，Berenil）等。预防的有效手段是接种裂殖体胶冻细胞苗、灭蜱和药物预防注射。

瑟氏泰勒虫病

病原为泰勒属的瑟氏泰勒虫（T. sergenti），感染黄牛、奶牛、牦牛。虫体寄生于红细胞、巨噬细胞和淋巴细胞等部位。分布于俄罗斯远东地区、朝鲜、日本，在我国的贵州、湖南、云南、吉林、辽宁、河北、河南、陕西、甘肃等地曾有过报道。

病原红细胞内的虫体除特别长的杆形外，其他形态和大小与环形泰勒虫的相似，且具有多型性，其共同形态主要有圆环形、杆形、卵圆形、梨籽形、逗点形、小圆点形、三叶形、十字架形等。瑟氏泰勒虫主要以杆形和梨籽形虫体为主，占整

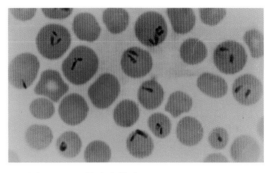

图 7 - 42　瑟氏泰勒虫（*Theileria sergenti*）

个虫体总数的 67%～90%，但这两种形态之间的比例变化较大。杆形虫体大小为 1.7～6.0μm，卵圆形和稍大梨籽形虫体的大小为 1.4～3.8μm，圆环形虫体直径为 1.3～1.9μm（图 7 - 42）。

寄生于淋巴细胞内的裂殖体也有大裂殖体和小裂殖体两种类型。胞内裂殖体较少，所见多为游离的胞外裂殖体。

传播媒介为长角血蜱（H. longicornis）、嗜群血蜱（H. concinna）、日本血蜱（H. japonica）。这三种蜱在我国都存在，但用试验证实的媒介蜱仅长角血蜱，另两种蜱未做过传播试验，对瑟氏泰勒虫的传播能力在我国尚不清楚。

瑟氏泰勒虫病呈现急性和亚急性两种类型。

急性病牛体温上升，可达 41.8℃，然后很快下降，在发病后的第 3～4 天突然倒毙，有的病牛高温可持续 2 周。病牛出现精神沉郁，食欲废绝，心跳和呼吸加快，可视黏膜充血，常有点状和片状出血，肩前和股前淋巴结肿大，随着病程的发展，可视黏膜苍白黄染，病牛很快消瘦，随后全身黏膜和皮肤黄染加重，少毛部位尤为明显，喜卧或卧地不起，对周围的反应极为迟钝，最终导致死亡。

本病多呈亚急性经过，病程一般在 10 天以上，个别可拖延数十日之久。病初被毛逆立，精神稍差，可视黏膜潮红，食欲正常或稍减，心跳稍快，继之体温上升到 39.7～40.9℃，个别体温可达 41.1℃，稽留 1～2 天。病的中期，症状加重，病牛流泪、流涎，反应迟钝，瘤胃蠕动减弱，食欲减退，肩前和股前淋巴结明显肿大，可视黏膜苍白微黄，

病牛咳嗽，呼吸浅表，每分钟40～80次。后期精神沉郁，行走无力、喜卧，呈进行性消瘦，心跳加快，每分钟90～120次，颈静脉怒张，波动明显。有的下颌、胸前水肿，异嗜（吃土舔墙），磨牙，粪便干燥或腹泻，粪便发黑有黏液或血液。血液稀薄。重剧者可恶化死亡。治愈的病畜长时间消瘦贫血，恢复缓慢，有的还会复发。

本病的诊断、治疗和预防办法基本上与环形泰勒虫相同，但环形泰勒虫裂殖体胶冻细胞苗用于瑟氏泰勒虫的预防接种无效，因为两者之间不存在类属抗原。

中华泰勒虫病

病原为泰勒属的中华泰勒虫（*T. sinensis*），感染黄牛、牦牛、犏牛。目前仅在我国甘肃省的临洮、渭源和临潭分离到病原。

病原红细胞内的虫体形态特异，具多型性，有梨籽形、圆环形、椭圆形、杆状、三叶形、圆点状、十字架形，还有许多难以描述的不规则形虫体；在同一红细胞内不同数目的圆点状虫体可发育变大，生成的原生质延伸，而后互相连接或交融，重新构成各种不同形态的虫体；有些虫体具有出芽增殖的特性（图7-43，图7-44）。

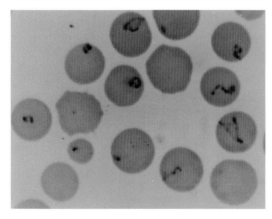 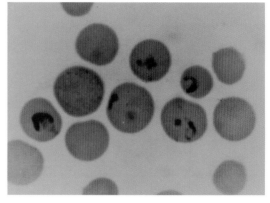

图7-43　中华泰勒虫（*Theileria sinensis*）　　　图7-44　中华泰勒虫（*T. sinensis*）

传播媒介为青海血蜱（*H. qinghaiensis*）、日本血蜱（*H. japonica*）。现已用传播试验证实，青海血蜱的若蜱和成蜱阶段对中华泰勒虫均有传播能力。日本血蜱成蜱阶段传播中华泰勒虫已获得成功，但若蜱是否具有传播能力尚未进行过试验。

临床症状不切除脾脏的牛临床症状轻微，但可引起除脾牛只发病和死亡。

本病的诊断、治疗和预防办法基本上与环形泰勒虫相同。

吕氏泰勒虫病

病原为泰勒属的吕氏泰勒虫（*T. luwenshuni* Yin et al.，2002），感染绵羊、山羊。分布于我国甘肃、青海。

国外报道的羊泰勒虫有4个种，其中只有莱氏泰勒虫（*T. lestoquardi* 或 *T. hirci*）具有致病性。我国的羊泰勒虫起初称绵羊泰勒虫（*T. ovis*），后改称山羊泰勒虫（*T. hirci*）。然而殷宏等对我国羊泰勒虫的分子生物学研究结果显示，我国的羊泰勒虫存在两个致病种，而且这两个种与国外报道的莱氏泰勒虫都不同。在系统进化树上，莱氏泰勒虫与环形泰勒虫、小泰勒虫、斑羚泰勒虫位于同一个大的分支上。而我国的羊泰勒虫，一个种与瑟氏泰勒虫、水牛泰勒虫在同一个大的分支上，另一个种却在单独一个大的分支上。殷宏等（2002）把位于瑟氏泰勒虫和水牛泰勒虫同一个分支上的羊泰勒虫初步命名为吕氏泰勒虫（*T. luwenshuni*），而把处于另一单独分支上的羊泰勒虫初步命名为尤氏泰勒虫（*T. uilenbergi*）。在甘肃夏河县的麻当、宁县分离出的羊泰勒虫是单一的吕氏泰勒虫，在宁夏隆德分离出的羊泰勒虫是单一的尤氏泰勒虫，而在甘肃临潭、张家川和青海湟源分离的羊泰勒虫是吕氏和尤氏泰勒虫的混合种。目前用传统的分类方法还无法将这两个种区分开来，只有分子分类法才能区别这两个种。

红细胞期虫体有圆环形、椭圆形、梨籽形、杆形、逗点形、十字架形和不规则形等。虫体主要以杆形、梨籽形和圆环形为主，杆形约占 40%、梨籽形 35%、圆环形 20%。杆状虫体的大小为 0.9～1.1 μm，梨籽形 1.0～2.0 μm，圆环形的直径为 0.8～1.2 μm（图 7-45）。

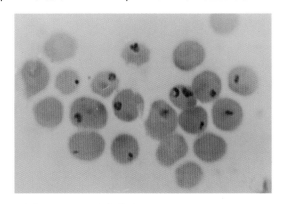

图 7-45　吕氏泰勒虫（*Theileria luwenshuni*）

裂殖体寄生于淋巴结、肝脏、脾脏、肺脏、肾脏和外周血液的淋巴细胞、巨噬细胞和某些组织细胞的胞浆中。裂殖体有大裂殖体和小裂殖体两种类型，所见大多为小型裂殖体，而且大多数为游离的胞外裂殖体和散在的圆点状裂殖子（图 7-46 至图 7-59）。

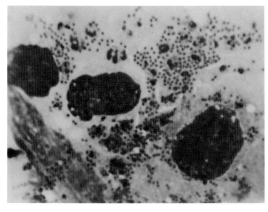

图 7-46　吕氏泰勒虫（*T. luwenshuni*）裂殖体，肝脏涂片中堆集在一起的小裂殖子

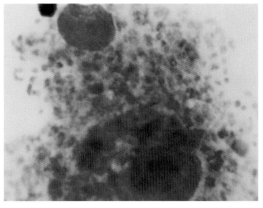

图 7-47　吕氏泰勒虫（*T. luwenshuni*）裂殖体，肝脏涂片中胞膜破裂的大裂殖体

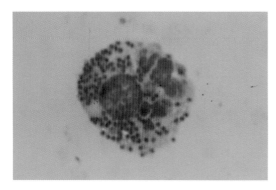

图 7 - 48　吕氏泰勒虫（*T. luwenshuni*）裂殖体，
肝脏涂片中的胞内小裂殖体

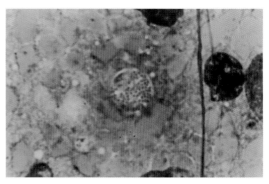

图 7 - 49　吕氏泰勒虫（*T. luwenshuni*）裂殖体，
脾脏涂片中游离的小裂殖体

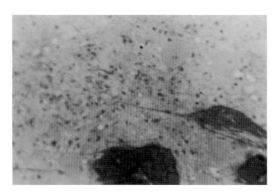

图 7 - 50　吕氏泰勒虫（*T. luwenshuni*）裂殖体，
脾脏涂片中游离的大裂殖子

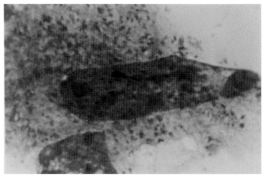

图 7 - 51　吕氏泰勒虫（*T. luwenshuni*）裂殖体，
肾脏涂片中大的裂殖体

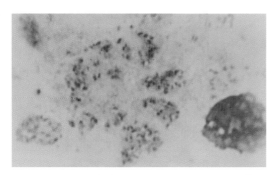

图 7 - 52　吕氏泰勒虫（*T. luwenshuni*）裂殖体，
肾脏涂片中的游离大裂殖体和
大裂殖子

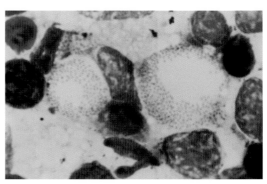

图 7 - 53　吕氏泰勒虫（*T. luwenshuni*）裂殖体，
淋巴结涂片中的小裂殖体

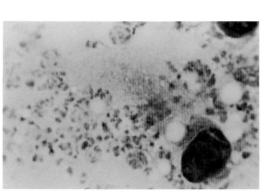

图 7 - 54　吕氏泰勒虫（*T. luwenshuni*）裂殖体，
淋巴结涂片中的游离大裂殖体

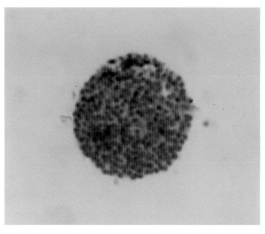

图 7 - 55　吕氏泰勒虫（*T. luwenshuni*）裂殖体，
淋巴结涂片中的游离小裂殖体

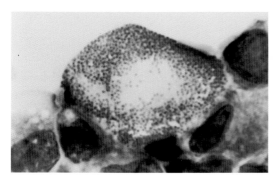

图 7 - 56　吕氏泰勒虫（*T. luwenshuni*）裂殖体，
肺脏涂片中的小裂殖体

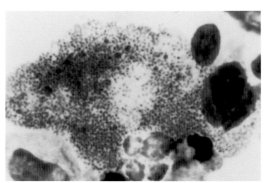

图 7 - 57　吕氏泰勒虫（*T. luwenshuni*）裂殖体，
肺脏涂片中胞膜破裂的小裂殖体

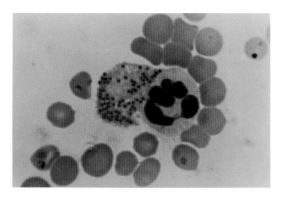

图 7 - 58　吕氏泰勒虫（*T. luwenshuni*）裂殖体，
外周血涂片中的小裂殖体

图 7 - 59　吕氏泰勒虫（*T. luwenshuni*）裂殖体，
外周血涂片中的游离小裂殖子

　　传播媒介为青海血蜱（*H. qinghaiensis*）、长角血蜱（*H. longicornis*）。后者仅用甘肃宁县虫株进行过传播试验。

临床症状表现为羊只发病后体温升高，一般均在 40～42℃，最高者可达 42℃以上，呈稽留热型，高热可持续 4 天到一周，急性病例会在发热期突然死亡。呼吸急迫，每分钟可达 100 次以上，心跳加快，心律不齐，每分钟可达 150～200 次；病羊出现前肢提举困难，后肢僵硬（故称硬腿病）；体表淋巴结肿大，肩前淋巴结肿大尤为明显。病羊精神沉郁，食欲减退或废绝。腹泻，粪便中带有黏液和血液。结膜充血，随后苍白贫血，流涕，磨牙，血液稀薄，羊只消瘦。

本病的诊断、治疗和预防办法基本上与环形泰勒虫相同。可使用磷酸伯氨喹、贝尼尔、青蒿琥酯（4.4～4.8mg/kg）进行治疗。

马 泰 勒 虫 病

病原为泰勒属的马泰勒虫（*Theileria equi*），感染马、骡、驴、斑马。病原广泛分布于非洲、欧洲、亚洲和美洲的许多国家和地区。在我国的黑龙江、吉林、内蒙古、新疆、青海、甘肃、宁夏、陕西、云南、贵州、广东都曾有过报道。

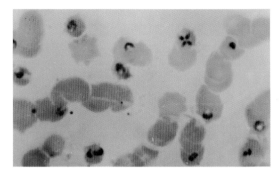

图 7 - 60　马泰勒虫（*T. equi*）

本种过去归于巴贝斯属，称马巴贝斯虫（*B. equi*）。但 Schein 等（1981）证实，这个种像泰勒虫一样，在马体内有裂体增殖阶段。Rehbein 等（1982）将子孢子接种给体外培养的马成淋巴细胞系的组织细胞获得成功，并能连续传代。因此，Mehlhorn 和 Schein 将其重新命名为马泰勒虫（*T. equi*）。

红细胞内虫体较小，不超过红细胞半径，长仅为 2～3μm。有圆形、阿米巴形、梨籽形（但同一个红细胞内的两个梨籽形虫体不会形成两尖端相连的成对排列）、十字架形。十字架形由 4 个小梨籽形虫体组成，一般是梨籽形虫体的尖端向外，排列成正方形，有时也可见到梨籽形虫体尖端相向排列的情况（图 7 - 60）。

寄生于淋巴细胞的裂殖体也分为大型裂殖体和小型裂殖体两种类型。

传播媒介为边缘革蜱（*D. marginatus*）、草原革蜱（*D. nuttalli*）、森林革蜱（*D. salvarum*）、银盾革蜱（*D. niveus*）、网纹革蜱（*D. reticulates*）、残缘璃眼蜱（*H. detritum*）、乌拉尔璃眼蜱（*H. uralense*）、小亚璃眼蜱（*H. anatolicum anatolicum*）、嗜驼璃眼蜱（*H. dromedarii*）、边缘璃眼蜱（*H. marginatum*）、血红扇头蜱（*Rhipicephalus sanguineus*）、图兰扇头蜱（*R. turanicus*）、外翻扇头蜱（*R. evertsi*）、镰形扇头蜱（*R. haemaphysaloides*）、囊形扇头蜱（*R. bursa*）。在我国已证实的媒介蜱仅 4 种：草原革蜱、森林革蜱、银盾革蜱、镰形扇头蜱。

临床症状为病初体温升高，精神沉郁，食欲不振，眼睑水肿、流泪，下颌淋巴结肿大，最具特征性的症状是黄疸，有时出现血红蛋白尿。急性病例可在发病后 1～2 天内死亡，死亡率一般在 10% 以下，但有时可达 50%。慢性病例病程较长，有时可持续 2～3 个月，然后病情加剧或转为长期带虫者。

本病的诊断、治疗和预防办法基本上与环形泰勒虫相同。治疗可用锥黄素、三氮脒、咪唑苯脲等。在使用杀原虫药物治疗的同时，结合使用对症疗法，加强护理，可提高治愈率。必须强调的仍然是早期确诊、早期治疗。

小泰勒虫病

病原为泰勒属的小泰勒虫（*T. parva*），感染黄牛、水牛、瘤牛、非洲野生水牛。分布于非洲。主要分布在中非、东非和西非。

红细胞内小杆状虫体占优势（80％以上），平均大小 1.5～2.0μm×0.5～1.0μm。其他也有类似于环形泰勒虫的圆环形、卵圆形、逗点形和十字架形（图 7-61）。裂殖体也有大裂殖体和小裂殖体两种类型（图 7-62）。

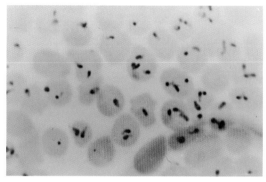

图 7-61　小泰勒虫（*T. parva*）

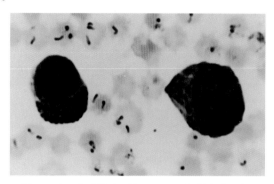

图 7-62　小泰勒虫（*T. parva*）大裂殖体（左）和小裂殖体（右）

主要传播媒介为附尾扇头蜱（*R. appendiculatus*）、外翻扇头蜱（*R. evertsi*）、拟态扇头蜱（*R. simus*），其他扇头蜱和璃眼蜱可实验性传播。

对水牛病原性较弱，对黄牛有很强的致病性。该种可引起恶性泰勒虫病，被称为东海岸热（非洲）、非洲海岸热、走廊病、罗得西亚蜱热、罗得西亚红尿病。

诊断、治疗和预防办法基本上与环形泰勒虫相同。

斑羚泰勒虫病

病原为泰勒属的斑羚泰勒虫（*T. taurotragi*），感染斑羚和黄牛。对绵羊和山羊也有感染性。分布于东非、南非。

病原主要形态是圆形和卵圆形，前者的直径为 0.6～2.5μm，后者的大小为 2.0～0.6μm，也有泰勒虫共有的其他形态（图 7-63）。

传播媒介为附尾扇头蜱（*R. appendiculatus*）和美丽扇头蜱（*R. pulchellus*）。

具有一定的致病力，对牛一般引起亚临床症状，有时出现明显症状。

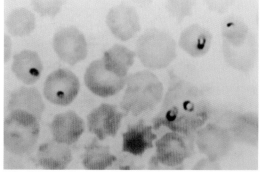

图 7-63　斑羚泰勒虫（*T. taurotragi*）

突变泰勒虫病

病原为泰勒属的突变泰勒虫（*T. mutans*），感染水牛、黄牛、瘤牛。分布于非洲。

红细胞内虫体为圆形、卵形、梨形、逗点形、圆点状。圆形和卵形虫体约占55%。圆形虫体的直径为 $1\sim2\mu m$，卵形的大小为 $1.5\mu m\times0.6\mu m$。红细胞内出现二分裂和四分裂（图 7 - 64）。

传播媒介为彩饰花蜱（*Amblyomma variegatum*）、宝石花蜱（*A. gemma*）、希伯来花蜱（*A. hebreaum*）、*A. lepidum*、*A. cohaerens*。

无致病力或毒力很弱。

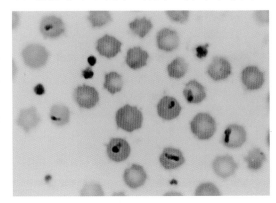

图 7 - 64　突变泰勒虫（*T. mutans*）

第九节 | 球虫（Coccidia）

属于顶复器门（Apicomplexa）、孢子纲（Sporozoea）、球虫亚纲（Coccidia）、真球虫目（Eucoccidiida）、艾美耳亚目（Eimeriina）、艾美耳科（Eimeriidae）。

本科虫体为单宿主寄生。裂殖生殖和配子生殖在宿主细胞内进行，孢子生殖通常在宿主体外进行。卵囊含有 0、1、2、4 或更多孢子囊，每个孢子囊含 1 个或多个子孢子。小配子含有 2 或 3 根鞭毛。往往根据每个卵囊内的孢子囊数目和每个孢子囊内子孢子数目分属。

艾美耳属（*Eimeria*），每个卵囊有 4 个孢子囊，每个孢子囊内含 2 个子孢子，种类很多，可以感染多种动物。

等孢属（*Isospora*）（图 7 - 65），卵囊含有 2 个孢子囊，每个孢子囊含 4 个子孢子。种类较多，可以感染多种动物。对猪、犬、猫等危害较大。

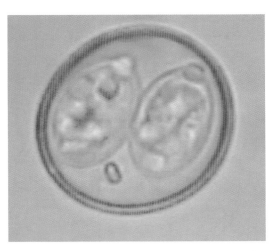

图 7 - 65　等孢球虫（*Isospora* sp.）孢子化卵囊

温扬属（*Wenyonella*），卵囊含有 4 个孢子囊，每个孢子囊含 4 个子孢子。我国流行的为菲莱氏温扬球虫（*W. philiplevinei*），主要感染北京鸭。

泰泽属（*Tyzzeria*），卵囊含有 8 个裸露子孢子，无孢子囊。我国流行的为毁灭泰泽球虫（*T. perniciosa*），主要感染北京鸭。

鸡 球 虫 病

鸡球虫属于艾美耳科（Eimeriidae），艾美耳球虫属（Eimeria），报道的病原有 9 种，公认的有 7 种，分别是柔嫩艾美耳球虫（E. tenella）、毒害艾美耳球虫（E. necatrix）、巨型艾美耳球虫（E. maxima）、堆型艾美耳球虫（E. acervulina）、布氏艾美耳球虫（E. brunetti）、早熟艾美耳球虫（E. praecox）、和缓艾美耳球虫（E. mitis）。其中柔嫩艾美耳球虫的毒性最强，毒害艾美耳球虫有明显的致病性，巨型艾美耳球虫、变位艾美耳球虫和堆型艾美耳球虫的致病力轻度到中等，也比较普遍。

柔嫩艾美耳球虫卵囊为宽卵圆形，少数为椭圆形，大小为 19.5～26.0μm×16.5～22.8μm，平均为 22.0μm×19.0μm。卵囊指数（卵囊长/宽）为 1.16。原生质呈淡褐色。卵囊壁为淡绿黄色，厚度约 1μm。无卵膜孔和卵囊余体，有 1 极粒，孢子囊卵圆形，无孢子囊余体（图 7-66）。孢子发育的最短时间为 18 h，最长为 30.5 h，最短潜隐期（从感染到产生下一代卵囊）为 115 h。主要寄生在盲肠。世界性常见种。剖检可见盲肠高度肿胀，黏膜出血；肠腔中充满凝血块和盲肠黏膜碎片；肠腔中有干酪样物质或盲肠芯（图 7-67 至图 7-80）。

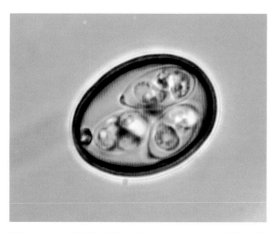

图 7-66　柔嫩艾美耳球虫（E. tenella）孢子化卵囊

图 7-67　柔嫩艾美耳球虫（E. tenella）第 1 代裂殖体（感染 75h，1 000×，组织抹片）

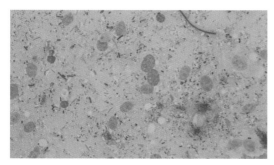

图 7-68　柔嫩艾美耳球虫（E. tenella）第 1 代裂殖体（感染 75h，1 000×，瑞氏染色）

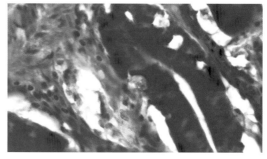

图 7-69　柔嫩艾美耳球虫（E. tenella）第 1 代裂殖体（感染 75h，1 000×，HE 染色）

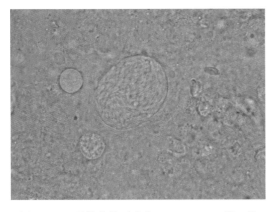

图 7 - 70 柔嫩艾美耳球虫（*E. tenella*）第 2 代
裂殖体（感染 114h，1 000×，组织抹片）

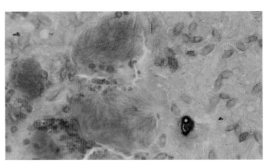

图 7 - 71 柔嫩艾美耳球虫（*E. tenella*）第 2 代裂
殖体（感染 110h，1 000×，瑞氏染色）

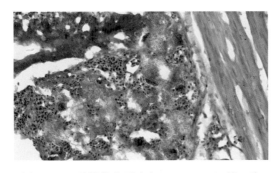

图 7 - 72 柔嫩艾美耳球虫（*E. tenella*）第 2 代
裂殖体（感染 114h，400×，HE 染色）

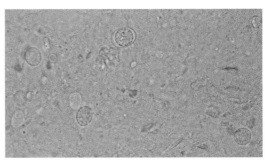

图 7 - 73 柔嫩艾美耳球虫（*E. tenella*）卵囊和
合子（感染 160h，1 000×，组织抹片）

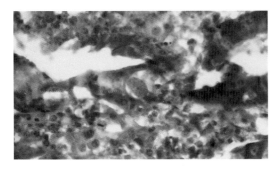

图 7 - 74 柔嫩艾美耳球虫（*E. tenella*）组织
中合子（感染 160h，1 000×，
HE 染色）

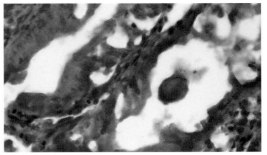

图 7 - 75 柔嫩艾美耳球虫（*E. tenella*）组织
中的卵囊（感染 160h，1 000×，
HE 染色）

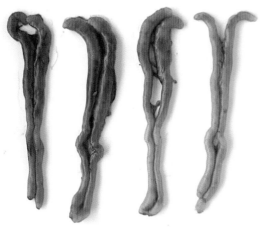

图 7 - 77　柔嫩艾美耳球虫（*E. tenella*）
　　　　　感染鸡盲肠

图 7 - 76　柔嫩艾美耳球虫（*E. tenella*）感染鸡
　　　　　和未感染鸡的盲肠病变比较

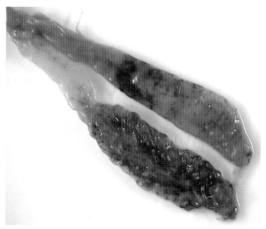

图 7 - 78　柔嫩艾美耳球虫（*E. tenella*）
　　　　　感染鸡盲肠

图 7 - 79　柔嫩艾美耳球虫（*E. tenella*）
　　　　　感染鸡盲肠黏膜病变

图 7 - 80　柔嫩艾美耳球虫（*E. tenella*）感染鸡的血便

　　毒害艾美耳球虫卵囊中等大小，呈长卵圆形，壁光滑，较厚。大小为13.2～22.7μm×11.3～18.3μm，平均为20.4μm×17.2μm。卵囊指数为1.19。无胚孔和卵囊余体，有一极粒，孢子囊长卵圆形，无孢子囊余体和斯氏体。孢子发育的最短时间为18 h。最短潜隐期为138 h。主要寄生在小肠中1/3段。世界性常见种。剖检可见小肠高度肿胀，有时可达正常体积的两倍以上；肠管显著充血，出血和坏死；肠壁增厚；肠内容物中含有多量的血液、血凝块和脱落的黏膜；从浆膜面观察，在病灶区可见到小的白斑和红淤点（图7-81至图7-90）。

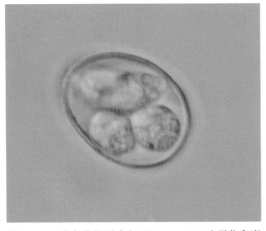

图7-81　毒害艾美耳球虫（E. necatrix）孢子化卵囊

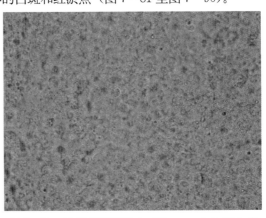

图7-82　毒害艾美耳球虫（E. necatrix）第1代
　　　　裂殖体（感染66h，1 000×，组织抹片）

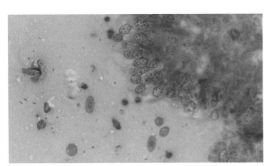

图7-83　毒害艾美耳球虫（E. necatrix）第1代
　　　　裂殖体（感染66h，1 000×，瑞氏染色）

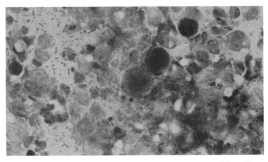

图7-84　毒害艾美耳球虫（E. necatrix）第2代
　　　　裂殖体（感染120h，1 000×，姬姆萨染色）

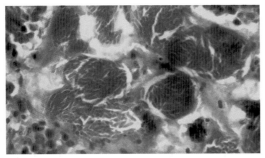

图7-85　毒害艾美耳球虫（E. necatrix）第2代
　　　　裂殖体（感染120h，1 000×，HE染色）

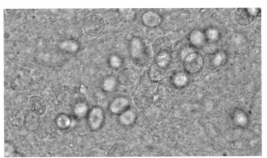

图7-86　毒害艾美耳球虫（E. necatrix）卵囊与
　　　　合子（1 000×，感染130h，组织抹片）

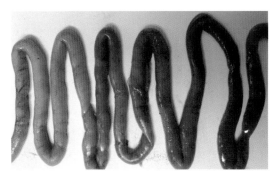

图 7 - 87   毒害艾美耳球虫（*E. necatrix*）
感染鸡肠道眼观病变

图 7 - 88   毒害艾美耳球虫（*E. necatrix*）
感染鸡肠道眼观病变

图 7 - 89   毒害艾美耳球虫（*E. necatrix*）
感染鸡病变小肠出血

图 7 - 90   毒害艾美耳球虫（*E. necatrix*）
感染鸡小肠出血

巨型艾美耳球虫卵囊呈卵圆形，卵囊最大，大小为 $21.5\sim20.7\mu m\times16.5\sim20.8\mu m$，平均为 $30.5\mu m\times20.7\mu m$。卵囊指数为 1.47。原生质呈黄褐色，卵囊壁为浅黄色，厚 $0.75\mu m$。无卵膜孔和卵囊余体，有一极粒，孢子囊长卵圆形，有斯氏体，无孢子囊余体。孢子发育的最短时间为 30 h，最短的潜隐期为 121 h。主要寄生在小肠，以小肠中段为主。世界性常见种（图 7 - 91，图 7 - 92）。

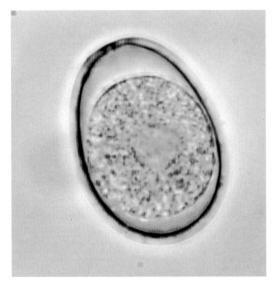

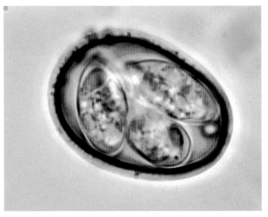

图7-92 巨型艾美耳球虫（*E. maxima*）
孢子化卵囊

图7-91 巨型艾美耳球虫（*E. maxima*）
未孢子化卵囊

剖检可见病变主要发生在小肠中段，从十二指肠袢以下直到卵黄蒂以后，严重感染时，病变可能扩散到整个小肠。主要的病变为出血性肠炎，肠壁增厚、充血和水肿，肠内容物为黏稠的液体，呈褐色或红褐色。严重感染时，肠黏膜大量崩解（图7-93至图7-109）。

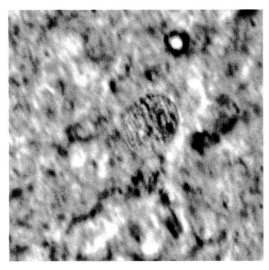

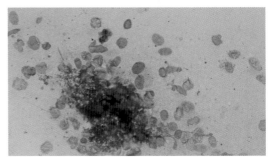

图7-94 巨型艾美耳球虫（*E. maxima*）第1代
裂殖体（感染46h，1 000×，
瑞氏染色）

图7-93 巨型艾美耳球虫（*E. maxima*）第1代
裂殖体（感染46h，1 000×，
组织抹片）

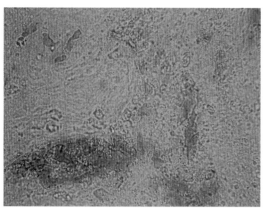

图 7-95　巨型艾美耳球虫（*E. maxima*）第 2 代
裂殖体（感染 68h，1 000×，组织抹片）

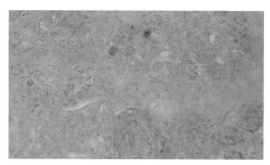

图 7-96　巨型艾美耳球虫（*E. maxima*）第 2 代
裂殖体（感染 68h，1 000×，瑞氏染色）

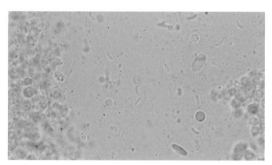

图 7-97　巨型艾美耳球虫（*E. maxima*）第 2 代
裂殖子（感染 66h，1 000×，组织抹片）

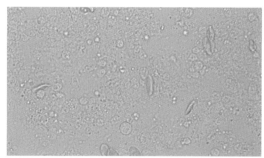

图 7-98　巨型艾美耳球虫（*E. maxima*）第 3 代
裂殖体（感染 115h，1 000×，
组织抹片）

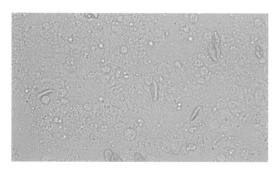

图 7-99　巨型艾美耳球虫（*E. maxima*）第 3 代
裂殖体（感染 115h，1 000×，
瑞氏染色）

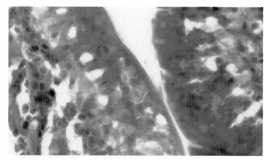

图 7-100　巨型艾美耳球虫（*E. maxima*）第 3 代
裂殖体（感染 115h，1 000×，
HE 染色）

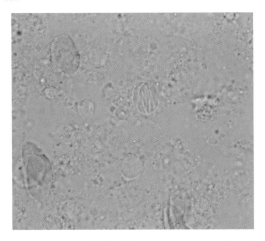

图 7 - 101 巨型艾美耳球虫（*E. maxima*）第 4 代
裂殖体（感染 135h，1 000×，组织抹片）

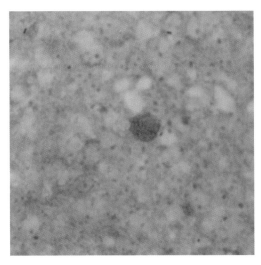

图 7 - 102 巨型艾美耳球虫（*E. maxima*）第 4 代
裂殖体（感染 135h，1 000×，瑞氏染色）

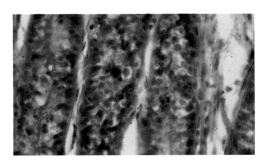

图 7 - 103 巨型艾美耳球虫（*E. maxima*）第 4 代
裂殖体（感染 135h，1 000×，HE 染色）

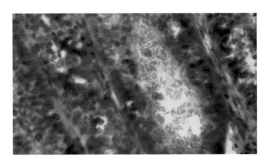

图 7 - 104 巨型艾美耳球虫（*E. maxima*）第 4 代
裂殖子（感染后 135h，1 000×，
HE 染色）

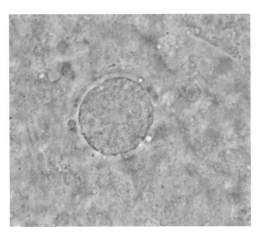

图 7 - 105 巨型艾美耳球虫（*E. maxima*）合子
（感染后 135h，1 000×，组织抹片）

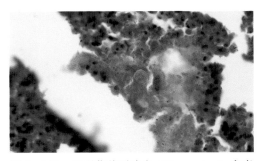

图 7 - 106 巨型艾美耳球虫（*E. maxima*）卵囊
（感染 135h，1 000×，HE 染色）

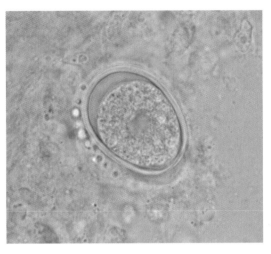

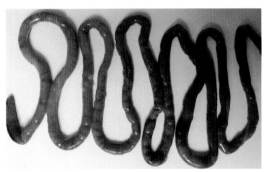

图 7 - 108　巨型艾美耳球虫（*E. maxima*）
感染鸡肠道眼观病变

图 7 - 107　巨型艾美耳球虫（*E. maxima*）
未孢子化卵囊（1 000×，组织抹片）

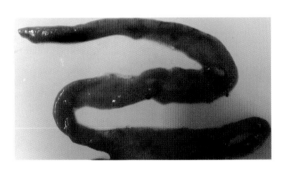

图 7 - 109　巨型艾美耳球虫（*E. maxima*）
感染鸡肠道眼观病变

　　堆型艾美耳球虫卵囊卵圆形，卵囊中等大小，大小为 $17.7 \sim 20.2 \mu m \times 13.7 \sim 16.3 \mu m$，平均为 $8.3 \mu m \times 14.6 \mu m$。卵囊指数 1.23。原生质无色，卵囊壁呈浅绿黄色，厚度约 $1 \mu m$。无卵膜孔和卵囊余体，有一极粒，孢子囊卵圆形，无孢子囊余体，具斯氏体。孢子发育的最短时间为 17 h。最短的潜隐期为 97 h。主要寄生在小肠上端。世界性常见种。剖检可见病变可以从浆膜面观察到，病初肠黏膜变薄，覆有横纹状的白斑，外观呈梯状；肠道苍白，含水样液体；轻度感染的病变仅局限于十二指肠袢，每厘米只有几个斑块；严重感染时，病变可沿小肠扩展一段距离，并可能融合成片（图 7 - 110 至图 7 - 123）。

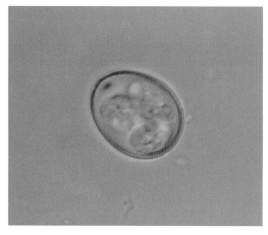

图 7-110 堆型艾美耳球虫（*E. acervulina*）
孢子化卵囊

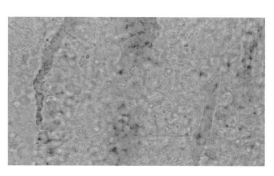

图 7-111 堆型艾美耳球虫（*E. acervulina*）第 1 代
裂殖体（感染 46h，1 000×，组织抹片）

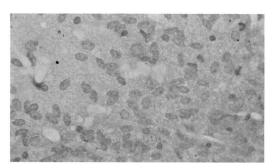

图 7-112 堆型艾美耳球虫（*E. acervulina*）第 1 代
裂殖体（感染 46h，1 000×，瑞氏染色）

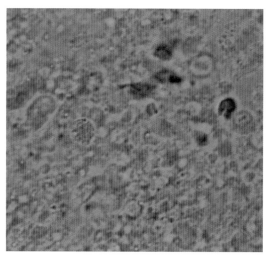

图 7-113 堆型艾美耳球虫（*E. acervulina*）第 2 代
裂殖体（感染 56h，1 000×，组织抹片）

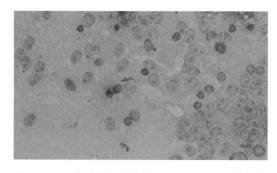

图 7-114 堆型艾美耳球虫（*E. acervulina*）第 3 代
裂殖体（感染 68h，瑞氏染色）

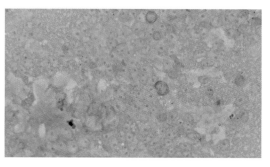

图 7-115 堆型艾美耳球虫（*E. acervulina*）第 3 代
裂殖体（感染 68h，姬姆萨染色）

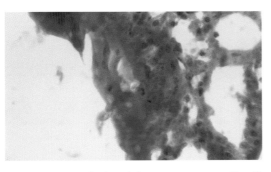

图 7 - 116　堆型艾美耳球虫（*E. acervulina*）第 3 代
　　　　　裂殖体（感染 68h，1 000×，HE 染色）

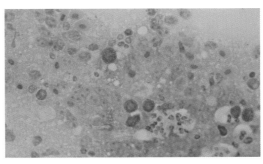

图 7 - 117　堆型艾美耳球虫（*E. acervulina*）第 4 代
　　　　　裂殖体（感染 90h，1 000×，瑞氏染色）

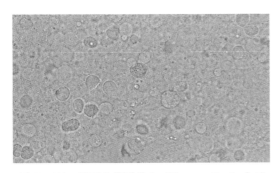

图 7 - 118　堆型艾美耳球虫（*E. acervulina*）合子
　　　　　和卵囊（感染 123h，1 000×，
　　　　　组织抹片）

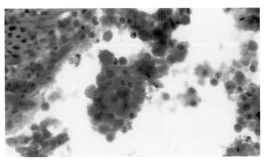

图 7 - 119　堆型艾美耳球虫（*E. acervulina*）第 4 代
　　　　　裂殖体和合子（感染 123h，1 000×，
　　　　　HE 染色）

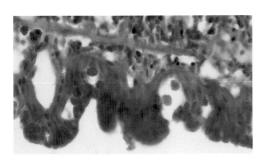

图 7 - 120　堆型艾美耳球虫（*E. acervulina*）
　　　　　合子（感染 123h，1 000×，
　　　　　HE 染色）

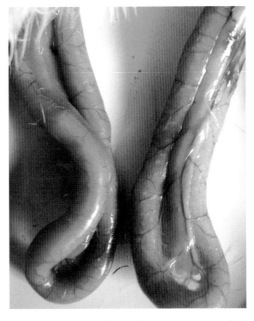

图 7 - 121　堆型艾美耳球虫（*E. acervulina*）感染
　　　　　鸡小肠病变（左为对照鸡，右为感染鸡）

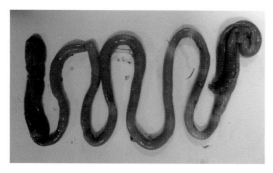

图7-122　堆型艾美耳球虫（*E. acervulina*）
感染鸡肠道眼观病变

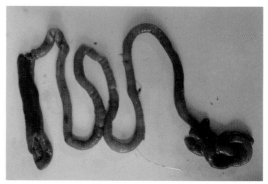

图7-123　堆型艾美耳球虫（*E. acervulina*）
感染鸡肠道眼观病变

布氏艾美耳球虫卵囊较大，仅次于巨型艾美耳球虫，呈卵圆形，大小为20.7～30.3μm×18.1～24.2μm，平均大小为24.6μm×18.80μm。卵囊指数为1.31。囊壁光滑，无卵膜孔。孢子发育的最短时间为18 h，最短的潜在期为120 h。剖检可见病变主要发生在小肠下段，通常在卵黄蒂至盲肠连接处。在感染的早期阶段，小肠下段的黏膜可被小的淤点所覆盖，黏膜稍增厚和褪色。在严重感染时，出现肠道的凝固性坏死和黏液性带血的肠炎。

早熟艾美耳球虫卵囊较大，多数为卵圆形，其次为椭圆形，大小为19.8～24.7μm×15.7～19.8μm，平均为21.3μm×17.1μm。卵囊指数为1.24。原生质无色，囊壁呈淡绿黄色，厚度约1μm。孢子发育的最短时间为12 h，最短的潜隐期为84 h。寄生于十二指肠和小肠的前1/3段。致病力弱，一般不引起明显的病变。

和缓艾美耳球虫卵囊小，近于圆形，大小为11.7～18.7μm×11.0～18.0μm，平均为15.6μm×14.2μm。卵囊指数为1.09。原生质无色，卵囊壁呈淡绿黄色，厚度约1μm。孢子发育的最短时间为15 h，最短的潜隐期为93 h。主要寄生于小肠末段，有人认为也寄生于小肠前段。致病力弱，一般不引起明显的病变。

艾美耳球虫的生活史相似，整个生活史包括孢子生殖（体外阶段）、裂殖生殖和配子生殖（内生性发育阶段）三个阶段。孢子化的卵囊在肠腔内脱囊，子孢子在肠上皮细胞经过1～4代裂殖生殖以后，发育成大配子体和小配子体，大小配子体经过配子生殖形成合子。合子周围迅速形成一层被膜，成为卵囊。卵囊随粪便排出体外。在适宜条件下，数日发育为孢子化卵囊，鸡通过食入孢子化卵囊而感染。

当子孢子在宿主细胞进行裂体生殖的时候，大量裂殖体繁殖破坏肠上皮细胞，导致血管破裂，引起肠道感染，消化机能紊乱。在临床症状上表现为贫血、消瘦、血痢、精神委顿、昏迷等（图7-124至图7-128）。鸡感染一般为多种球虫混合感染，且主要是雏鸡发病，老鸡为带虫者。病情取决于鸡食入的卵囊数量和虫株。

诊断应根据症状、流行病学和病理剖检变化及粪便卵囊检查和肠黏膜病变部位刮片检查等。在临床症状的基础上，剖杀病鸡，取出全部肠道，观察肠道的浆膜面。

图 7 - 124　球虫感染鸡簇拥成堆

图 7 - 125　球虫感染鸡只大量死亡

图 7 - 126　球虫感染鸡血便

图 7 - 127　球虫感染鸡血便

图 7 - 128　未感染球虫鸡群

防治主要采用药物防治，常用的药物很多，如氨丙啉、尼卡巴嗪、球痢灵、克球多、氯苯胍、常山酮、杀球灵、莫能菌素、拉沙菌素、盐霉素、那拉菌素、麦杜拉霉素，等等，还有许多复方药。使用药物时应注意休药期。鸡球虫疫苗已有市售，全部为活苗，一类为强毒苗，另一类为弱毒苗，但由于均为活的虫体，使用时应严格按疫苗使用方法进行。基因工程苗基本上还处在研究阶段。

鸭 球 虫 病

鸭球虫分别属于艾美耳科的艾美耳属、泰泽属（*Tyzzeria*）和温扬球虫属（*Wenyonella*）。病原包括9种球虫，6种为艾美耳球虫：鸭艾美耳球虫（*E. anatis*）、潜鸭艾美耳球虫（*E. aythyae*）、巴氏艾美耳球虫（*E. battakhi*）、丹氏艾美耳球虫（*E. danailova*）、萨塔姆艾美耳球虫（*E. saitamae*）、沙赫达艾美耳球虫（*E. schachdagica*）。一种为泰泽球虫：毁灭泰泽球虫（*T. perniciosa*）。二种为温扬球虫：菲莱氏温扬球虫（*W. philiplevinei*）和鸭温扬球虫（*W. anatis*）。

鸭球虫有明显致病力的种为：毁灭泰泽球虫、菲莱氏温扬球虫和潜鸭艾美耳球虫。毁灭泰泽球虫卵囊椭圆形，平均大小为 $12.4\mu m \times 10.2\mu m$，卵囊壁光滑，无卵膜孔和极粒，有卵囊余体。卵囊内无孢子囊，有8个裸露的香蕉形的子孢子。主要识别特征是：卵囊较小，内含8个裸露子孢子。寄生部位在十二指肠、空肠和回肠。潜隐期5～7天，可能为世界性分布。

菲莱氏温扬球虫卵囊卵圆形，平均大小为 $19.3\mu m \times 13.0\mu m$，卵囊壁光滑，有卵膜孔和极粒，无卵囊余体。有4个孢子囊，孢子囊椭圆形，每个孢子囊有4个子孢子，有孢子囊余体和斯氏体。主要识别特征是：卵囊胚孔端壁增厚，有时突出。寄生部位在小肠。潜隐期93h。

潜鸭艾美耳球虫卵囊宽椭圆形，平均大小为 $19.5\mu m \times 15.6\mu m$，卵囊壁光滑，有卵膜孔和胚帽。无卵囊余体，有极粒。孢子囊卵圆形，有斯氏体和孢子囊余体。主要识别特征是：卵囊宽椭圆形，卵囊壁在卵膜孔周围形成环状加厚，极帽扁平。主要寄生在小肠。本种艾美耳球虫的宿主还包括小潜鸭（*Aythya affinis*）。

毁灭泰泽球虫的卵囊在肠内脱囊后，子孢子侵入肠上皮细胞，经1～2代裂殖生殖后发育为大小配子母细胞，成熟的大小配子经配子生殖形成卵囊，卵囊随粪便排出体外，鸭因食入染有卵囊的食物或水而感染。

各种年龄的鸭都有易感性。雏鸭发病严重，死亡率高，成鸭康复后，成为带虫者。鸭球虫病的暴发与气温和雨量的关系密切，北京地区的流行季节为5～11月份，7～9月份发病率最高。临床症状表现为：精神不振，缩颈，不食，喜卧，拉稀。随后排血便，粪呈暗红色。多于第4～5天发生死亡。耐过鸭逐步恢复食欲，但生长发育受阻，增重缓慢。剖检发现小肠肿胀，出血，内容物为淡红色或鲜红色黏液或胶冻状血性黏液。诊治参见鸡球虫病。

鹅 球 虫 病

病原为艾美耳科、艾美耳属（*Eimeria*）和泰泽属（*Tyzzeria*）的多种球虫。其中有艾美耳属的 11 种：鹅艾美耳球虫（*E. anseris*）、有害艾美耳球虫（*E. nocens*）、克拉克氏艾美耳球虫（*E. clarkei*）、大唇艾美耳球虫（*E. magnalabia*）、考氏艾美耳球虫（*E. kotlani*）、多斑艾美耳球虫（*E. stigomsa*）、截形艾美耳球虫（*E. truncata*）、棕黄艾美耳球虫（*E. fulva*）、赫氏艾美耳球虫（*E. hermani*）和条纹艾美耳球虫（*E. striata*）等（图 7 - 129 至图 7 - 133）。泰泽属（图 7 - 134）的一个种：微小泰泽球虫（*T. parvula*）。截形艾美耳球虫致病性最强，能引起鹅的肾球虫病。鹅艾美耳球虫有较强的致病性，有害艾美耳球虫、考氏艾美耳球虫致病力中等，棕黄艾美耳球虫和赫氏艾美耳球虫的致病性较弱。

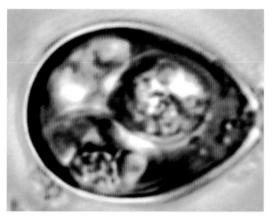

图 7 - 129　鹅艾美耳球虫（*E. anseris*）
孢子化卵囊

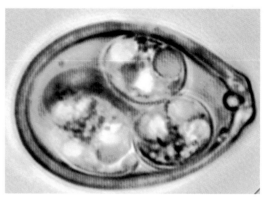

图 7 - 130　鹅有害艾美耳球虫（*E. nocens*）
孢子化卵囊

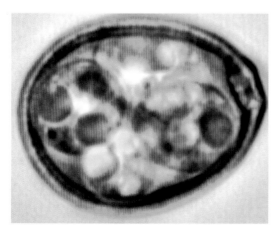

图 7 - 131　鹅多斑艾美耳球虫（*E. stigomsa*）
孢子化卵囊

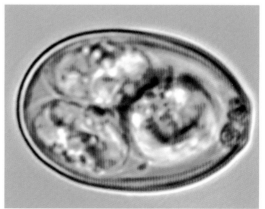

图 7 - 132　鹅赫氏艾美耳球虫（*E. hermani*）
孢子化卵囊

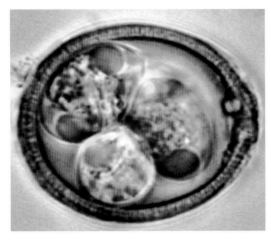

图 7-133 鹅棕黄艾美耳球虫 (*E. fulva*)
孢子化卵囊

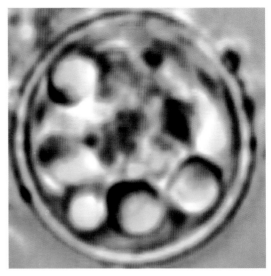

图 7-134 泰泽属球虫 (*Tyzzeria* sp.)
孢子化卵囊

截形艾美耳球虫卵囊卵圆形，平均大小为 21.0μm×15.0μm，卵囊壁光滑，有卵膜孔和极帽，有卵囊余体。孢子囊卵圆形，有孢子囊余体。寄生部位为肾小管上皮细胞，潜隐期 5~14 天，分布普遍。

鹅艾美耳球虫卵囊梨形，平均大小为 21μm×17μm，卵囊壁光滑，有卵膜孔和卵囊余体，无极粒。孢子囊卵圆形，有斯氏体和孢子囊余体。寄生部位在小肠，严重感染时可累及盲肠和直肠，潜隐期 6~7 天。

有害艾美耳球虫卵囊卵圆形，平均大小为 31.6μm×22.4μm，卵囊壁光滑，有卵膜孔，无卵囊余体和极粒。孢子囊卵圆形，有斯氏体和孢子囊余体。寄生部位在小肠后段，潜隐期 4~9 天。

考氏艾美耳球虫卵囊卵圆形，大小为 29.2μm×21.3μm，卵囊壁光滑，卵膜孔宽，无卵囊余体和极粒。孢子囊长卵圆形，有孢子囊余体，斯氏体不明显。寄生部位在大肠，潜隐期 10 天。

棕黄艾美耳球虫卵囊卵圆形，平均大小为 27.4μm×22.4μm，卵囊壁粗糙，有指状横纹，有胚孔和极粒，极粒常悬浮在紧靠卵膜孔的位置，无卵囊余体。孢子囊椭圆形，有孢子囊余体和斯氏体。寄生部位在小肠前段和直肠，严重感染可累及小肠中段、后段和盲肠，潜隐期 8 天。

赫氏艾美耳球虫卵囊卵圆形，平均大小为 22.4μm×16.3μm，卵囊壁光滑，有卵膜孔，无卵囊余体和极粒，孢子囊椭圆形，有孢子囊余体和斯氏体。寄生部位在小肠及直肠后段，潜隐期 5 天。

鹅艾美耳球虫的生活史与鸡艾美耳球虫相似。肾球虫病在 1~12 周龄的鹅常呈急性，表现为食欲缺乏，精神不振，步态摇摆，衰弱消瘦，腹泻，粪带白色。翅下垂，眼下陷。剖检时，肾脏肿大，整个实质出现细小黄白色的小结。

　　肠球虫可引起鹅的出血性肠炎，临床表现为食欲缺乏，步态摇摆，虚弱和腹泻。剖检见肠充血，充满淡红或褐色的黏液（图 7 - 135 至图 7 - 141）。诊治参见鸭球虫病。

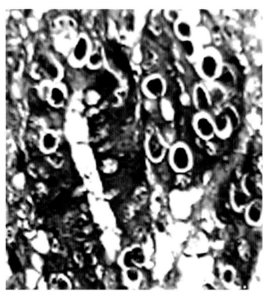

图 7 - 135　鹅艾美耳球虫（*E. anseris*）感染肠腺
　　　　　上皮细胞中有大量发育早期的
　　　　　配子体（400×，HE 染色）

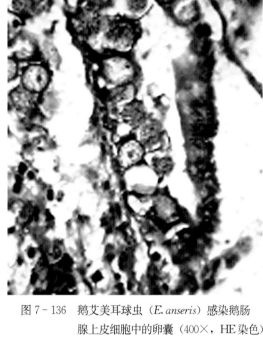

图 7 - 136　鹅艾美耳球虫（*E. anseris*）感染鹅肠
　　　　　腺上皮细胞中的卵囊（400×，HE 染色）

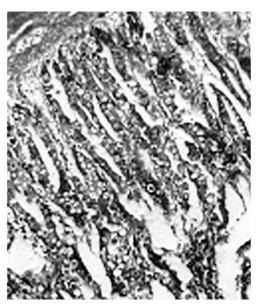

图 7 - 137　鹅艾美耳球虫（*E. anseris*）感染鹅肠
　　　　　绒毛上皮细胞坏死、脱落，绒毛基部与
　　　　　肠腺上皮细胞中有大量发育成熟的
　　　　　大配子体或卵囊（100×，HE 染色）

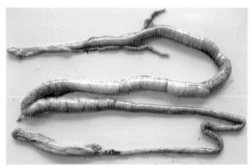

图 7 - 138　鹅艾美耳球虫（*E. anseris*）感染雏鹅
　　　　　小肠呈急性、出血性、坏死性炎症
　　　　　或出血性、卡他性炎症

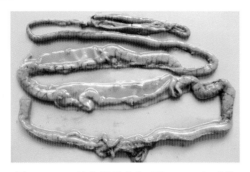

图7-139　鹅艾美耳球虫（E.anseris）感染
雏鹅小肠呈急性、出血性、坏死性
炎症或出血性、卡他性炎症

图7-140　鹅艾美耳球虫（E.anseris）感染
鹅精神沉郁，呆立不动、摇晃或
卧地不起，甩头，食欲和饮欲废绝

图7-141　鹅艾美耳球虫（E.anseris）感染鹅排出呈浅黄色蛋清样的
水样稀粪，或稀粪中混有鲜红血液与脱落的肠黏膜上皮组织

兔 球 虫 病

病原为艾美耳科、艾美耳属（Eimeria）球虫，有15种：长形艾美耳球虫（E.elongata）、微艾美耳球虫（E.exigua）、黄艾美耳球虫（E flavescens）、肠艾美耳球虫（E. intestinalis）、无残艾美耳球虫（E.irresidua）、大艾美耳球虫（E.magna）、松林氏艾美耳球虫（E.matsubayashii）、中艾美耳球虫（E.media）、那格蒲艾美耳球虫（E.nagpurensis）、新兔艾美耳球虫（E.neoleporis）、穿孔艾美耳球虫（E.perforans）、梨形艾美耳球虫（E.piriformis）、斯氏艾美耳球虫（E.stiedai）、盲肠艾美耳球虫（E.coecicola）。

斯氏艾美耳球虫寄生在肝胆管上皮细胞，是所有兔球虫中致病性最强的种，其他寄生于肠道上皮细胞的球虫可分为三组：强致病性组：肠艾美耳球虫和黄艾美耳球虫。致病组：大艾美耳球虫、无余体艾美耳球虫和梨形艾美耳球虫。弱致病组：穿孔艾美耳球虫、新兔艾美耳球虫和中艾美耳球虫。

斯氏艾美耳球虫孢子化卵囊长椭圆形，平均大小为35.2μm×20.6μm，卵膜孔明显，有卵囊余体和极粒。孢子囊卵圆形，有孢子囊余体和斯氏体（图7-142至图7-147）。寄生部位在肝脏胆管壁，潜隐期14～16天，为世界性分布的常见种。

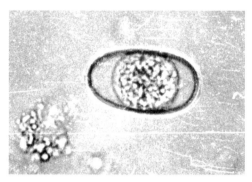

图 7 - 142　斯氏艾美耳球虫（*E. stiedai*）卵囊
　　　　　孢子化 12h，卵囊质呈环形结构

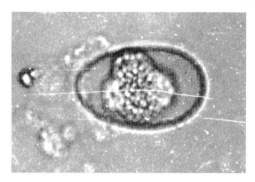

图 7 - 143　斯氏艾美耳球虫（*E. stiedai*）卵囊
　　　　　孢子化 24h，卵囊质分裂

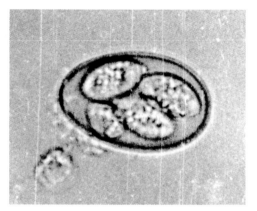

图 7 - 144　斯氏艾美耳球虫（*E. stiedai*）卵囊
　　　　　孢子化 24h，可见斯氏体

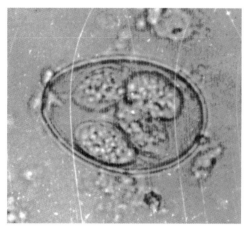

图 7 - 145　斯氏艾美耳球虫（*E. stiedai*）卵囊
　　　　　孢子化 24h，孢子囊形成

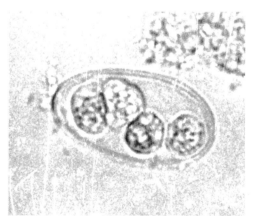

图 7 - 146　斯氏艾美耳球虫（*E. stiedai*）卵囊
　　　　　孢子化 24h，孢子囊母体形成

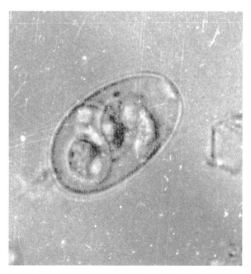

图 7 - 147　斯氏艾美耳球虫（*E. stiedai*）卵囊
　　　　　孢子化 72h，孢子化完成

　　肠艾美耳球虫卵囊梨形，平均大小为 $29.2\mu m \times 18.2\mu m$，卵囊壁光滑，有卵膜孔，削平。有卵囊余体，无极粒。孢子囊卵圆形，有孢子囊余体和斯氏体。寄生部位在小肠（十二指肠除外），潜隐期 9～10 天，分布不很普遍。

　　黄艾美耳球虫卵囊倒梨形，黄色或棕黄色，22.5～35.0$\mu m \times$19.8～26.3μm，平均 $30.9\mu m \times 22.2\mu m$，卵囊壁光滑，有卵膜孔，壁在卵膜孔周围增厚，无卵囊余体和极粒。孢子囊长卵圆形，有孢子囊余体和斯氏体。寄生部位在小肠下段、盲肠和结肠，潜隐期 8～11 天，世界性分布常见种。

　　大艾美耳球虫卵囊椭圆形，平均大小为 $35.2\mu m \times 23.8\mu m$，卵囊壁光滑，卵膜孔突出，有卵囊余体，无极粒。孢子囊长卵圆形，有孢子囊余体和斯氏体。寄生部位在小肠中段和后段，潜隐期 7～9 天，世界性分布。

　　无残艾美耳球虫卵囊长椭圆形，平均大小为 $35.9\mu m \times 24.2\mu m$，卵囊壁光滑，卵膜孔削平或内陷，无卵囊余体和极粒。孢子囊长卵圆形，有孢子囊余体和斯氏体。寄生部位在小肠中部，潜隐期 8～10 天，世界性分布常见种。

　　梨形艾美耳球虫卵囊梨形，平均大小为 $30.7\mu m \times 19.5\mu m$，卵膜孔明显，无卵囊余体和极粒。孢子囊卵圆形，有孢子囊余体和斯氏体。寄生部位在空肠和回肠，潜隐期 9～10 天，本种分布普遍。

　　穿孔艾美耳球虫卵囊卵圆形，平均大小为 $22.2\mu m \times 15.8\mu m$，卵膜孔不太明显，有卵囊余体，无极粒。孢子囊卵圆形，有孢子囊余体和斯氏体。寄生部位在小肠，潜隐期 5～6 天。

　　新兔艾美耳球虫卵囊长卵圆形，平均大小为 $39.9\mu m \times 23.0\mu m$，卵膜孔端窄、明显，无卵囊余体和极粒。孢子囊卵圆形，有孢子囊余体。寄生部位在大肠和小肠后段，潜隐期 11～14 天，分布普遍。

　　中艾美耳球虫卵囊卵圆形，平均大小为 $32.9\mu m \times 19.2\mu m$，有卵膜孔和球状卵囊余体。孢子囊纺锤形，有孢子囊余体和斯氏体。寄生部位在回肠，潜隐期 6～7 天，世界性普遍分布。

　　兔艾美耳球虫的发育经过三个阶段：裂殖生殖、配子生殖和孢子生殖阶段。前面两个阶段在胆管上皮细胞（斯氏艾美耳球虫）或肠上皮细胞（小肠和大肠寄生的各种球虫）内进行，后一阶段在体外进行。

　　兔球虫在自然界中一般是混合感染，多发生于温暖潮湿的季节，对 1～3 月龄仔兔的致死率可达 80％以上。斯氏艾美耳球虫寄生于肝时，病兔食欲衰退，腹泻、黏膜黄染。剖检可见肝肿胀，胆管扩张，胆管周围有黄白色病灶（图 7‐148 至图 7‐156）。其他艾美耳球虫在肠管寄生时，出现腹泻或便秘与腹泻交替。剖检肠管显著扩张，肠黏膜卡他，有出血点或坏死。混合感染时呈现食欲减退，精神沉郁，伏地不动，生长停滞，眼鼻上有分泌物，贫血，腹泻，尿频，腹围增大。病兔虚弱消瘦，结膜苍白，可视黏膜轻度黄染，后期常有痉挛、麻痹等神经症状。诊断根据流行病学资料、症状、病理解剖，并结合粪检卵囊。治疗可用氯苯胍、杀球灵、莫能菌素、盐霉素等，也可用磺胺类药物加增效剂。

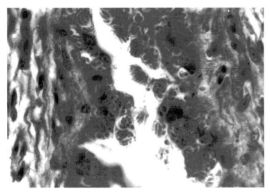

图 7 - 148　斯氏艾美耳球虫（*E. stiedai*）感染
第 7 天，第 1 代成熟裂殖体

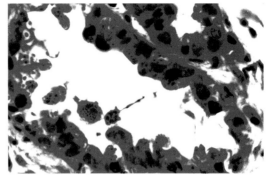

图 7 - 149　斯氏艾美耳球虫（*E. stiedai*）感染
第 9 天，第 2 代成熟裂殖体

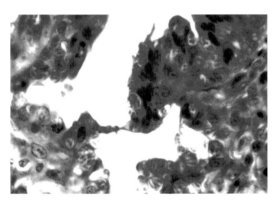

图 7 - 150　斯氏艾美耳球虫（*E. stiedai*）
感染第 11 天，成熟小配子体

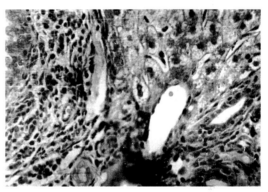

图 7 - 151　斯氏艾美耳球虫（*E. stiedai*）感染
7 天，感染胆管周围细胞浸润，纤维
组织及小胆管增生，肝细胞变性

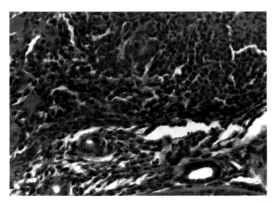

图 7 - 152　斯氏艾美耳球虫（*E. stiedai*）
感染 9 天，肝细胞灶性坏死

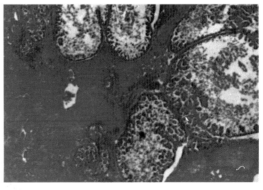

图 7 - 153　斯氏艾美耳球虫（*E. stiedai*）感染
21 天，自然死亡兔肝脏几乎全为
胆管和纤维组织占据

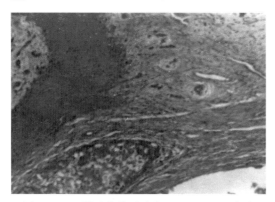

图 7-154　斯氏艾美耳球虫（*E. stiedai*）自然
　　　　感染兔肝脏纤维组织明显增生，
　　　　肝细胞层状排列

图 7-155　斯氏艾美耳球虫（*E. stiedai*）
　　　　感染形成的肝脏结节病灶

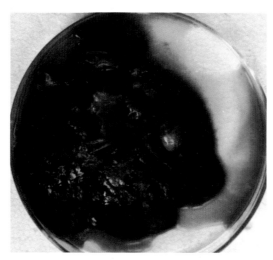

图 7-156　斯氏艾美耳球虫（*E. stiedai*）感染肝脏

牛　球　虫　病

病原为艾美耳科（Eimeriidae）、艾美耳属（*Eimeria*）球虫，有十余种：邱氏艾美耳球虫（*E. zuerni*）、奥博艾美耳球虫（*E. auburnensis*）、椭圆艾美耳球虫（*E. ellipsoidalis*）、皮利他艾美耳球虫（*E. pellita*）、阿拉巴艾美耳球虫（*E. alabamensis*）、牛艾美耳球虫（*E. bovis*）、巴西艾美耳球虫（*E. brasiliensis*）、拨克郎艾美耳球虫（*E. bukidnonensis*）、怀俄明艾美耳球虫（*E. wyomingensis*）、加拿大艾美耳球虫（*E. canadensis*）、柱状艾美耳球虫（*E. cylindrica*）、亚球形艾美耳球虫（*E. subspherica*）。致病力最强的种为邱氏艾美耳球虫，牛艾美耳球虫的致病力较强，奥博艾美耳球虫的致病力中等。

邱氏艾美耳球虫卵囊近球形，平均大小为 17.8μm×15.6μm，壁光滑，无卵膜孔和卵囊余体，有极粒，孢子囊卵圆形，有孢子囊余体和斯氏体。主要寄生在小肠和大肠，潜隐期 15～17 天，世界性分布的常见种。

牛艾美耳球虫卵囊卵圆形，大小为 23～24μm×17～23μm，壁光滑，无卵膜孔、极粒和卵囊余体。孢子囊长卵圆形，有孢子囊余体和斯氏体。主要寄生在小肠和大肠，潜隐期 16～21 天，世界性分布的常见种。

奥博艾美耳球虫卵囊长卵圆形，平均大小为 38.4μm×23.1μm，壁光滑，有卵膜孔和极粒，无卵囊余体。孢子囊长卵圆形，有孢子囊余体和斯氏体。主要寄生在小肠中段和后 1/3 段，潜隐期 16～24 天，世界性常见种。

牛球虫病在自然条件下多为混合感染，主要出现在 21～183 日龄的犊牛，年龄大的一般为无症状的带虫者。病牛虚弱，食欲消失，腹泻，粪便中含有大量黏液和血液，后期常大便失禁，粪便黑红色，有恶臭，可引起死亡。剖检可见肠黏膜肥厚，有出血性炎症变化。粪便检查，可见其中含有大量卵囊。治疗用磺胺二甲嘧啶，连续给药 4 天。

羊 球 虫 病

病原为艾美耳科、艾美耳属的球虫，寄生于绵羊的有 13 种：阿撒他艾美耳球虫（*E. ahsasta*）、槌形艾美耳球虫（*E. crandallis*）、浮氏艾美耳球虫（*E. faurei*）、贡氏艾美耳球虫（*E. gonzalezi*）、颗粒艾美耳球虫（*E. granulosa*）、错乱艾美耳球虫（*E. intricata*）、马西卡艾美耳球虫（*E. marsica*）、绵羊艾美耳球虫（*E. ovina*）、类绵羊艾美耳球虫（*E. ovinoidalis*）、苍白艾美耳球虫（*E. pallida*）、小艾美耳球虫（*E. parva*）、斑点艾美耳球虫（*E. punctata*）和温布里吉艾美耳球虫（*E. weybridgensis*）。寄生于山羊的有 13 种：艾丽艾美耳球虫（*E. alijevi*）、阿普艾美耳球虫（*E. apsheronica*）、阿氏艾美耳球虫（*E. arloingi*）、山羊艾美耳球虫（*E. caprina*）、羊艾美耳球虫（*E. caprovina*）、柯氏艾美耳球虫（*E. christenseni*）、家山羊艾美耳球虫（*E. hirci*）、约奇艾美耳球虫（*E. jolchijevi*）、尼亚二氏艾美耳球虫（*E. ninakohlyakimovae*）、柯察艾美耳球虫（*E. kocharii*）、苍白艾美耳球虫（*E. pallida*）、斑点艾美耳球虫（*E. punctata*）和蒂鲁帕蒂艾美耳球虫（*E. tirupatiensis*）（图 7-157 至图 7-161）。

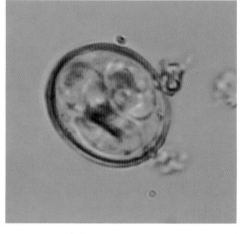

图 7-157　羊球虫（*Eimeria* sp.）孢子化卵囊

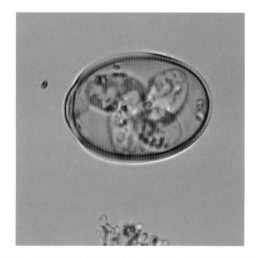

图 7-158　浮氏艾美耳球虫（*E. faurei*）孢子化卵囊

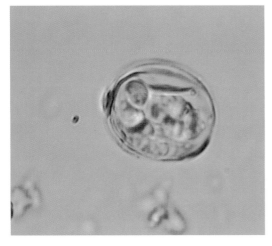

图 7-159　槌形艾美耳球虫（*E. crandallis*）
孢子化卵囊

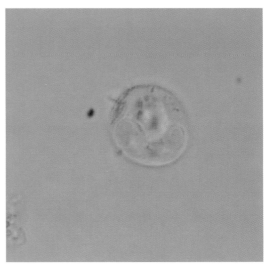

图 7-160　小艾美耳球虫（*E. parva*）
孢子化卵囊

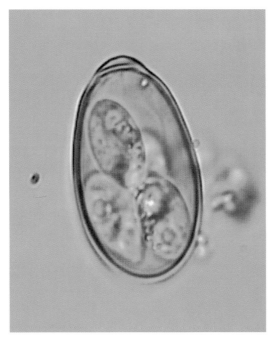

图 7-161　阿撒他艾美耳球虫（*E. ahsasta*）孢子化卵囊

　　绵羊球虫的致病种为类绵羊艾美耳球虫、阿撒他艾美耳球虫、绵羊艾美耳球虫和小艾美耳球虫。山羊球虫的致病种有尼亚二氏艾美耳球虫、克氏艾美耳球虫、阿氏艾美耳球虫。

　　类绵羊艾美耳球虫卵囊椭圆形，平均大小为 26.8μm×20.0μm，壁光滑，具卵膜孔，无卵囊余体，有极粒，孢子囊长卵圆形，有孢子囊余体和斯氏体。寄生于大肠和小肠，潜隐期 9～15 天，世界性分布的常见种。

阿撒他艾美耳球虫卵囊椭圆形，平均大小为 $36.7\mu m \times 23.7\mu m$，壁光滑，有卵膜孔和胚帽，无卵囊余体，有极粒，孢子囊卵圆形，有孢子囊余体，无斯氏体。主要寄生在小肠，潜隐期 18～21 天，世界性分布的常见种。

绵羊艾美耳球虫卵囊长椭圆形，两侧较平直，平均大小为 $33.0\mu m \times 20.0\mu m$，壁光滑，具卵膜孔和极帽，无卵囊余体，有极粒，孢子囊长卵圆形，有孢子囊余体和斯氏体。主要寄生于小肠，潜隐期 19～29 天，世界性分布的常见种。

小艾美耳球虫卵囊球形，平均大小为 $16.5\mu m \times 14\mu m$，壁光滑，卵膜孔不明显，无卵囊余体，有极粒，孢子囊卵圆形，有孢子囊余体和斯氏体。寄生部位在小肠、盲肠和结肠，潜隐期 16～17 天，世界性分布的常见种。

尼亚二氏艾美耳球虫卵囊椭圆形，平均大小为 $24.9\mu m \times 19.7\mu m$，壁光滑，有卵膜孔，无卵囊余体，有极粒，孢子囊卵圆形，有孢子囊余体和斯氏体。主要寄生在小肠，潜隐期 10～13 天，世界性分布的常见种。

柯氏艾美耳球虫卵囊卵圆形，平均大小为 $40.9\mu m \times 26.1\mu m$，壁光滑，有卵膜孔和极帽，无卵囊余体，有极粒，孢子囊卵圆形，有孢子囊余体和斯氏体。主要寄生在小肠，潜隐期 14～23 天，世界性分布的常见种。

阿氏艾美耳球虫卵囊椭圆形，平均大小为 $30.5\mu m \times 21.3\mu m$，壁光滑，有卵膜孔和极帽，无卵囊余体，有极粒，孢子囊卵圆形，有孢子囊余体和斯氏体。主要寄生在小肠，潜隐期 14～17 天，世界性分布的常见种。

羊球虫寄生于肠管上皮细胞。羔羊发病较重，成年羊多为带虫者。病羊精神不振、食欲减退或消失，体重下降，被毛粗乱，腹泻，粪便常混有血液、脱落的肠黏膜和上皮，有恶臭。死亡率可以高达 10%。剖检病变多见于小肠。可见肠黏膜增厚，水肿，黏膜上覆盖有纤维蛋白沉积物，局部充血或出血。严重病例粪便中每克可含卵囊近 500 万枚。治疗用磺胺二甲嘧啶、氨丙啉和莫能菌素等。预防注意清洁干燥。

猪 球 虫 病

病原为艾美耳科、艾美耳属（*Eimeria*）及等孢属（*Isospora*）的球虫，艾美耳属的球虫有 12 种：贝氏艾美耳球虫（*E. betica*）、蒂氏艾美耳球虫（*E. debliecki*）、盖氏艾美耳球虫（*E. guevarai*）、新蒂氏艾美耳球虫（*E. neodebliecki*）、极细艾美耳球虫（*E. perminuta*）、平滑艾美耳球虫（*E. polita*）、豚艾美耳球虫（*E. porci*）、有余体艾美耳球虫（*E. residualis*）、粗糙艾美耳球虫（*E. scabra*）、有刺艾美耳球虫（*E. spinosa*）、猪艾美耳球虫（*E. suis*）。等孢属的球虫有两种：阿拉木图等孢球虫（*I. almaataensis*）和猪等孢球虫（*I. suis*）。其中以猪等孢球虫致病力最强，蒂氏艾美耳球虫和粗糙艾美耳球虫也有一定的致病力。

猪等孢球虫卵囊呈球形或亚球形，大小为 $18.7～28.1\mu m \times 15.8～23.7\ \mu m$，平均 $22.9\mu m \times 19.9\ \mu m$，卵囊指数为 1.12。卵囊壁较薄，光滑，无卵膜孔，无极粒，有孢子囊残体，无卵囊残体。卵囊含有 2 个孢子囊，孢子囊呈圆形或椭圆形，大小为 $10.8～16.3\mu m \times 8.2～11.9\mu m$，平均为 $13.3\mu m \times 9.9\mu m$，每个孢子囊内含 4 个梨子形或香蕉形子孢子，孢子囊残体位于孢子囊一端，呈颗粒状，无斯氏体。主要寄生在小肠，潜隐期 4～6 天，世界性分布的常见种。

蒂氏艾美耳球虫卵囊椭圆形，平均大小为 $22.5\mu m \times 16.2\mu m$，壁光滑，无卵膜孔和卵囊余体，有极粒，孢子囊卵圆形，有孢子囊余体和斯氏体。主要寄生在小肠前段，潜隐期 156h，世界性分布的常见种。

粗糙艾美耳球虫卵囊卵圆形，平均大小为 $28.7\mu m \times 21.7\mu m$，壁粗糙，有卵膜孔和极粒，无卵囊余体，孢子囊卵圆形，有孢子囊余体和斯氏体。主要寄生在小肠后段，潜隐期 7～11 天，世界性分布的常见种。

猪等孢球虫的生活史与艾美耳球虫的生活史相似。猪吞食了孢子化卵囊后被感染，其内生阶段主要寄生于宿主回肠绒毛上皮细胞，经过 1～2 代裂殖生殖后形成大配子母细胞和小配子母细胞，成熟的大、小配子经配子生殖形成合子，合子在其周围形成一层壁成为卵囊。孢子生殖在体外进行（图 7-162 至图 7-177）。

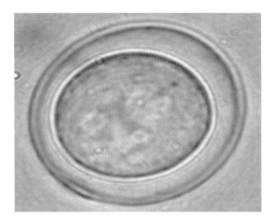

图 7-162　猪等孢球虫（*I. suis*）未孢子化卵囊

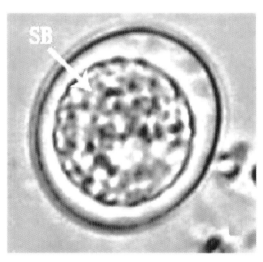

图 7-163　新收集的猪等孢球虫（*I. suis*）未孢子化卵囊，卵囊质未分裂，呈圆团状

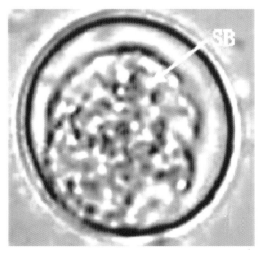

图 7-164　猪等孢球虫（*I. suis*）卵囊培养 2 h

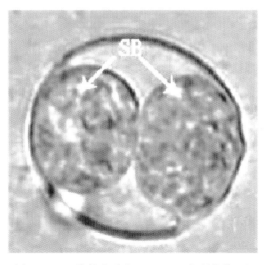

图 7-165　猪等孢球虫（*I. suis*）卵囊培养 8 h

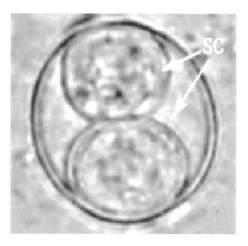

图 7 - 166　猪等孢球虫（I. suis）卵囊培养 12 h

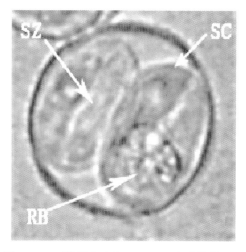

图 7 - 167　猪等孢球虫（I. suis）卵囊培养 20 h

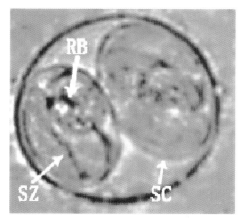

图 7 - 168　猪等孢球虫（I. suis）卵囊培养 26 h，
　　　　　　卵囊完全孢子化

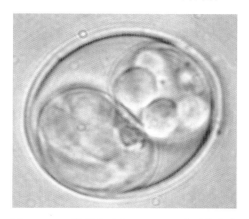

图 7 - 169　猪等孢球虫（I. suis）孢子化卵囊

图 7 - 170　猪等孢球虫（I. suis）小肠绒毛上皮
　　　　　　细胞内的子孢子（400×，HE 染色）

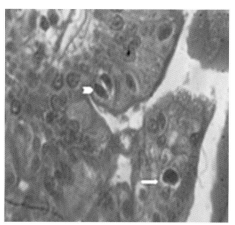

图 7 - 171　猪等孢球虫（I. suis）的 I 型裂殖体
　　　　　　和 I 型裂殖子（400×，HE 染色）

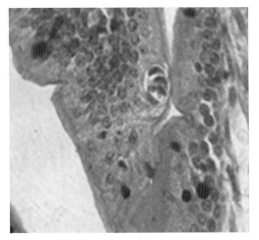

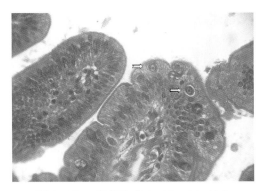

图 7 - 173 猪等孢球虫（*I. suis*）的大
配子（400×，HE 染色）

图 7 - 172 猪等孢球虫（*I. suis*）同一寄生空泡中
的Ⅱ型裂殖子（400×，HE 染色）

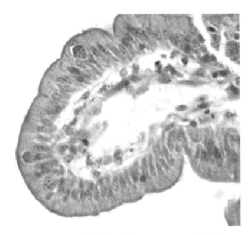

图 7 - 174 猪等孢球虫（*I. suis*）的小配
子体（400×，HE 染色）

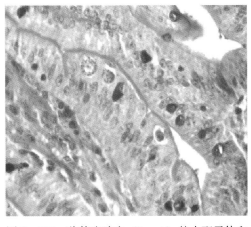

图 7 - 175 猪等孢球虫（*I. suis*）的小配子体和
小配子、大配子（400×，HE 染色）

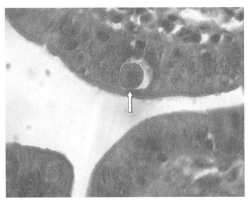

图 7 - 176 猪等孢球虫（*I. suis*）的
合子（400×，HE 染色）

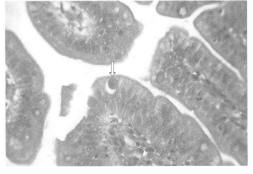

图 7 - 177 猪等孢球虫组织中的卵囊
（400×，HE 染色）

　　猪球虫主要危害仔猪，5～10 日龄的仔猪最为易感。人工感染猪等孢球虫后，仔猪被毛粗乱，食欲下降，走路摇晃，拉稀，初时粪呈黑色恶臭，松软或呈糊状，随病情加重，粪呈黑灰色液状，有的呈黄色水样腹泻，内含有黏膜状脱落物或带有血丝。严重寄生时可引起死亡。剖检病变主要集中在空肠和回肠，表现为小肠壁变薄，肠内容物稀薄，内含大量的黏液、脱落的黏膜上皮等，空肠和回肠黏膜表面有斑点状出血和纤维素性坏死斑块，肠系膜淋巴结水肿性增大（图 7-178 至图 7-185）。

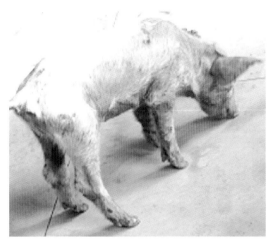

图 7-178　猪等孢球虫（I. suis）感染仔猪精神
　　　　　萎靡，站立不稳，喜拱地

图 7-179　猪等孢球虫（I. suis）感染仔猪

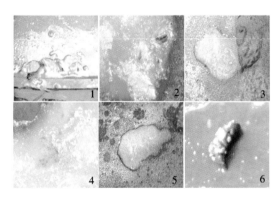

图 7-180　猪等孢球虫（I. suis）感染
　　　　　仔猪不同时期排出的粪便

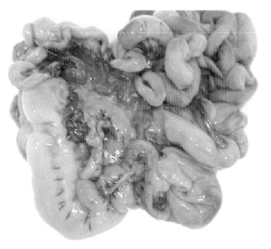

图 7-181　猪等孢球虫（I. suis）感染仔猪
　　　　　肠系膜淋巴结红肿，肠壁变薄，
　　　　　肠管增粗

图7-183 猪等孢球虫（*I. suis*）感染
仔猪空肠中段有出血斑

图7-182 猪等孢球虫（*I. suis*）感染仔猪
回肠肿胀，黏膜有出血点

图7-184 猪等孢球虫（*I. suis*）感染仔猪
空肠后段肿胀，黏膜有出血斑

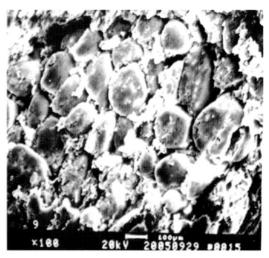

图7-185 猪等孢球虫（*I. suis*）感染
仔猪肠绒毛萎缩

在粪便中发现大量卵囊或剖检时发现大量球虫内生性发育阶段虫体即可确诊。治疗以磺胺类药物为主，可与抗菌增效剂合用。猪的等孢球虫病可应用氨丙啉或百球清治疗。预防在于改进饲槽，定期清扫和避免仔猪过于拥挤，也可用抗球虫药进行药物预防。

犬、猫球虫病

病原为艾美耳科、等孢属（*Isospora*）的球虫。犬的等孢球虫有五种：伯氏等孢球虫（*I. burrowsi*）、犬等孢球虫（*I. canis*）、新芮氏等孢球虫（*I. neorivolta*）、俄亥俄等孢球虫（*I. ohioensis*）。猫的等孢球虫有两种：猫等孢球虫（*I. felis*）和芮氏等孢球虫（*I. rivolta*）。犬球虫的致病种类为犬等孢球虫和俄亥俄等孢球虫。猫的两种等孢球虫都有一定的致病性。

犬等孢球虫卵囊（图7-186）呈椭圆形或卵圆形，平均大小为37.0μm×28.5μm，囊壁光滑，无胚卵膜孔、卵囊余体和极粒。孢子囊椭圆形，有孢子囊余体，无斯氏体。主要寄生于小肠，潜隐期 9～11 天，世界性分布的常见种。

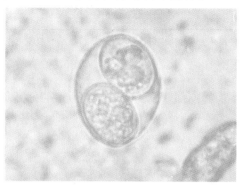

图 7-186　犬等孢球虫（*Isospora canis*）

俄亥俄等孢球虫卵囊呈椭圆形或卵圆形，平均大小为 21.0μm×18.3μm，囊壁光滑，无卵膜孔、卵囊余体和极粒。孢子囊椭圆形，有孢子囊余体，无斯氏体。主要寄生于小肠，潜隐期 4.5 天，世界性分布的常见种。

猫等孢球虫卵囊卵圆形，平均大小为 42.0μm×32.0μm，囊壁光滑，无胚卵膜孔、卵囊余体和极粒。孢子囊卵圆形，有孢子囊余体，无斯氏体。主要寄生于小肠，潜隐期 7～8 天，世界性分布的常见种。

芮氏等孢球虫卵囊卵圆形，平均大小为 26.3μm×22.6μm，囊壁光滑，无卵膜孔、卵囊余体和极粒。孢子囊卵圆形，有孢子囊余体，无斯氏体。主要寄生于小肠，潜隐期 4～7 天，世界性分布的常见种。

犬和猫的等孢球虫的正常的生活史与猪等孢球虫相似。近年研究发现了犬和猫的等孢球虫的另一传播途径，一些鼠类吞食了犬和猫等孢球虫孢子化卵囊后，子孢子能够在鼠类的淋巴结、肝、脾、肠系膜，偶尔也在骨骼肌中结囊，成为休眠子。当犬、猫食入含有休眠子的鼠时，可获得感染，鼠类成为转运宿主。

感染等孢球虫的幼犬和幼猫于感染后 36 天出现水泻或排出泥状粪便，有时排带黏液的血便，轻度发热，精神沉郁，食欲不振，消化不良，消瘦、贫血。剖检小肠出现卡他性肠炎，多见于回肠段尤以回肠下段最为严重。根据症状和粪便中发现大量卵囊确诊。治疗用磺胺类和氨丙啉等。

马和驴的球虫病

病原为艾美耳科、艾美耳属的球虫，有 3 种：鲁氏艾美耳球虫（*E. leuckarti*）、奇蹄兽艾美耳球虫（*E. solipedum*）、单蹄兽艾美耳球虫（*E. uniungulati*）。马和驴球虫病稀少，临床病例尤其罕见。曾有病例报告马严重感染鲁氏艾美耳球虫时，出现腹泻，体重减轻，甚至死亡。剖检可见小肠有病变，但还需进一步证实。鲁氏艾美耳球虫卵囊卵圆形，平均大小为 75～88μm×50～59μm，囊壁粗糙，有卵膜孔，无卵囊余体和极粒。孢子囊长形，有孢子囊余体和斯氏体。主要寄生于马和驴的小肠，潜隐期 15～33 天，世界性分布，但不普遍。生活史与其他动物的艾美耳球虫相似，诊治参照牛球虫病。

第十节 隐孢子虫（Cryptosporidiium）

属于顶复器门（Apicomplexa）、孢子纲（Sporozoea）、球虫亚纲（Coccidia）、真球虫目（Eucoccidiida）、艾美耳亚目（Eimeriina）、隐孢子虫科（Cryptosporidiidae）。

本科虫体为单宿主寄生，与艾美耳科的不同点在于虫体寄生于宿主上皮细胞的细胞膜内和细胞浆膜外。此外，电镜下可见其裂殖体有一球形附着器官，也称营养器（feeder organelle）。小配子缺鞭毛，卵囊含4个裸露的子孢子，不含孢子囊。本科只有一个属隐孢子虫属（*Cryptosporidium*），在兽医学上具有重要意义。

隐 孢 子 虫 病

病原属于隐孢子虫科、隐孢子虫属。目前报道的有效种最少有18个，感染人、家畜、禽、啮齿动物、爬行动物及鱼类。微小隐孢子虫（*C. parvum*）感染人和新生哺乳类动物，人隐孢子虫（*C. hominis*）、猪隐孢子虫（*C. suis*）、猫隐孢子虫（*C. felis*）、犬隐孢子虫（*C. canis*）、火鸡隐孢子虫（*C. meleagridis*）、小鼠隐孢子虫（*C. muris*）除了感染相应的动物外，也可以感染人。除上述种外，安氏隐孢子虫（*C. andersoni*）、牛隐孢子虫（*C. bovis*）感染牛，维瑞隐孢子虫（*C. wrairi*）感染豚鼠，贝氏隐孢子虫（*C. baileyi*）、鸡隐孢子虫（*C. galli*）感染禽类，费氏隐孢子虫（*C. fayeri*）、袋鼠隐孢子虫（*C. macropodum*）感染袋鼠，蛇隐孢子虫（*C. serpentis*）感染爬行动物，巨蜥隐孢子虫（*C. varanii*）感染绿巨蜥，莫氏隐孢子虫（*C. molnari*）、鲮鲆隐孢子虫（*C. scophthalmi*）感染鱼类。除了贝氏隐孢子虫寄生于禽类的气管、法氏囊、泄殖腔外，其他种均寄生于胃肠道。

隐孢子虫的卵囊呈圆形或椭圆形，囊壁光滑，上有裂缝，无微孔、极粒和孢子囊。每个卵囊内含有4个裸露的香蕉形的子孢子和1个残体。隐孢子虫卵囊较小，多数在 $4\mu m \times 6\mu m$ 之间，但鸡隐孢子虫卵囊较大，大小为 $8.0 \sim 8.5\mu m \times 6.2 \sim 6.4\mu m$。（图 7 - 187 至图 7 - 191）

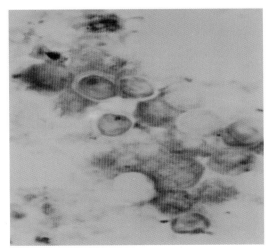

图 7 - 187 小鼠隐孢子虫（*C. muris*）
卵囊抗酸染色

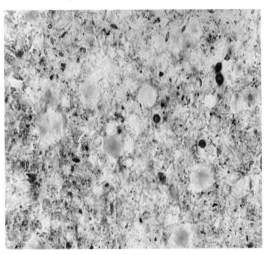

图 7 - 188 微小隐孢子虫（*C. parvum*）
卵囊抗酸染色

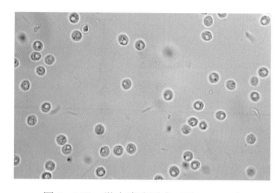

图 7 - 189　微小隐孢子虫（*C. parvum*）
卵囊（400×）

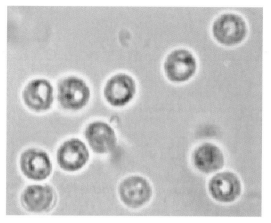

图 7 - 190　微小隐孢子虫（*C. parvum*）
卵囊（1 000×）

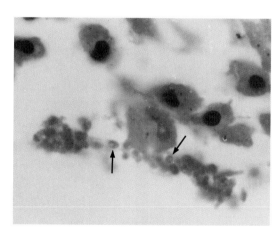

图 7 - 191　鼠肺脏中的小鼠隐孢子虫（*C. muris*），
箭头所示（1 000×，HE 染色）

　　隐孢子虫的生活史与其他球虫相似，也具有裂殖生殖、配子生殖和孢子生殖三个阶段。裂殖生殖包括两代裂殖体。第 2 代裂殖体形成大、小配子，受精发育为卵囊，卵囊在宿主体内孢子化。卵囊有薄壁卵囊与厚壁卵囊之分，薄壁卵囊能在体内破裂，形成自身感染。各种宿主因食入被卵囊污染的食物、饮水等而感染。

　　微小隐孢子虫是引起仔畜、未断奶家畜，包括犊牛、羔羊、山羊羔和羊驼腹泻的原因。主要症状为精神沉郁，厌食，腹泻，粪便带有大量的纤维素，有时含有血液。生长发育停滞，极度消瘦，有时体温升高。羊的死亡率可达 40％，牛的可达 16％～40％，尤以犊牛和羔羊的死亡率更高。内生发育阶段虫体感染小肠远端、回肠和结肠的肠细胞，特征性病变为肠绒毛萎缩，微绒毛变短，肠细胞脱落。在病变部位可以发现大量各个发育阶段的隐孢子虫。

贝氏隐孢子虫可导致鸡、鸭、火鸡等家禽产生明显临床症状，主要为呼吸困难，咳嗽，打喷嚏，有啰音，食欲锐减或废绝，体重减轻，死亡。隐性感染时，虫体多局限于泄殖腔和法氏囊。

隐孢子虫病的诊断主要依靠粪便中检查卵囊或剖检发现内生性阶段虫体。隐孢子虫病目前还没有有效的治疗方法。卫生消毒、病畜禽的隔离和提高动物的抵抗力可减少本病的发生。

第十一节　肉孢子虫（Sarcocystis）

属于顶复器门（Apicomplexa）、孢子纲（Sporozoea）、球虫亚纲（Coccidia）、真球虫目（Eucoccidiida）、艾美耳亚目（Eimeriina）、肉孢子虫科（Sarcocystidae）。

本科虫体的裂殖体和裂殖子出现于被捕食动物中，卵囊出现于捕食动物中。被捕食动物根据种的不同，可以是哺乳动物，鸟类或蛇。本科虫体卵囊内含2个孢子囊，每个孢子囊含4个子孢子。卵囊产生于捕食动物的肠上皮细胞。无性阶段出现于被捕食动物的组织中。能够引起动物肉孢子虫病的为肉孢子虫属（Sarcocystis）。

肉 孢 子 虫 病

病原为肉孢子虫属（Sarcocystis）的多种虫体，感染黄牛、水牛、绵羊、山羊、猪、马、驴、鸡等，均为中间宿主。寄生于横纹肌。黄牛的肉孢子虫有3种：枯氏肉孢子虫（S. cruzi）［又名牛犬肉孢子虫（S. bovicaris）］、人肉孢子虫（S. hominis）及毛状肉孢子虫（S. hirsuta），终宿主分别为犬、人及猫；水牛的肉孢子虫有两种：梭状肉孢子虫（S. fusiformis）和莱氏肉孢子虫（S. levinei），终宿主分别为猫、犬；绵羊的肉孢子虫有4种：柔嫩肉孢子虫（S. tenella）、白羊犬肉孢子虫（S. arieticanis）、巨肉孢子虫（S. gigantea）和水母形肉孢子虫（S. medusiformis），终宿主分别为犬和猫；山羊的肉孢子虫有3种：山羊犬肉孢子虫（S. capraecanis）、家山羊犬肉孢子虫（S. hircicanis）和莫尔肉孢子虫（S. moulei），终宿主分别为犬和猫；猪的肉孢子虫有3种：猪人肉孢子虫（S. suishominis）、猪猫肉孢子虫（S. porcifelis）及米氏肉孢子虫（S. miescheriana），终宿主分别为人、猫及犬；寄生于马和驴的有一种：比氏肉孢子虫（S. bertrami），终宿主为犬；鸡的肉孢子虫有1种：鸡的肉孢子虫未定种（Sarcocystis sp.），终宿主既是犬，也是猫。

在中间宿主肌肉内见到的肉孢子虫包囊（也称米氏囊，Miescher's tube），与肌纤维平行，多呈纺锤形，灰白色或乳白色，小的肉眼难以见到，大的可达数厘米，内含许多香蕉状的缓殖子（bradyzoites），也称南雷氏小体（Rainey's corpuscle），囊壁上有隔（图7-192至图7-198）。

肉孢子虫生活史一般需要两个宿主，裂殖生殖阶段在中间宿主（植食性动物）体内进行，配子生殖和孢子生殖阶段在终末宿主（肉食性动物）体内进行。中间宿主吞食终末宿主粪中的卵囊或孢子囊而被感染，终末宿主因食入中间宿主肌肉组织内的包囊而感染。

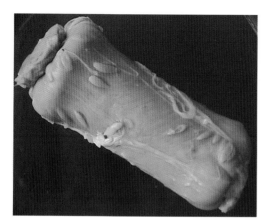

图 7-192　水牛食道感染肉孢子虫
（*Sarcocystis* sp.）

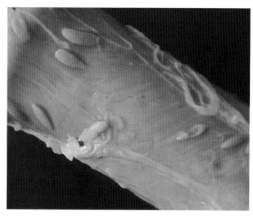

图 7-193　水牛食道感染的肉孢子虫
（*Sarcocystis* sp.）放大

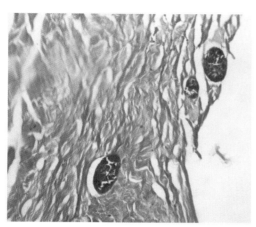

图 7-194　水牛肉孢子虫（*Sarcocystis* sp.），
肌肉中的米氏囊（肌肉切片）

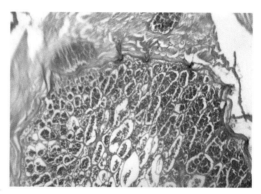

图 7-195　水牛肉孢子虫（*Sarcocystis* sp.），
肌肉中的米氏囊（肌肉切片）

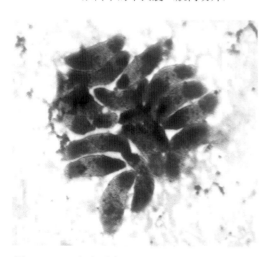

图 7-196　肉孢子虫（*Sarcocystis* sp.）缓殖子

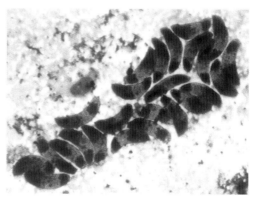

图 7-197　肉孢子虫（*Sarcocystis* sp.）缓殖子

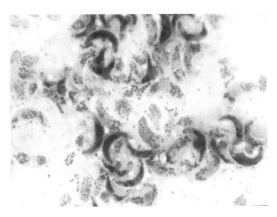

图 7 - 198　肉孢子虫（*Sarcocystis* sp.）缓殖子

肉孢子虫主要对中间宿主有一定的危害性，对终末宿主的致病性不明显。对中间宿主的致病性经犬传播的虫种一般比经猫传播的虫种致病力强。临床肉孢子虫病的严重性与感染量有关，与宿主的年龄或重量无关。感染肉孢子虫病的家畜表现为生长受阻、兴奋过度、发热、厌食、脱毛、流产等，偶尔死亡。剖检可见顺着肌纤维方向着生的大量白色条纹。诊断靠在肌肉中发现包囊，亦可用间接血凝试验。与弓形虫病无交叉反应。治疗用氨丙啉、盐霉素等。

第十二节　弓形虫（Toxoplasma）

属于顶复器门（Apicomplexa）、孢子纲（Sporozoea）、球虫亚纲（Coccidia）、真球虫目（Eucoccidiida）、艾美耳亚目（Eimeriina）、肉孢子虫科（Sarcocystidae）、弓形虫属（*Toxoplasma*）。本属虫体的裂殖生殖出现于中间宿主和终末宿主体内，不形成母细胞。卵囊在终末宿主肠上皮细胞内形成，排出时未孢子化。可经孢子化卵囊或裂殖子传播。

弓 形 虫 病

病原为弓形虫属的刚地弓形虫（*Toxoplasma gondii*），寄生于人和多种动物。弓形虫可感染 200 种以上动物，对猪可引起大批急性死亡，绵羊往往导致流产，对人也可引起流产和先天性畸形，分布很广。我国过去曾报道过的所谓猪"无名高热"，其中有些病例即为弓形虫引起。终末宿主为猫。

弓形虫根据其不同发育阶段而有不同的形态。在终末宿主体内为裂殖体、裂殖子和卵囊，在中间宿主体内为速殖子和缓殖子。

裂殖体圆形，内有 4～20 个裂殖子，裂殖子前端尖、后端宽。存在于终宿主的肠上皮细胞内。

卵囊见于终末宿主粪便内，呈圆形或近圆形，大小为 $10\mu m \times 12\mu m$，在适宜的条件下经 2～3 天发育为孢子化卵囊，其内有 2 个孢子囊，每个孢子囊含有 4 个子孢子。

速殖子呈弓形或梭形，大小为 $4\sim8\mu m\times2\sim4\mu m$，多数在细胞内，亦有游离于组织液内的（图 7-199，图 7-200）。

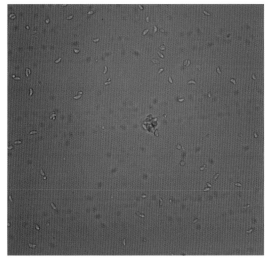

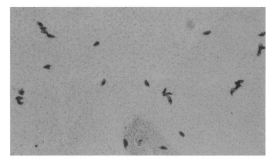

图 7-200　弓形虫速殖子（瑞氏染色）
（腹水抹片）

图 7-199　弓形虫速殖子与假包囊（腹水抹片）

缓殖子位于包囊内。包囊呈圆形或椭圆形，具很厚的囊壁，直径 $8\sim100\mu m$，内含许多缓殖子，缓殖子的形态与速殖子相似（图 7-201，图 7-202）。包囊可见于多种组织，以脑组织为多。在急性感染时可见到一种假包囊，系速殖子在细胞内迅速增殖使含虫的细胞外观像一个包囊。

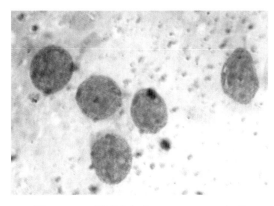

图 7-201　弓形虫组织（*T. gondii*）包囊

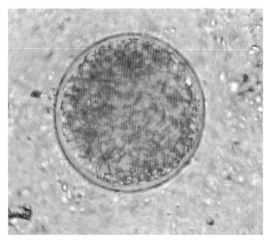

图 7-202　弓形虫组织（*T. gondii*）包囊

猫食入弓形虫孢子化卵囊或包囊后，子孢子钻入小肠上皮细胞，经 2～3 代裂殖生殖，最后形成卵囊，随粪便排出，在体外进行孢子生殖。潜隐期为 2～41 天。中间宿主吞食了孢子化卵囊、速殖子、缓殖子或包囊而感染，也可先天性经胎盘感染。

虫体通过淋巴或血液侵入全身组织，尤其是网状内皮细胞（图7-203至图7-208），在胞浆中以内出芽方式进行繁殖，形成大量速殖子，引起急性弓形虫病。动物耐过急性期后，虫体在组织中形成包囊，内含数千个缓殖子。包囊寄生在脑部或其他组织中，可存活数年。当宿主免疫力下降时，可重新激发而发生急性弓形虫病。猫捕食了感染性动物而被感染。猫既可以是弓形虫的终末宿主，也可以是弓形虫的中间宿主。

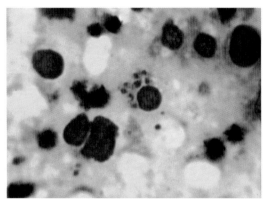

图7-203　自然感染仔猪组织细胞内的弓形虫
　　　　　（T. gondii）速殖子

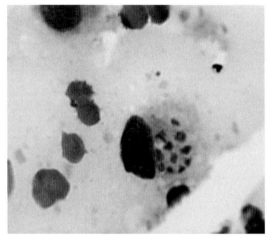

图7-204　自然感染仔猪组织细胞内的弓形虫
　　　　　（T. gondii）速殖子

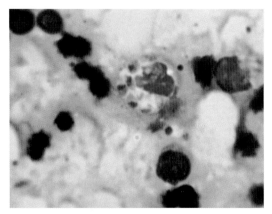

图7-205　自然感染仔猪组织细胞内的弓形虫
　　　　　（T. gondii）速殖子

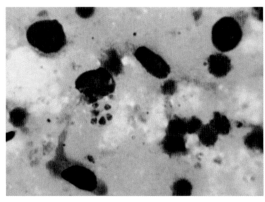

图7-206　自然感染仔猪组织细胞内的弓形虫
　　　　　（T. gondii）速殖子

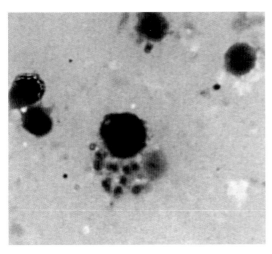

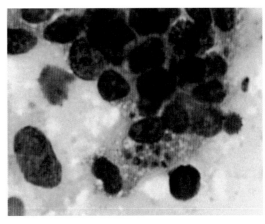

图 7 - 208　自然感染仔猪组织细胞内的弓形虫
（*T. gondii*）速殖子

图 7 - 207　自然感染仔猪组织细胞内的弓形虫
（*T. gondii*）速殖子

　　弓形虫病分布非常广泛，国内各地均有病例报道。

　　猪常表现为急性型，体温升高达 40～42℃，呈稽留热，精神沉郁，食欲减退或废绝。多便秘，有时下痢，呕吐。呼吸困难，咳嗽。体表淋巴结，尤其腹股沟淋巴结明显肿大。身体下部及耳部有淤血斑，或有大面积发绀。有的出现后躯麻痹、运动障碍、痉挛等神经症状。病程 10～15 天。

　　犊牛呈现呼吸困难、咳嗽、发热、精神沉郁、腹泻、排黏性血便、虚弱等，常于 2～6 天死亡。母牛的症状表现不一，有的只发生流产；有的出现发热、呼吸困难、虚弱等症状；有的无任何症状。

　　成年绵羊多呈隐性感染，妊娠羊发生流产。

　　犬表现发热、厌食，精神委顿，呼吸困难，咳嗽，黏膜苍白等。妊娠母犬可能早产或流产。

　　猫肠外感染速殖子时症状与犬相似。急性病例主要表现持续高热、呼吸急促和咳嗽等，也有出现脑炎症状和早产、流产的病例。

　　剖检可见全身淋巴结肿大，充血、出血；肺出血，间质水肿；肝有点状出血和坏死灶；脾有丘状出血点；胃底部出血，有溃疡；肾有出血点和坏死灶；大小肠均有出血点。心包、胸腹腔积水；体表出现紫斑（图 7 - 209 至图 7 - 216）。

　　诊断方法有脏器直接触片染色检查、动物接种及染色试验（dye test）、间接血球凝集试验、补体结合反应、中和抗体试验、荧光抗体反应和酶联免疫吸附试验等。治疗用磺胺嘧啶加乙胺嘧啶或磺胺嘧啶加磺胺增效剂等合剂。预防应做好猫的控制和管理。

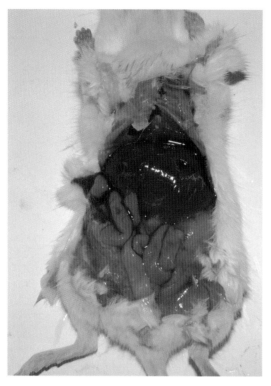

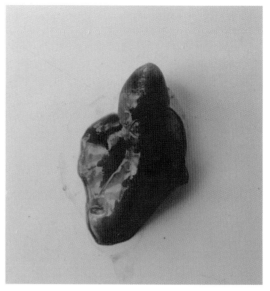

图 7 - 210　弓形虫（*T. gondii*）感染
　　　　　小鼠肺脏出血

图 7 - 209　弓形虫（*T. gondii*）感染小鼠肝出血

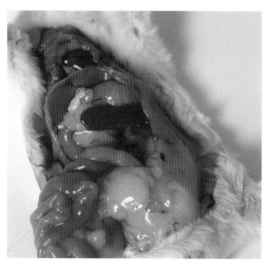

图 7 - 212　弓形虫（*T. gondii*）感染
　　　　　小鼠肾脏出血

图 7 - 211　弓形虫（*T. gondii*）感染小鼠脾脏出血

图 7-213　弓形虫（*T. gondii*）感染猪肝脏

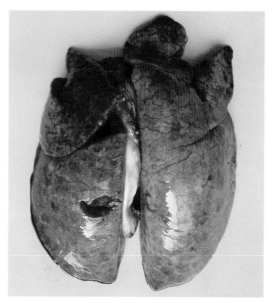

图 7-214　弓形虫（*T. gondii*）感染猪肺脏

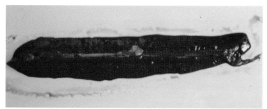

图 7-215　弓形虫（*T. gondii*）感染猪脾脏

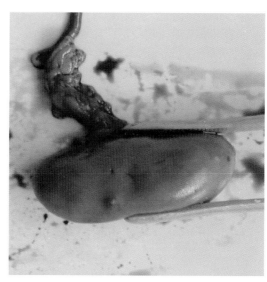

图 7-216　弓形虫（*T. gondii*）感染猪肾脏

第十三节　贝诺孢子虫（Besnoitia）

　　属于顶复器门（Apicomplexa）、孢子纲（Sporozoea）、球虫亚纲（Coccidia）、真球虫目（Eucoccidiida）、艾美耳亚目（Eimeriina）、肉孢子虫科（Sarcocystidae）、贝诺孢子虫属（*Besnoitia*）。本属虫体为异宿主寄生，在猫科动物体内产生未孢子化卵囊。在多种被捕食动物中以裂殖生殖进行增殖。卵囊孢子化过程在体外完成。裂殖体和裂殖子可造成中间宿主间的相互传播。与弓形虫属的不同之处在于裂殖体壁厚。

在中间宿主体内发现的裂殖体包囊近于圆形，无中隔，内含大量缓殖子，直径可达 $600\mu m$。缓殖子新月形，大小 $8.4\mu m \times 1.9\mu m$。血液内可见速殖子，大小 $5.9\mu m \times 2.3\mu m$，形状与缓殖子相似。

终末宿主为猫，中间宿主为牛、山羊等。其中以贝氏贝诺孢子虫（*B. besnoiti*）对牛危害较大。目前尚无有效疗法。

第十四节 新孢子虫（Neospora）

属于顶复器门（Apicomplexa）、孢子纲（Sporozoea）、球虫亚纲（Coccidia）、真球虫目（Eucoccidiida）、艾美耳亚目（Eimeriina）、肉孢子虫科（Sarcocystidae）、新孢子虫属（*Neospora*）。

这是近几年新发现的一种寄生原虫。属下只有 2 个种，分别是犬新孢子虫（*Neospora caninum*）和胡氏新孢子虫（*N. hughesi*）。

犬和狐狸为终末宿主。在肠道产生未孢子化卵囊。卵囊在外界环境中 24h 内完成孢子化。孢子化卵囊含有 2 个孢子囊，每个孢子囊含有 4 个子孢子。卵囊直径 $10\sim11\mu m$。

中间宿主种类较多，已发现的包括犬、牛、马、绵羊、山羊，还可能有水牛、骆驼、红狐狸等，猫、小鼠、猪、大鼠、狐狸、猴等也可实验性感染。中间宿主体内已发现的虫体为速殖子和组织包囊阶段。速殖子新月形，大小为 $6\mu m \times 2\mu m$；组织包囊呈圆形或卵圆形，长可达 $107\mu m$。包囊壁厚可达 $4\mu m$，内含大量缓殖子。缓殖子形态与速殖子相似，大小为 $7\mu m \times 2\mu m$。组织包囊主要发现于中枢神经系统中，包括视网膜，也可发现于周围神经系统和眼肌（图 7-217，图 7-218，图 7-219）。

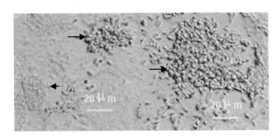

图 7-217　细胞培养中的犬新孢子虫（*N. caninum*），箭头所示为释放出的速殖子

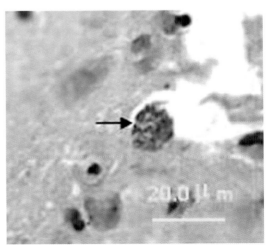

图 7-218　小鼠脑组织中的犬新孢子虫（*N. caninum*）包囊，箭头所示（HE 染色）

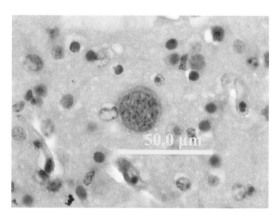

图 7 - 219　流产胎牛脑组织中的犬新孢子虫（*N. caninum*）包囊
（免疫组织化学染色，棕红色为包囊）

动物因吞食新孢子虫卵囊而感染，食入速殖子也可感染，也可经胎盘垂直传播。有关本属生活史尚未完全阐明。

新孢子虫对牛危害严重，可以引起流产、死胎，以及新生牛的运动神经系统疾病。犬作为终末宿主时，无明显临床症状，但当作为中间宿主时，可引起神经肌肉损伤，也可引起流产等。其他动物感染后，可出现与牛类似的临床症状，但一般没有牛明显。

诊断主要靠分离病原，也可以用间接免疫荧光试验、直接凝集试验和 ELISA 的免疫学方法，国外已经市售试剂盒。尚无有效治疗药物，可试用磺胺类等。预防主要应做好犬的管理，防止犬进入牛等家畜饲养场地，禁止犬接触饲草、饲料和饮水，以免造成污染。

第十五节　住白细胞虫（Leucocytozoon）

属于顶复器门（Apicomplexa）、孢子纲（Sporozoea）、球虫亚纲（Coccidia）、真球虫目（Eucoccidiida）、血孢子虫亚目（Haemosporina）、住白细胞虫科（Leucocytozoidae）。

主要为鸟类寄生虫。裂殖生殖出现于肝、心、肾和其他器官的实质细胞中。大配子和小配子母细胞出现于白细胞和未成熟红细胞中。孢子生殖出现于一定种类的吸血昆虫中。

与兽医相关的为住白细胞虫属（*Leucocytozoon*）的沙氏住白细胞虫（*L. sabrazesi*）和卡氏住白细胞虫（*L. caulleryi*），主要感染鸡。

禽住白细胞虫病

病原为住白细胞虫属的沙氏住白细胞虫（*L. sabrazesi*）和卡氏住白细胞虫（*L. caulleryi*），主要感染鸡，寄生于白细胞（主要是单核细胞）和红细胞内。主要分布于我国台湾、广东、广西、海南、福建、江苏、陕西、河南、河北，东南亚各国、日本，以及北美洲一些国家。

沙氏住白细胞虫配子体寄生于白细胞内，成熟配子体大小为 $24\mu m \times 4\mu m$，大配子大小为 $22\mu m \times 6.5\mu m$，呈椭圆形或长形，内含色素颗粒，白细胞的核被挤向一侧，白细胞的原生质则压到虫体两侧，使整个白细胞伸展呈梭形（图 7 - 220）。

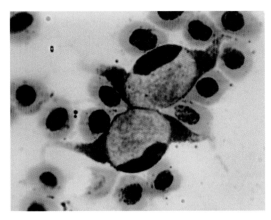

图 7 - 220 沙氏住白细胞虫 (*Leucocytozoon sabrazesi*)

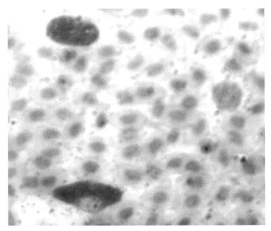

图 7 - 221 卡氏住白细胞虫 (*L. caulleryi*)

卡氏住白细胞虫的成熟配子体近似圆形，大小为 $15.5\mu m \times 15\mu m$，大配子的直径为 $12\sim 14\mu m$，有一个核，大小为 $3\sim 4\mu m$；小配子的直径为 $10\sim 12\mu m$，核比较大，即整个细胞被核所占有。宿主细胞为圆形，细胞核呈带状，围绕虫体的 1/3（图 7 - 221）。

沙氏住白细胞虫在发育过程中有无性世代和有性世代。在宿主鸡体内为无性世代，开始寄生于肝细胞，裂殖生殖后裂殖子重新寄生于肝细胞或到脾、肺、肾等各器官，再分裂成裂殖子进入白细胞发育为配子体。在蚋体内为有性世代。经蚋吸血吸入后，在蚋体内雌雄配子结合成合子，发育产生很多子孢子，再由蚋吸血而传入鸡体。卡氏住白细胞虫在蠓体内进行有性世代。

病鸡体温升高，精神委顿，食欲消失，流涎、贫血、鸡冠和肉垂苍白，腹泻，运动失调。重者可因虫体破坏肺血管咯血致死。死后可见肌肉苍白，贫血，肝脾肿大。诊断主要靠血片染色检查白细胞内的配子体或剖检时内脏器官抹片中发现裂殖体和裂殖子。在饲料中添加乙胺嘧啶或磺胺喹噁啉有预防作用。

第十六节 血变原虫（Haemoproteus）

属于顶复器门（Apicomplexa）、孢子纲（Sporozoea）、球虫亚纲（Coccidia）、真球虫目（Eucoccidiida）、血孢子虫亚目（Haemosporina）、血变原虫科（Haemoproteidae）。

主要为鸟类寄生虫。有性阶段出现于吸血昆虫中。红细胞外裂殖生殖发生于内皮细胞，所产生的裂殖子进入红细胞，在循环血液中变为色素性配子体。与兽医相关的为鸽血变原虫（*Haemoproteus columbae*）。

鸽血变原虫病

鸽血变原虫病病原为鸽血变原虫（*Haemoproteus columbae*）。虫体配子体寄生于红细胞内，裂殖子阶段寄生在血管内皮细胞之中。其传播媒介为虱蝇（*pseudolynchia* sp.）。

虱蝇吸食病鸡血液时，将带有配子体的红细胞注入体内而引发本病。成熟的配子体成长形，常略弯曲，围绕着宿主细胞核周围，配子体在虱蝇消化管内发育成为大配子和小配子，然后结合而形成合子。后者移行到肠壁进一步发育成为卵囊，卵囊内直接发育为子孢子，并移行至唾液腺。带有子孢子的虱蝇叮咬鸽时，子孢子随唾液进入鸽的血液中，并侵入肺、肝、脾等器官的血管内皮细胞中进行裂殖生殖。其后裂殖子侵入红细胞，发育成为大小的雌雄配子体。

本虫有一定危害性。

第十七节　疟原虫（Plasmodium）

属于顶复器门（Apicomplexa）、孢子纲（Sporozoea）、球虫亚纲（Coccidia）、真球虫目（Eucoccidiida）、血孢子虫亚目（Haemosporina）、疟原虫科（Plasmodiidae）、疟原虫属（*Plasmodium*）。

配子体出现于红细胞中。裂殖生殖发生于红细胞和其他各种组织中。红细胞外裂殖体致密，但在大多数情况下为空泡状体。由蚊子传播。在蚊子体内进行有性繁殖。与兽医相关的为鸡疟原虫（*Plasmodium gallinaceum*），主要感染鸡。

鸡疟疾

病原为疟原虫属（*Plasmodium*）的鸡疟原虫（*Plasmodium gallinaceum*），除主要感染鸡外，还可以感染野鸡、孔雀等。

红细胞外型虫体寄生于中胚层组织。红细胞型虫体寄生于红细胞内，主要由伊蚊和库蚊传播，经过蚊子叮咬，子孢子进入鸡体内之后，先在皮肤巨噬细胞内进行裂殖生殖，继而第 2 代裂殖子侵入红细胞和内皮细胞，分别进行裂殖生殖。最后裂殖子在红细胞内形成大、小配子体，蚊吸食病鸡血液时转入蚊体内。

在流行地区，本地鸡常有抵抗力，而新引入的鸡则严重发病。潜伏期 5～10 天，初体温升高，病鸡消瘦，贫血，冠苍白，腹泻，粪便呈绿色。死亡率差异极大，本地鸡呈一过性感染，很少死亡，新引入鸡死亡率可达 80%。剖检脾肿大，呈灰色，肝深灰色，心包积液。治疗可试用伯氨喹（primaguine）、氯喹（chloroquine）等。

第十八节　小袋虫（Balantidium）

属于纤毛门（Ciliphora）、动基裂纲（Kinetofragminophorea）、前庭亚纲（Vestibuliferia）、毛口目（Trichostomatida）、毛口亚目（Trichostomatina）、小袋科（Balantidiidae）、小袋虫属（*Balantidum*）。本属重要的为结肠小袋虫（*Balantidium coli*）。

小袋纤毛虫病

本病是由结肠小袋虫（*Balantidium coli*）引起的一种人畜共患的原虫病。感染猪、牛、羊和人，寄生于肠管，主要在结肠；其次是盲肠和直肠。猪感染较为多见，我国南方地区，仔猪常发生本病。

发育过程中有滋养体和包囊两种形态。滋养体呈椭圆形，大小不一，长 30～200μm，宽 20～120μm。体表满布斜列成行的纤毛。虫体前后端各有一凹入的胞口和胞肛，有大小核各一个，大核呈肾形，小核椭圆形，位于大核凹陷处。包囊直径约 55μm，近圆形，不活动，其中大小核仍清晰可见（图 7 - 222，图 7 - 223）。

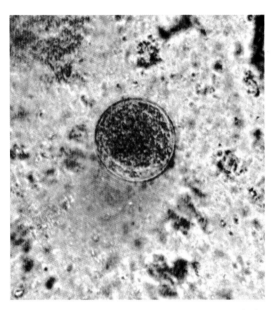

图 7 - 222　结肠小袋虫（*Balantidium coli*）包囊

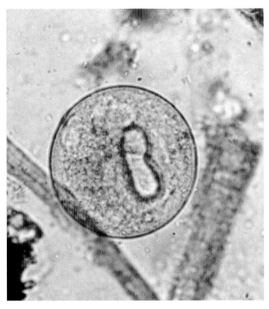

图 7 - 223　结肠小袋虫（*B. coli*）包囊放大

宿主因吞食包囊而感染。感染后滋养体从包囊逸出，在肠道内进行横分裂繁殖，可反复进行。在不利的条件下，滋养体形成包囊，包囊不在动物体内寄生，随粪便排出。健康猪食入污染包囊的饲料而感染。

成年猪可带虫而不发病。仔猪大量寄生，引起严重腹泻和血便，体重减轻。急性者致死，慢性型猪可持续数周至数月。急、慢性两者共同临床表现为，除不同程度的拉稀外，精神沉郁，食欲减退或废绝，喜卧，颤抖，有时体温升高。除猪以外，值得注意的是人亦可感染，且病情较为严重，常引起顽固性下痢，结肠和直肠壁发生溃疡。诊断应结合症状，并在粪便中查找大量包囊或滋养体。治疗可用二甲硝咪唑（Dimetridazole），也可用灭滴灵（甲硝达唑，Metronidazole）和金霉素（Aureomycin）、土霉素（Terramycin）等。

参 考 文 献

蒋金书.2000.动物原虫病学〔M〕.北京：中国农业大学出版社.

孔繁瑶.1981.家畜寄生虫学〔M〕.第1版,北京：中国农业出版社.

孔繁瑶.1997.家畜寄生虫学〔M〕.第2版,北京：北京农业大学出版社.

李允鹤.1991.寄生虫病免疫学及免疫诊断〔M〕.南京：江苏科学技术出版社.

刘约翰,赵慰先.1993.寄生虫病临床免疫学〔M〕.重庆：重庆出版社.

沈继隆.2002.临床寄生虫和寄生虫检验〔M〕.第2版,北京：人民卫生出版社.

索勋,李国清.1998.鸡球虫病学〔M〕.北京：中国农业大学出版社.

唐仲璋,唐崇惕.1987.人畜线虫学〔M〕.北京：科学出版社.

汪明.2003.兽医寄生虫学〔M〕.第3版,北京：北京农业大学出版社.

谢明权,李国清.2003.现代寄生虫学〔M〕.广州：广东科技出版社.

赵慰先.1983.人体寄生虫学〔M〕.北京：人民卫生出版社.

中国科学院中国动物志编辑委员会.2001.中国动物志〔J〕.北京：科学出版社.

左仰贤.1997.人兽共患寄生虫学〔M〕.北京：科学出版社.

Dubey J. P.. 2010. Toxoplasmosis of Animals and Humans. 2th ed. Taylor and Francis Group，CRC.

Donal P. Conway and M. Elizabeth McKenzie. 2007. Poultry Cocidiosis. Diagnostic And Testing Procedures，3rd ed. Blackwell Publishing Ltd.

Beck J. Walter，John E. Davies.. 1981. Medical Parasitology. St. Louis，C. V. Mosby Co.

Jack Chernin. 2000. Parasitology. London，Toylor & Francis.

Jay R. Georgi. 1990. Parasitology for Veterinarians. Philadelphia，W. B. Saunders.

Julius P. Kreier. 1977. Parasitic Protozoa. New York，Academic Press.

Larry S. Roberts，John Janovy，Jr.. 1996. Foundations of Parasitology. 5th ed. Dubuque，Wm. C. Brown Publishers.

Lora Rickard Ballweber. 2001. Veterinary Parasitology. Boston，Butterworth-Heinemann.

Ozcel M. Ali and Alkan M. Ziya. 1996. Parasitology for the 21st Century. CAB International.

Soulsby E. J. , L. Helminths. 1982. Arthropods and Protozoa of Domesticated Animals. 7th ed. London，Bailliere Tinddall.

Thomas C. Cheng. 1986. General Parasitology. Orlando，Academic Press，College Division.

Urquhart，G. M. 1987. Veterinary Parasitology. England，Longman Sci. & Tech.

图书在版编目（CIP）数据

动物寄生虫病彩色图谱／李祥瑞主编. —2版. —
北京：中国农业出版社，2011.10
ISBN 978-7-109-16153-5

Ⅰ.①动… Ⅱ.①李… Ⅲ.①动物疾病-寄生虫病-
图谱 Ⅳ.①S855.9-64

中国版本图书馆CIP数据核字（2011）第205782号

中国农业出版社出版
（北京市朝阳区农展馆北路2号）
（邮政编码100125）
责任编辑 王玉英
————————
北京通州皇家印刷厂印刷 新华书店北京发行所发行
2011年10月第2版 2011年10月第2版北京第1次印刷
————————
开本：787mm×1092mm 1/16 印张：16.75
字数：369千字 印数：1～3 000册
定价：208.00元
（凡本版图书出现印刷、装订错误，请向出版社发行部调换）